TURING 图灵原创

深入浅出 Vue.js

人民邮电出版社
北　京

图书在版编目（CIP）数据

深入浅出Vue.js / 刘博文著. -- 北京 : 人民邮电出版社, 2019.3
（图灵原创）
ISBN 978-7-115-50905-5

Ⅰ. ①深… Ⅱ. ①刘… Ⅲ. ①网页制作工具—程序设计 Ⅳ. ①TP393.092.2

中国版本图书馆CIP数据核字(2019)第037890号

内 容 提 要

本书从源码层面分析了 Vue.js。首先，简要介绍了 Vue.js；接着详细讲解了其内部核心技术“变化侦测”，并带领大家从 0 到 1 实现一个简单的“变化侦测”系统；然后详细介绍了虚拟 DOM 技术，其中包括虚拟 DOM 的原理及其 patching 算法；再后详细讨论了模板编译技术，其中包括模板解析器的实现原理、优化器的原理以及代码生成器的原理；最后详细介绍了其整体架构以及提供给我们使用的各种 API 的内部原理，同时还介绍了生命周期、错误处理、指令系统与模板过滤器等功能的原理。

本书适合前端开发人员阅读。

◆ 著　　刘博文
　责任编辑　王军花
　责任印制　周昇亮

◆ 人民邮电出版社出版发行　　北京市丰台区成寿寺路11号
　邮编　100164　　电子邮件　315@ptpress.com.cn
　网址　http://www.ptpress.com.cn
　廊坊市印艺阁数字科技有限公司印刷

◆ 开本：800×1000　1/16
　印张：18.5
　字数：437千字　　2019年 3 月第 1 版
　印数：24 401 – 25 400册　　2024年 8 月河北第 23 次印刷

定价：79.00元

读者服务热线：(010)84084456-6009　印装质量热线：(010)81055316

反盗版热线：(010)81055315

广告经营许可证：京东市监广登字 20170147 号

序　一

近几年，JavaScript 的流行库和框架带有元编程（metaprogramming）的特征。所谓元编程，简单来说，是指框架的作者使用一种编程语言固有的语言特性，创造出相对新的语言特性，使得最终使用者能够以新的语法和语义来构建他们的应用程序，从而在某些领域开发中获得更好的开发体验。

早期的 jQuery 库之所以获得开发者们的认可，很大程度上是因为它独创的链式语法和隐式迭代语义。尽管 jQuery 仅仅通过巧妙设计 API 就能支持上述特性，并不依赖于编程语言赋予的元编程能力，但是毫无疑问，它以一种精巧的设计理念和思路，为 JavaScript 库和框架的设计者打开了一扇创新的大门。

今天的 Web 产品对构建用户界面的要求越来越高，jQuery 的方式不能满足构建复杂用户界面的需要，新的 UI 框架快速发展，其中一个最流行的框架就是 Vue.js。与 jQuery 相比，Vue.js 更强大，也具有更加明显的元编程特征。动态绑定属性和变化侦测、内置模板和依赖于模板语法的声明式渲染、可扩展的指令、支持嵌套的组件，这些原生 JavaScript 并不具备的特征和能力被一一融入，框架的使用者在使用 Vue.js 开发 Web 应用时，事实上获得了超越 JavaScript 原生语言特性的能力。

尽管 Vue.js 框架赋予开发者众多特性和能力，但它仍然是使用原生 JavaScript 实现的应用框架。JavaScript 自身提供了许多元编程特性，比如从 ES5 就开始支持的属性访问器（property accessor），ES6 支持的代理（proxy），还有标准提案已经处于 Stage 3 阶段的装饰器（decorator）。基于这些语言特性，我们能够比较方便地扩展新的语言特性，将这些特性融入应用框架，从而使得应用开发者能够更加得心应手地使用框架开发出优雅、简洁的应用程序模块。

如何设计 API 和如何使用元编程思想将新特性融入到框架中，是现代 JavaScript 框架设计的两个核心，Vue.js 更侧重于后者。理解元编程思想有助于深刻理解 Vue.js 的本质。而理解元编程思想本身最好的方法又是通过深入研究 Vue.js 的源码，因为元编程思想一旦涉及具体实现，不仅仅是使用 JavaScirpt 提供的特性来扩展能力那么简单，这其中有许多细节需要考虑，比如要做到向下兼容，那么就要对一些特性的实现方式做出取舍，一些语言能力可以通过书写向下兼容代码来弥补，而另一些则需要通过编译机制来做到，还有一些则必须舍弃；同样，基于性能考虑，一些特性也可能需要做出一定的修改或妥协。这些问题不仅在框架设计和实现的过程中会遇到，而且在具体实现应用程序的过程中也会遇到。因此，通过学习 Vue.js，我们不仅能够掌握设计应用程序框架的一般性技巧，还可以在实现应用程序时运用其中的具体设计思想和方法论。

本书的作者刘博文是我的同事，也是奇舞团的一员，后来由于业务变动，博文所在的团队从奇舞团独立了出去，但是同为 360 的前端团队，我们也始终保持着项目合作和技术交流。很早就听到博文要写这样一本书，当时我很高兴，我一直鼓励大家写书，因为这种创作既能使自己成长，又能使读者获益。我自己也写过技术类的书，深知技术创作的不易，要把 Vue.js 这样的流行框架讲透也着实需要下一番苦功。有时候，作为朋友，我会和博文开玩笑，说他的书再不出版，Vue.js 3.0 版本就要发布了，但这仅仅是玩笑，我不愿意博文因为要赶出版时间而草草了事，那样就无法真正做到“深入浅出”，毕竟这不是一本 Vue.js 的使用手册，而是真正能够透过 Vue.js 的设计思路去学习元编程思想，并将这种思想运用于程序开发中的书。只有这样，读者才能真正从这本书中获益。我想，在这一点上，博文没有让我失望，我也希望这本书没有让你们失望。

月影

360 奇舞团团长

2019 年 2 月 1 日

序　二

“奇舞团”办公地点在“南瓜屋”7层，导航前端在“南瓜屋”8层。2017年某一天，我去8层的时候路过导航前端工位，梁超看到我，高兴地说：“李老师，博文正在写书呢。”我脱口而出：“谁是博文，给哪个出版社写？”由此我便认识了博文，也知道了他是王军花（本书策划编辑）发掘的作者。当时听到这个消息我也很兴奋，知道是在给图灵写书，而我又在图灵待过几年，熟悉图灵的“套路”，就忍不住当场给博文分享了一些选题和写作思路。听着我滔滔不绝地讲“写书经”，博文频频点头，好像很受启发的样子。

2018年年初，360 W3C工作组成立，博文加入了Web性能工作组。于是几乎每周的例会上，我都会问问博文新书写作和出版的进度。时值年末，这本书终于要出版了。而这时候，我因为支持智能音箱项目临时搬到了11层，开发、联调非常繁忙。11月16日下午，博文突然在微信上问我能不能帮他写个序。我说：“你能不能先给我看看书稿？”然后博文把我加到了他GitHub的私有仓库。

两周来，我利用空暇时间大致浏览了一遍书稿。无奈时间紧迫，大部分章节来不及细读。一是因为公司项目开发进度必须保证，二是自己还有一个字体服务的项目在并行迭代。虽然大部分内容未曾细读，但仅就仔细读过的几章而言，着实让我受益匪浅。我想，等到手头的项目开发告一段落之后，一定要抽时间重新研读两遍。没错，这本书至少要读两遍以上。

浏览书稿的时候，我也在回忆第一次跟博文分享“写书经”的情景。当时我说，要想让技术书畅销，一是读者定位必须是新手，因为新手人数众多；二是要注重实用，书中的例子最好能立即照搬到项目上。然而，这本书的读者定位显然不是新手，而且书中的源码分析似乎也不能直接套用到项目上。其实这也是没办法的事，因为博文写这本书的初衷就是把自己研究Vue.js源码的心得分享出来。就Vue.js源码分析而言，这本书确确实实是非常棒的。反正我是爱不释手。

这本书取名“深入浅出”是名副其实的。因为它确实有相当的深度，而且语言真的浅显易懂。最重要的是，与其他源代码分析类的技术书连篇累牍地堆砌、照搬项目源代码的做法截然不同，这本书里很少看到超过一页的代码片段。所有代码片段明显都被作者精心筛选、编排过，而且层层递进，加上了“新增”“修改”之类的注释。再辅以明白浅显的文字和配图，原本隐晦、抽象、艰深的代码逻辑，瞬间变得明白易懂，让人不时有“原来如此”之叹，继而“拍手称快”！

毋庸置疑，Vue.js是一个优秀的前端框架。一个优秀的前端框架如果没有一本优秀的解读著作，确实是一大缺憾。应该说，本书正是一本优秀的 Vue.js 源码解读专著。全书从一个新颖的“入口点”——“变化侦测”切入，逐步过渡到“虚拟 DOM”和“模板编译”，最后展开分析 Vue.js 的整体架构。如果想读懂这本书，读者不仅要有一些 Vue.js 的实际使用经验，而且还要有一些编译原理（比如 AST）相关的知识储备，这样才能更轻松地理解模板解析、优化与代码生成的原理。本书最后几章对 Vue.js 的实例方法和全局 API，以及生命周期、指令和过滤器的解读，虽然借鉴了 Vue.js 官方文档，但作者更注重实现原理的分析，弥补了文档的不足。

虽然本书不是写给新手看的，但鉴于 Vue.js 在国内的用户基数巨大，我对它的销量还是很乐观的。这些年来，前端行业一直在飞速发展。行业的进步，导致对从业人员的要求也不断攀升。放眼未来，虽然仅仅会用某些框架还可以找到工作，但仅仅满足于会用一定无法走得更远。随着越来越多“聪明又勤奋”的人加入前端行列，能否洞悉前沿框架的设计和实现将会成为高级人才与普通人才的“分水岭”。

“欲穷千里目，更上一层楼。”我衷心希望博文这本用心之作，能够帮助千千万万的 Vue.js 用户从“知其然”跃进到“知其所以然”的境界。最后想说一句，有心购买本书的读者大可不必纠结于 Vue.js 的版本问题。因为优秀源代码背后的思想是永恒的、普适的，跟版本没有任何关系。早一天读到，早一天受益，仅此而已。

李松峰
360 奇舞团高级前端开发工程师
前端 TC 委员、W3C AC 代表
《JavaScript 高级程序设计》译者
2018 年 12 月 2 日

前　　言

时至今日，Vue.js 就像曾经的 jQuery，已经成为前端工程师必备的技能。不可否认，它可以极大地提高我们的开发效率，并且很容易学习。

这就造成了一个很普遍的现象，大部分前端工程师对框架以及第三方周边插件的关注程度越来越高，甚至把自己全部的关注点都放在了框架上。

在我看来，这多少有点亚健康，不是很利于前端工程师的技术成长。因为我发现大家关注框架时，更多的是关注其用法（包括框架自身、第三方插件和 UI 组件库等）、奇淫技巧和最佳实践等。

而我希望大家拿出一部分精力去关注框架所解决的问题以及它是如何解决这些问题的。这有助于我们提升自己的技术和解决问题的能力。

大家在使用 Vue.js 开发项目时，不免总会遇到一些奇奇怪怪的问题，而我们是否能很快解决这些问题以及理解这些问题为什么会发生，主要取决于对 Vue.js 原理的理解是否足够深入。

本书目的

所有技术解决方案的终极目标都是在解决问题，都是先有问题，然后有解决方案。解决方案可能并不完美，也可能有很多种。

Vue.js 也是如此，它解决了什么问题？如何解决的？解决问题的同时都做了哪些权衡和取舍？

本书将带领大家透过现象看到 Vue.js 的本质，通过本书，我们将学会：

- Vue.js 的响应式原理，理解为什么修改数据视图会自动更新；
- 虚拟 DOM（Virtual DOM）的概念和原理；
- 模板编译原理，理解 Vue.js 的模板是如何生效的；
- Vue.js 整体架构设计与项目结构；
- 深入理解 Vue.js 的生命周期，不同的生命周期钩子之间有什么区别，不同的生命周期之间 Vue.js 内部到底发生了什么；
- Vue.js 提供的各种 API 的内部实现原理；
- 指令的实现原理；

- ❑ 过滤器的实现原理；
- ❑ 使用 Vue.js 开发项目的最佳实践。

组织结构

本书共分四篇，全方位讲解了 Vue.js 的内部原理。

- ❑ 第一篇：共 3 章，详细讲解了 Vue.js 内部核心技术“变化侦测”，并一步一步带领大家从 0 到 1 实现一个简单的“变化侦测”系统。
- ❑ 第二篇：共 3 章，详细介绍了虚拟 DOM 技术，其中包括虚拟 DOM 的原理及其 patching 算法。
- ❑ 第三篇：共 4 章，详细介绍了模板编译技术，其中包括模板解析器的实现原理、优化器的原理以及代码生成器的原理。
- ❑ 第四篇：这是本书占比最大的一部分，详细介绍了 Vue.js 的整体架构以及提供给我们使用的各种 API 的内部原理。同时还对 Vue.js 的生命周期、错误处理、指令系统与模板过滤器等功能的原理进行了介绍。在本书最后一章，我们为大家提供了一些使用 Vue.js 开发项目的最佳实践，这些内容中一大部分是 Vue.js 官网提供的，还有一小部分是我自己总结的。

在撰写本书时，Vue.js 的最新版本是 2.5.2，所以本书中的代码参考该版本进行撰写。如果你想对照源码来阅读本书，可以在 GitHub 上找出该版本的源码。此外，关于本书的任何意见和建议，都可以在这里讨论：https://github.com/berwin/Blog/issues/34。关于本书的微信群，也请参见这个页面。

致谢

这本书的诞生我要感谢很多人。我曾幻想过如果有一天自己能出版一本技术书，那该有多好，但从来没有想到这一天来得这么快，我更想象不到这一天会在我 23 岁时发生。在我看来，这件事不可能发生在我的身上，但它确确实实发生了。

这一切都要感谢王军花老师，是她给了我这个机会。最初她找到我，问我有没有兴趣写一本深入介绍 Vue.js 的书时，我的内心很挣扎。因为这可以实现我的一个梦想，但我又担心自己写不好，觉得自己不够资格出版一本书。最终经过激烈的思想斗争后，我决定接受这个挑战，做一些让自己佩服自己的事。

不止是感谢军花老师给我这个机会，我还非常感谢她前前后后跟进这本书，包括书的进度以及与我一起审校和修改这本书等很多事情，非常感谢！

其次我要感谢我的领导 LC（梁超）和肆爷（何烁），当他们听说我要写一本书时，给了我很大的帮助和支持。本书没有拖稿，我按时写完了所有章节，这一切都是源于他们对我的大力支持。如果没有他们，我想我也没有办法按时交稿，非常感谢！

同时我也非常感谢李松峰老师，在开始写这本书时，李老师给我讲了很多写作方面的技巧，并且教我怎样写一本好书，怎么写出阅读体验良好的书。并且在这本书写完之后，李老师还答应给这本书写序，真的非常感谢！

我更要感谢我的父母，感谢你们对我多年的养育之恩，辛辛苦苦把我养大。如今，我虽有了一份稳定的工作，但回家的次数却越来越少。我很愧疚不能在你们身边工作，不能经常陪在你们身边。现在，我出版了一本书，不知道你们会不会为我感到骄傲。

我还要感谢堂姐王砚天，在写作期间给了我很多精神鼓励与支持，并且给我买了很多好吃的。

除此之外，我要感谢第一批内测读者（刘冰晶、姚向阳、周延博、王建兵、陈凤），感谢你们的阅读以及给我提供的宝贵修改意见，非常感谢！

最后，我要感谢正在阅读这部分的你，感谢你阅读本书，感谢你对我的支持，谢谢！

目　　录

第三篇 模板编译原理

第四篇 整体流程

第1章 Vue.js 简介

1

在过去的 10 年时间里，网页变得更加动态化和强大了。通过 JavaScript，我们已经可以把很多传统的服务端代码放到浏览器中。身为一名前端工程师，我们所面临的需求变得越来越复杂。

当应用程序开始变复杂后，我们需要频繁操作 DOM。由于缺乏正规的组织形式，我们的代码变得非常难以维护。

这本质上是命令式操作 DOM 的问题，我们曾经用 jQuery 操作 DOM 写需求，但是当应用程序变复杂后，代码就像一坨意大利面一样，有点难以维护。我们无法继续使用命令式操作 DOM，所以 Vue.js 提供了声明式操作 DOM 的能力来解决这个问题。

通过描述状态和 DOM 之间的映射关系，就可以将状态渲染成 DOM 呈现在用户界面中，也就是渲染到网页上。

1.1　什么是 Vue.js

Vue.js，通常简称为 Vue，是一款友好的、多用途且高性能的 JavaScript 框架，能够帮助我们创建可维护性和可测试性更强的代码。它是目前所有主流框架中学习曲线最平缓的框架，非常容易上手，其官方文档也写得非常清晰、易懂。

它是一款渐进式的 JavaScript 框架。关于什么是渐进式，其实一开始我琢磨了好久，后来才弄懂，就是说如果你已经有一个现成的服务端应用，也就是非单页应用，可以将 Vue.js 作为该应用的一部分嵌入其中，带来更加丰富的交互体验。

如果希望将更多业务逻辑放到前端来实现，那么 Vue.js 的核心库及其生态系统也可以满足你的各种需求。和其他前端框架一样，Vue.js 允许你将一个网页分割成可复用的组件，每个组件都有自己的 HTML、CSS 和 JavaScript 来渲染网页中一个对应的位置。

如果要构建一个大型应用，就需要先搭建项目，配置一些开发环境等。Vue.js 提供了一个命令行工具，它让快速初始化一个真实的项目工程变得非常简单。

我们甚至可以使用 Vue.js 的单文件组件，它包含各自的 HTML、JavaScript 以及带作用域的 CSS 或 SCSS。我本人在使用 Vue.js 开发项目时，通常都会使用单文件组件。单文件组件真的是一个非常棒的特性，它可以使项目架构变得非常清晰、可维护。

1.2　Vue.js 简史

2013 年 7 月 28 日，有一位名叫尤雨溪，英文名叫 Evan You 的人在 GitHub 上第一次为 Vue.js 提交代码。这是 Vue.js 的第一个提交（commit），但这时还不叫 Vue.js。从仓库的 package.json 文件可以看出，这时的名字叫作 Element，后来被更名为 Seed.js。

2013 年 12 月 7 日，尤雨溪在 GitHub 上发布了新版本 0.6.0，将项目正式改名为 Vue.js，并且把默认的指令前缀变成 v-。这一版本的发布，代表 Vue.js 正式问世。

2014 年 2 月 1 日，尤雨溪将 Vue.js 0.8 发布在了国外的 Hacker News 网站，这代表它首次公开发布。听尤雨溪说，当时被顶到了 Hacker News 的首页，在一周的时间内拿到了 615 个 GitHub 的 star，他特别兴奋。

从这之后，经过近两年的孵化，直到 2015 年 10 月 26 日这天，Vue.js 终于迎来了 1.0.0 版本的发布。我不知道当时尤雨溪的心情是什么样的，但从他发布版本时所带的格言可以看出，他心里一定很复杂。

那句话是：

> “The fate of destruction is also the joy of rebirth.”

翻译成中文是：

> 毁灭的命运，也是重生的喜悦。

并且为 1.0.0 这个版本配备了一个代号，叫新世纪福音战士（Evangelion），这是一部动画片的名字。事实上，Vue.js 每一次比较大的版本发布，都会配一个动画片的名称作为代号。

2016 年 10 月 1 日，这一天是祖国的生日，但同时也是 Vue.js 2.0 发布的日子。Vue.js 2.0 的代号叫攻壳机动队（Ghost in the Shell）。

同时，这一次尤雨溪发布这个版本时所带的格言是：

> “Your effort to remain what you are is what limits you.”

翻译成中文是：

> 保持本色的努力，也在限制你的发展。

在开发 Vue.js 的整个过程中，它的定位发生了变化，一开始的定位是：

> “Just a view layer library”

就是说，最早的 Vue.js 只做视图层，没有路由，没有状态管理，也没有官方的构建工具，只有一个库，放在网页里就直接用。

后来，他发现 Vue.js 无法用在一些大型应用上，这样在开发不同大小的应用时，需要不停地切换框架以及思维模式。尤雨溪希望有一个方案，有足够的灵活性，能够适应不同大小的应用需求。

所以，Vue.js 就慢慢开始加入了一些官方的辅助工具，比如路由（Router）、状态管理方案（Vuex）和构建工具（vue-cli）等。

加入这些工具时，Vue.js 始终维持着一个理念："这个框架应该是**渐进式的**。"

这时 Vue.js 的定位是：

The Progressive Framework

翻译成中文，就是**渐进式框架**。

所谓渐进式框架，就是把框架分层。

最核心的部分是视图层渲染，然后往外是组件机制，在这个基础上再加入路由机制，再加入状态管理，最外层是构建工具，如图 1-1 所示。

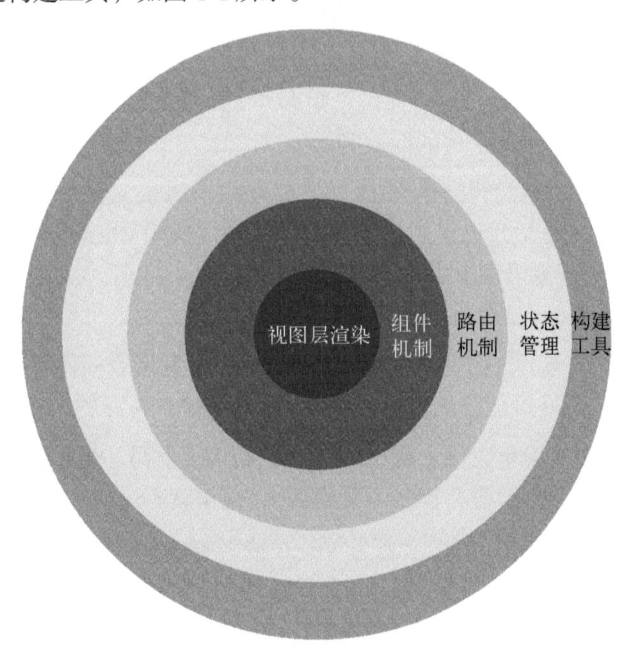

图 1-1 框架分层

所谓分层，就是说你既可以只用最核心的视图层渲染功能来快速开发一些需求，也可以使用一整套全家桶来开发大型应用。Vue.js 有足够的灵活性来适应不同的需求，所以你可以根据自己的需求选择不同的层级。

Vue.js 2.0 与 Vue.js 1.0 之间内部变化非常大，整个渲染层都重写了，但 API 层面的变化却很小。可以看出，Vue.js 是非常注重用户体验和学习曲线的，它尽量让开发者用起来很爽，同时在应用场景上，其他框架能做到的 Vue.js 都能做到，不存在其他框架可以实现而 Vue.js 不能实现这样的问题，所以在技术选型上，只需要考虑 Vue.js 的使用方式是不是符合口味，团队来了新同学能否快速融入等问题。由于无论是学习曲线还是 API 的设计上，Vue.js 都非常优雅，所以它具有很强的竞争力。

Vue.js 2.0 引入了非常多的特性，其中一个明显的效果是 Vue.js 变得更轻、更快了。

Vue.js 2.0 引入了虚拟 DOM，其渲染过程变得更快了。虚拟 DOM 现在已经被网上说烂了，但是我想说的是，不要人云亦云。Vue.js 引入虚拟 DOM 是有原因的。事实上，并不是引入虚拟 DOM 后，渲染速度变快了。准确地说，应该是 80% 的场景下变得更快了，而剩下的 20% 反而变慢了。

任何技术的引入都是在解决一些问题，而通常解决一个问题的同时会引发另外一个问题，这种情况更多的是做权衡，做取舍。所以，不要像网上大部分人那样，成天说因为引入了虚拟 DOM 而变快了。我们要透过现象看本质，本书的目的也在于此。

关于为什么引入虚拟 DOM，以及为什么引入虚拟 DOM 后渲染速度变快了，第 5 章会详细介绍。

除了引入虚拟 DOM 外，Vue.js 2.0 还提供了很多令人激动的特性，比如支持 JSX 和 TypeScript，支持流式服务端渲染，提供了跨平台的能力等。

到目前，我写下这行文字的时间是 2018 年 6 月 29 日，Vue.js 的最新版本是 2.5.16。就在前几天，它在 GitHub 上的 star 数量已经超过了 10 万，同时超越了 React 在 GitHub 上的 star 数量。在 GitHub 上所有项目（所有语言）中排进了前五，目前是第 4 名，挤进前三指日可待。可能你在读这行文字的时候，Vue.js 已经挤进前三了。

目前，Vue.js 每个月有超过 115 万次 NPM 下载，Chrome 开发者插件有 17.4 万周活跃用户（这是 2017 年 5 月的数据，现在可能会更多），这表示每天都有 17.4 万的人在使用它开发应用。

Vue.js 在国内的用户有阿里巴巴、腾讯、百度、新浪、网易、饿了么、滴滴出行、360、美团、苏宁、58、哔哩哔哩和掘金等（排名不分先后），这里就不一一列举了。

在社区上，有 300 多位 GitHub 贡献者为 Vue.js 或者它的子项目提交过代码。社区项目也非常活跃，社区上有很多基于 Vue.js 的更高层框架和组件，比如 Nuxt、Quasar Framework、Element、iView、Muse-UI、Vux、Vuetify、Vue Material 等，这些项目在 GitHub 上都是几千个 star 的项目。

说了这么多，我想说的是，Vue.js 已是一名前端工程师必备的技能。而想深入了解 Vue.js 内部的核心技术原理，就来阅读本书吧。

第一篇

变化侦测

> Vue.js 最独特的特性之一是看起来并不显眼的响应式系统。数据模型仅仅是普通的 JavaScript 对象。而当你修改它们时，视图会进行更新。这使得状态管理非常简单、直接。不过理解其工作原理同样重要，这样你可以回避一些常见的问题。——官方文档

从状态生成 DOM，再输出到用户界面显示的一整套流程叫作渲染，应用在运行时会不断地进行重新渲染。而响应式系统赋予框架重新渲染的能力，其重要组成部分是变化侦测。变化侦测是响应式系统的核心，没有它，就没有重新渲染。框架在运行时，视图也就无法随着状态的变化而变化。

简单来说，变化侦测的作用是侦测数据的变化。当数据变化时，会通知视图进行相应的更新。

正如文档中所说，深入理解变化侦测的工作原理，既可以帮助我们在开发应用时回避一些很常见的问题，也可以在应用程序出问题时，快速调试并修复问题。

本篇中，我们将针对变化侦测的实现原理做一个详细介绍，并且会带着你一步一步从 0 到 1 实现一个变化侦测的逻辑。学完本篇，你将可以自己实现一个变化侦测的功能。

第 2 章

Object 的变化侦测

2

大部分人不会想到 Object 和 Array 的变化侦测采用不同的处理方式。事实上，它们的侦测方式确实不一样。在这一章中，我们将详细介绍 Object 的变化侦测。

2.1 什么是变化侦测

Vue.js 会自动通过状态生成 DOM，并将其输出到页面上显示出来，这个过程叫渲染。Vue.js 的渲染过程是声明式的，我们通过模板来描述状态与 DOM 之间的映射关系。

通常，在运行时应用内部的状态会不断发生变化，此时需要不停地重新渲染。这时如何确定状态中发生了什么变化？

变化侦测就是用来解决这个问题的，它分为两种类型：一种是“推”（push），另一种是“拉”（pull）。

Angular 和 React 中的变化侦测都属于“拉”，这就是说当状态发生变化时，它不知道哪个状态变了，只知道状态有可能变了，然后会发送一个信号告诉框架，框架内部收到信号后，会进行一个暴力比对来找出哪些 DOM 节点需要重新渲染。这在 Angular 中是脏检查的流程，在 React 中使用的是虚拟 DOM。

而 Vue.js 的变化侦测属于“推”。当状态发生变化时，Vue.js 立刻就知道了，而且在一定程度上知道哪些状态变了。因此，它知道的信息更多，也就可以进行更细粒度的更新。

所谓更细粒度的更新，就是说：假如有一个状态绑定着好多个依赖，每个依赖表示一个具体的 DOM 节点，那么当这个状态发生变化时，向这个状态的所有依赖发送通知，让它们进行 DOM 更新操作。相比较而言，“拉”的粒度是最粗的。

但是它也有一定的代价，因为粒度越细，每个状态所绑定的依赖就越多，依赖追踪在内存上的开销就会越大。因此，从 Vue.js 2.0 开始，它引入了虚拟 DOM，将粒度调整为中等粒度，即一个状态所绑定的依赖不再是具体的 DOM 节点，而是一个组件。这样状态变化后，会通知到组件，组件内部再使用虚拟 DOM 进行比对。这可以大大降低依赖数量，从而降低依赖追踪所消耗的内存。

Vue.js 之所以能随意调整粒度，本质上还要归功于变化侦测。因为“推”类型的变化侦测可以随意调整粒度。

2.2 如何追踪变化

关于变化侦测，首先要问一个问题，在 JavaScript（简称 JS）中，如何侦测一个对象的变化？

其实这个问题还是比较简单的。学过 JavaScript 的人都知道，有两种方法可以侦测到变化：使用 `Object.defineProperty` 和 ES6 的 `Proxy`。

由于 ES6 在浏览器中的支持度并不理想，到目前为止 Vue.js 还是使用 `Object.defineProperty` 来实现的，所以书中也会使用它来介绍变化侦测的原理。

由于使用 `Object.defineProperty` 来侦测变化会有很多缺陷，所以 Vue.js 的作者尤雨溪说日后会使用 `Proxy` 重写这部分代码。好在本章讲的是原理和思想，所以即便以后用 `Proxy` 重写了这部分代码，书中介绍的原理也不会变。

知道了 `Object.defineProperty` 可以侦测到对象的变化，那么我们可以写出这样的代码：

```
01  function defineReactive (data, key, val) {
02    Object.defineProperty(data, key, {
03      enumerable: true,
04      configurable: true,
05      get: function () {
06        return val
07      },
08      set: function (newVal) {
09        if(val === newVal){
10          return
11        }
12        val = newVal
13      }
14    })
15  }
```

这里的函数 `defineReactive` 用来对 `Object.defineProperty` 进行封装。从函数的名字可以看出，其作用是定义一个响应式数据。也就是在这个函数中进行变化追踪，封装后只需要传递 `data`、`key` 和 `val` 就行了。

封装好之后，每当从 `data` 的 `key` 中读取数据时，`get` 函数被触发；每当往 `data` 的 `key` 中设置数据时，`set` 函数被触发。

2.3 如何收集依赖

如果只是把 `Object.defineProperty` 进行封装，那其实并没什么实际用处，真正有用的是收集依赖。

现在我要问第二个问题：如何收集依赖？

思考一下，我们之所以要观察数据，其目的是当数据的属性发生变化时，可以通知那些曾经使用了该数据的地方。

举个例子：

```
01  <template>
02    <h1>{{ name }}</h1>
03  </template>
```

该模板中使用了数据 name，所以当它发生变化时，要向使用了它的地方发送通知。

注意　在 Vue.js 2.0 中，模板使用数据等同于组件使用数据，所以当数据发生变化时，会将通知发送到组件，然后组件内部再通过虚拟 DOM 重新渲染。

对于上面的问题，我的回答是，先收集依赖，即把用到数据 name 的地方收集起来，然后等属性发生变化时，把之前收集好的依赖循环触发一遍就好了。

总结起来，其实就一句话，**在 getter 中收集依赖，在 setter 中触发依赖**。

2.4　依赖收集在哪里

现在我们已经有了很明确的目标，就是要在 getter 中收集依赖，那么要把依赖收集到哪里去呢？

思考一下，首先想到的是每个 key 都有一个数组，用来存储当前 key 的依赖。假设依赖是一个函数，保存在 window.target 上，现在就可以把 defineReactive 函数稍微改造一下：

```
01  function defineReactive (data, key, val) {
02    let dep = [] // 新增
03    Object.defineProperty(data, key, {
04      enumerable: true,
05      configurable: true,
06      get: function () {
07        dep.push(window.target) // 新增
08        return val
09      },
10      set: function (newVal) {
11        if(val === newVal){
12          return
13        }
14        // 新增
15        for (let i = 0; i < dep.length; i++) {
16          dep[i](newVal, val)
17        }
18        val = newVal
19      }
```

```
20    })
21  }
```

这里我们新增了数组 dep，用来存储被收集的依赖。

然后在 set 被触发时，循环 dep 以触发收集到的依赖。

但是这样写有点耦合，我们把依赖收集的代码封装成一个 Dep 类，它专门帮助我们管理依赖。使用这个类，我们可以收集依赖、删除依赖或者向依赖发送通知等。其代码如下：

```
01  export default class Dep {
02    constructor () {
03      this.subs = []
04    }
05
06    addSub (sub) {
07      this.subs.push(sub)
08    }
09
10    removeSub (sub) {
11      remove(this.subs, sub)
12    }
13
14    depend () {
15      if (window.target) {
16        this.addSub(window.target)
17      }
18    }
19
20    notify () {
21      const subs = this.subs.slice()
22      for (let i = 0, l = subs.length; i < l; i++) {
23        subs[i].update()
24      }
25    }
26  }
27
28  function remove (arr, item) {
29    if (arr.length) {
30      const index = arr.indexOf(item)
31      if (index > -1) {
32        return arr.splice(index, 1)
33      }
34    }
35  }
```

之后再改造一下 defineReactive：

```
01  function defineReactive (data, key, val) {
02    let dep = new Dep() // 修改
03    Object.defineProperty(data, key, {
04      enumerable: true,
05      configurable: true,
06      get: function () {
```

```
07          dep.depend() // 修改
08          return val
09        },
10        set: function (newVal) {
11          if(val === newVal){
12            return
13          }
14          val = newVal
15          dep.notify() // 新增
16        }
17      })
18    }
```

此时代码看起来清晰多了，这也顺便回答了上面的问题，依赖收集到哪儿？收集到 Dep 中。

2.5　依赖是谁

在上面的代码中，我们收集的依赖是 window.target，那么它到底是什么？我们究竟要收集谁呢？

收集谁，换句话说，就是当属性发生变化后，通知谁。

我们要通知用到数据的地方，而使用这个数据的地方有很多，而且类型还不一样，既有可能是模板，也有可能是用户写的一个 watch，这时需要抽象出一个能集中处理这些情况的类。然后，我们在依赖收集阶段只收集这个封装好的类的实例进来，通知也只通知它一个。接着，它再负责通知其他地方。所以，我们要抽象的这个东西需要先起一个好听的名字。嗯，就叫它 Watcher 吧。

现在就可以回答上面的问题了，收集谁？Watcher！

2.6　什么是 Watcher

Watcher 是一个中介的角色，数据发生变化时通知它，然后它再通知其他地方。

关于 Watcher，先看一个经典的使用方式：

```
01  // keypath
02  vm.$watch('a.b.c', function (newVal, oldVal) {
03    // 做点什么
04  })
```

这段代码表示当 data.a.b.c 属性发生变化时，触发第二个参数中的函数。

思考一下，怎么实现这个功能呢？好像只要把这个 watcher 实例添加到 data.a.b.c 属性的 Dep 中就行了。然后，当 data.a.b.c 的值发生变化时，通知 Watcher。接着，Watcher 再执行参数中的这个回调函数。

好，思考完毕，写出如下代码：

```
01  export default class Watcher {
02    constructor (vm, expOrFn, cb) {
03      this.vm = vm
04      // 执行this.getter()，就可以读取data.a.b.c的内容
05      this.getter = parsePath(expOrFn)
06      this.cb = cb
07      this.value = this.get()
08    }
09
10    get() {
11      window.target = this
12      let value = this.getter.call(this.vm, this.vm)
13      window.target = undefined
14      return value
15    }
16
17    update () {
18      const oldValue = this.value
19      this.value = this.get()
20      this.cb.call(this.vm, this.value, oldValue)
21    }
22  }
```

这段代码可以把自己主动添加到 data.a.b.c 的 Dep 中去，是不是很神奇？

因为我在 get 方法中先把 window.target 设置成了 this，也就是当前 watcher 实例，然后再读一下 data.a.b.c 的值，这肯定会触发 getter。

触发了 getter，就会触发收集依赖的逻辑。而关于收集依赖，上面已经介绍了，会从 window.target 中读取一个依赖并添加到 Dep 中。

这就导致，只要先在 window.target 赋一个 this，然后再读一下值，去触发 getter，就可以把 this 主动添加到 keypath 的 Dep 中。有没有很神奇的感觉啊？

依赖注入到 Dep 中后，每当 data.a.b.c 的值发生变化时，就会让依赖列表中所有的依赖循环触发 update 方法，也就是 Watcher 中的 update 方法。而 update 方法会执行参数中的回调函数，将 value 和 oldValue 传到参数中。

所以，其实不管是用户执行的 vm.$watch('a.b.c', (value, oldValue) => {})，还是模板中用到的 data，都是通过 Watcher 来通知自己是否需要发生变化。

这里有些小伙伴可能会好奇上面代码中的 parsePath 是怎么读取一个字符串的 keypath 的，下面用一段代码来介绍其实现原理：

```
01  /**
02   * 解析简单路径
03   */
04  const bailRE = /[^\w.$]/
05  export function parsePath (path) {
06    if (bailRE.test(path)) {
07      return
```

```
08    }
09    const segments = path.split('.')
10    return function (obj) {
11      for (let i = 0; i < segments.length; i++) {
12        if (!obj) return
13        obj = obj[segments[i]]
14      }
15      return obj
16    }
17  }
```

可以看到，这其实并不复杂。先将 `keypath` 用 `.` 分割成数组，然后循环数组一层一层去读数据，最后拿到的 `obj` 就是 `keypath` 中想要读的数据。

2.7　递归侦测所有 key

现在，其实已经可以实现变化侦测的功能了，但是前面介绍的代码只能侦测数据中的某一个属性，我们希望把数据中的所有属性（包括子属性）都侦测到，所以要封装一个 `Observer` 类。这个类的作用是将一个数据内的所有属性（包括子属性）都转换成 getter/setter 的形式，然后去追踪它们的变化：

```
01  /**
02   * Observer 类会附加到每一个被侦测的 object 上。
03   * 一旦被附加上，Observer 会将 object 的所有属性转换为 getter/setter 的形式
04   * 来收集属性的依赖，并且当属性发生变化时会通知这些依赖
05   */
06  export class Observer {
07    constructor (value) {
08      this.value = value
09
10      if (!Array.isArray(value)) {
11        this.walk(value)
12      }
13    }
14
15    /**
16     * walk 会将每一个属性都转换成 getter/setter 的形式来侦测变化
17     * 这个方法只有在数据类型为 Object 时被调用
18     */
19    walk (obj) {
20      const keys = Object.keys(obj)
21      for (let i = 0; i < keys.length; i++) {
22        defineReactive(obj, keys[i], obj[keys[i]])
23      }
24    }
25  }
26
27  function defineReactive (data, key, val) {
28    // 新增，递归子属性
29    if (typeof val === 'object') {
30      new Observer(val)
```

```
31     }
32     let dep = new Dep()
33     Object.defineProperty(data, key, {
34       enumerable: true,
35       configurable: true,
36       get: function () {
37         dep.depend()
38         return val
39       },
40       set: function (newVal) {
41         if(val === newVal){
42           return
43         }
44
45         val = newVal
46         dep.notify()
47       }
48     })
49   }
```

在上面的代码中，我们定义了 Observer 类，它用来将一个正常的 object 转换成被侦测的 object。

然后判断数据的类型，只有 Object 类型的数据才会调用 walk 将每一个属性转换成 getter/setter 的形式来侦测变化。

最后，在 defineReactive 中新增 new Observer(val)来递归子属性，这样我们就可以把 data 中的所有属性（包括子属性）都转换成 getter/setter 的形式来侦测变化。

当 data 中的属性发生变化时，与这个属性对应的依赖就会接收到通知。

也就是说，只要我们将一个 object 传到 Observer 中，那么这个 object 就会变成响应式的 object。

2.8 关于 Object 的问题

前面介绍了 Object 类型数据的变化侦测原理，了解了数据的变化是通过 getter/setter 来追踪的。也正是由于这种追踪方式，有些语法中即便是数据发生了变化，Vue.js 也追踪不到。

比如，向 object 添加属性：

```
01   var vm = new Vue({
02     el: '#el',
03     template: '#demo-template',
04     methods: {
05       action () {
06         this.obj.name = 'berwin'
07       }
08     },
09     data: {
```

```
10       obj: {}
11     }
12   })
```

在 action 方法中，我们在 obj 上面新增了 name 属性，Vue.js 无法侦测到这个变化，所以不会向依赖发送通知。

再比如，从 obj 中删除一个属性：

```
01   var vm = new Vue({
02     el: '#el',
03     template: '#demo-template',
04     methods: {
05       action () {
06         delete this.obj.name
07       }
08     },
09     data: {
10       obj: {
11         name: 'berwin'
12       }
13     }
14   })
```

在上面的代码中，我们在 action 方法中删除了 obj 中的 name 属性，而 Vue.js 无法侦测到这个变化，所以不会向依赖发送通知。

Vue.js 通过 Object.defineProperty 来将对象的 key 转换成 getter/setter 的形式来追踪变化，但 getter/setter 只能追踪一个数据是否被修改，无法追踪新增属性和删除属性，所以才会导致上面例子中提到的问题。

但这也是没有办法的事，因为在 ES6 之前，JavaScript 没有提供元编程的能力，无法侦测到一个新属性被添加到了对象中，也无法侦测到一个属性从对象中删除了。为了解决这个问题，Vue.js 提供了两个 API——vm.$set 与 vm.$delete，第 4 章会详细介绍它们。

2.9 总结

变化侦测就是侦测数据的变化。当数据发生变化时，要能侦测到并发出通知。

Object 可以通过 Object.defineProperty 将属性转换成 getter/setter 的形式来追踪变化。读取数据时会触发 getter，修改数据时会触发 setter。

我们需要在 getter 中收集有哪些依赖使用了数据。当 setter 被触发时，去通知 getter 中收集的依赖数据发生了变化。

收集依赖需要为依赖找一个存储依赖的地方，为此我们创建了 Dep，它用来收集依赖、删除依赖和向依赖发送消息等。

所谓的依赖，其实就是 Watcher。只有 Watcher 触发的 getter 才会收集依赖，哪个 Watcher

触发了 getter，就把哪个 Watcher 收集到 Dep 中。当数据发生变化时，会循环依赖列表，把所有的 Watcher 都通知一遍。

Watcher 的原理是先把自己设置到全局唯一的指定位置（例如 window.target），然后读取数据。因为读取了数据，所以会触发这个数据的 getter。接着，在 getter 中就会从全局唯一的那个位置读取当前正在读取数据的 Watcher，并把这个 Watcher 收集到 Dep 中去。通过这样的方式，Watcher 可以主动去订阅任意一个数据的变化。

此外，我们创建了 Observer 类，它的作用是把一个 object 中的所有数据（包括子数据）都转换成响应式的，也就是它会侦测 object 中所有数据（包括子数据）的变化。

由于在 ES6 之前 JavaScript 并没有提供元编程的能力，所以在对象上新增属性和删除属性都无法被追踪到。

图 2-1 给出了 Data、Observer、Dep 和 Watcher 之间的关系。

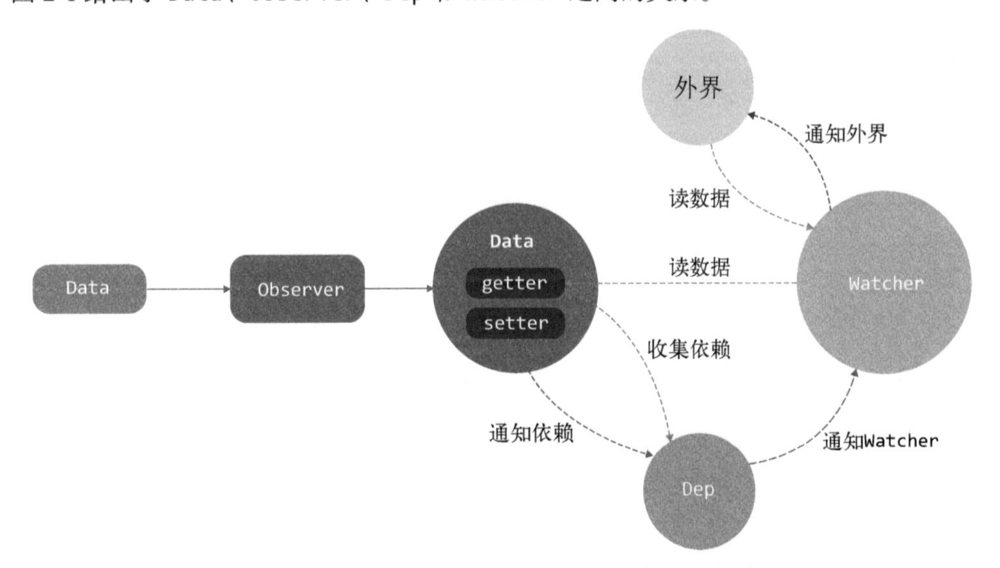

图 2-1 Data、Observer、Dep 和 Watcher 之间的关系

Data 通过 Observer 转换成了 getter/setter 的形式来追踪变化。

当外界通过 Watcher 读取数据时，会触发 getter 从而将 Watcher 添加到依赖中。

当数据发生了变化时，会触发 setter，从而向 Dep 中的依赖（Watcher）发送通知。

Watcher 接收到通知后，会向外界发送通知，变化通知到外界后可能会触发视图更新，也有可能触发用户的某个回调函数等。

第3章 Array 的变化侦测

上一章介绍了 Object 的侦测方式，本章介绍 Array 的侦测方式。

可能很多人不太理解为什么 Array 的侦测方式和 Object 的不同，下面我们举例说明一下：

```
01    this.list.push(1)
```

在上面的代码中，我们使用 push 方法向 list 中新增了数字 1。

前面介绍 Object 的时候，我们说过其侦测方式是通过 getter/setter 实现的，但上面这个例子使用了 push 方法来改变数组，并不会触发 getter/setter。

正因为我们可以通过 Array 原型上的方法来改变数组的内容，所以 Object 那种通过 getter/setter 的实现方式就行不通了。

3.1 如何追踪变化

Object 的变化是靠 setter 来追踪的，只要一个数据发生了变化，一定会触发 setter。

同理，前面例子中使用 push 来改变数组的内容，那么我们只要能在用户使用 push 操作数组的时候得到通知，就能实现同样目的。

可惜的是，在 ES6 之前，JavaScript 并没有提供元编程的能力，也就是没有提供可以拦截原型方法的能力，但是这难不倒聪明的程序员们。我们可以用自定义的方法去覆盖原生的原型方法。

如图 3-1 所示，我们可以用一个拦截器覆盖 Array.prototype。之后，每当使用 Array 原型上的方法操作数组时，其实执行的都是拦截器中提供的方法，比如 push 方法。然后，在拦截器中使用原生 Array 的原型方法去操作数组。

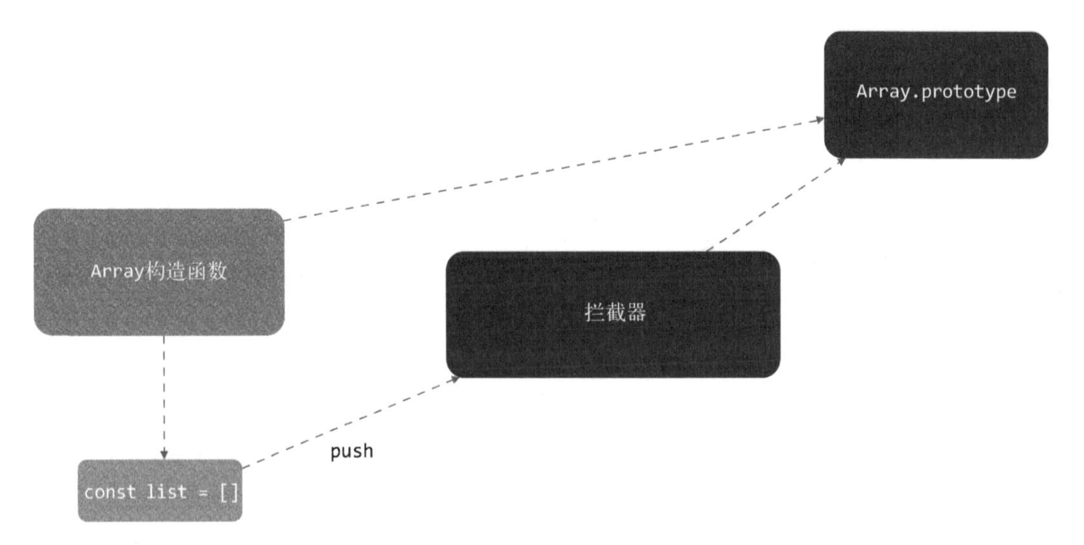

图 3-1 使用拦截器覆盖原生的原型方法

这样通过拦截器，我们就可以追踪到 Array 的变化。

3.2 拦截器

上一节中，我们已经介绍了拦截器的作用，这一节介绍如何实现它。

拦截器其实就是一个和 Array.prototype 一样的 Object，里面包含的属性一模一样，只不过这个 Object 中某些可以改变数组自身内容的方法是我们**处理**过的。

经过整理，我们发现 Array 原型中可以改变数组自身内容的方法有 7 个，分别是 push、pop、shift、unshift、splice、sort 和 reverse。

下面我们写出代码：

```
01  const arrayProto = Array.prototype
02  export const arrayMethods = Object.create(arrayProto)
03
04  ;[
05    'push',
06    'pop',
07    'shift',
08    'unshift',
09    'splice',
10    'sort',
11    'reverse'
12  ]
13  .forEach(function (method) {
14    // 缓存原始方法
15    const original = arrayProto[method]
16    Object.defineProperty(arrayMethods, method, {
```

```
17        value: function mutator (...args) {
18          return original.apply(this, args)
19        },
20        enumerable: false,
21        writable: true,
22        configurable: true
23      })
24    })
```

在上面的代码中，我们创建了变量 arrayMethods，它继承自 Array.prototype，具备其所有功能。未来，我们要使用 arrayMethods 去覆盖 Array.prototype。

接下来，在 arrayMethods 上使用 Object.defineProperty 方法将那些可以改变数组自身内容的方法（push、pop、shift、unshift、splice、sort 和 reverse）进行封装。

所以，当使用 push 方法的时候，其实调用的是 arrayMethods.push，而 arrayMethods.push 是函数 mutator，也就是说，实际上执行的是 mutator 函数。

最后，在 mutator 中执行 original（它是原生 Array.prototype 上的方法，例如 Array.prototype.push）来做它应该做的事，比如 push 的功能。

因此，我们就可以在 mutator 函数中做一些其他的事，比如说发送变化通知。

3.3 使用拦截器覆盖 Array 原型

有了拦截器之后，想要让它生效，就需要使用它去覆盖 Array.prototype。但是我们又不能直接覆盖，因为这样会污染全局的 Array，这并不是我们希望看到的结果。我们希望拦截操作只针对那些被侦测了变化的数据生效，也就是说希望拦截器只覆盖那些响应式数组的原型。

而将一个数据转换成响应式的，需要通过 Observer，所以我们只需要在 Observer 中使用拦截器覆盖那些即将被转换成响应式 Array 类型数据的原型就好了：

```
01  export class Observer {
02    constructor (value) {
03      this.value = value
04
05      if (Array.isArray(value)) {
06        value.__proto__ = arrayMethods // 新增
07      } else {
08        this.walk(value)
09      }
10    }
11  }
```

在上面的代码中，我们新增了一行代码：

```
01  value.__proto__ = arrayMethods
```

它的作用是将拦截器（加工后具备拦截功能的 arrayMethods）赋值给 value.__proto__，通过 __proto__ 可以很巧妙地实现覆盖 value 原型的功能，如图 3-2 所示。

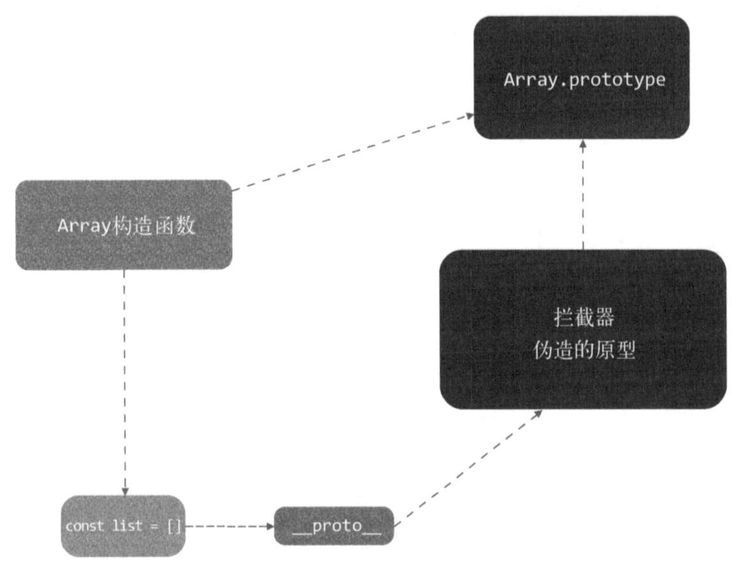

图 3-2　使用 __proto__ 覆盖原型

__proto__ 其实是 Object.getPrototypeOf 和 Object.setPrototypeOf 的早期实现，所以使用 ES6 的 Object.setPrototypeOf 来代替 __proto__ 完全可以实现同样的效果。只是到目前为止，ES6 在浏览器中的支持度并不理想。

3.4　将拦截器方法挂载到数组的属性上

虽然绝大多数浏览器都支持这种非标准的属性（在 ES6 之前并不是标准）来访问原型，但并不是所有浏览器都支持！因此，我们需要处理不能使用 __proto__ 的情况。

Vue 的做法非常粗暴，如果不能使用 __proto__，就直接将 arrayMethods 身上的这些方法设置到被侦测的数组上：

```
01  import { arrayMethods } from './array'
02
03  // __proto__ 是否可用
04  const hasProto = '__proto__' in {}
05  const arrayKeys = Object.getOwnPropertyNames(arrayMethods)
06
07  export class Observer {
08    constructor (value) {
09      this.value = value
10
11      if (Array.isArray(value)) {
12        // 修改
13        const augment = hasProto
14          ? protoAugment
15          : copyAugment
```

```
16        augment(value, arrayMethods, arrayKeys)
17      } else {
18        this.walk(value)
19      }
20    }
21
22    ......
23  }
24
25  function protoAugment (target, src, keys) {
26    target.__proto__ = src
27  }
28
29  function copyAugment (target, src, keys) {
30    for (let i = 0, l = keys.length; i < l; i++) {
31      const key = keys[i]
32      def(target, key, src[key])
33    }
34  }
```

在上面的代码中，我们新增了 hasProto 来判断当前浏览器是否支持 __proto__。还新增了 copyAugment 函数，用来将已经加工了拦截操作的原型方法直接添加到 value 的属性中。

此外，还使用 hasProto 判断浏览器是否支持 __proto__：如果支持，则使用 protoAugment 函数来覆盖原型；如果不支持，则调用 copyAugment 函数将拦截器中的方法挂载到 value 上。

如图 3-3 所示，在浏览器不支持 __proto__ 的情况下，会在数组上挂载一些方法。当用户使用这些方法时，其实执行的并不是浏览器原生提供的 Array.prototype 上的方法，而是拦截器中提供的方法。

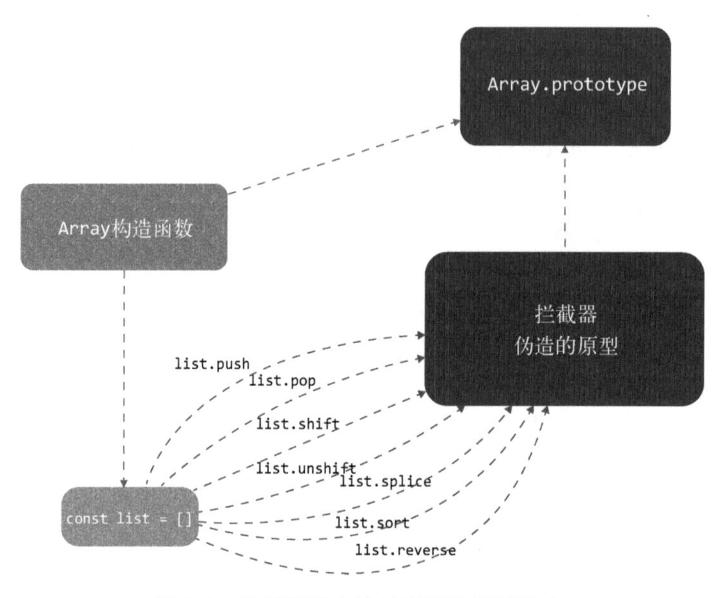

图 3-3　将拦截器方法挂载到数组属性上

因为当访问一个对象的方法时，只有其自身不存在这个方法，才会去它的原型上找这个方法。

3.5 如何收集依赖

上一节中，我们介绍并且创建了拦截器。

可能你也发现了，如果只有一个拦截器，其实还是什么事都做不了。为什么会这样呢？因为我们之所以创建拦截器，本质上是为了得到一种能力，一种当数组的内容发生变化时得到通知的能力。

而现在我们虽然具备了这样的能力，但是通知谁呢？前面我们介绍 `Object` 时说过，答案肯定是通知 `Dep` 中的依赖（`Watcher`），但是依赖怎么收集呢？这就是本节要介绍的内容，如何收集数组的依赖！

在这之前，我们先简单回顾一下 `Object` 的依赖是如何收集的。

`Object` 的依赖前面介绍过，是在 `defineReactive` 中的 getter 里使用 `Dep` 收集的，每个 key 都会有一个对应的 `Dep` 列表来存储依赖。

简单来说，就是在 getter 中收集依赖，依赖被存储在 `Dep` 里。

那么，数组在哪里收集依赖呢？其实数组也是在 getter 中收集依赖的。

有些同学可能不明白了，没关系，我们举例说明一下：

```
01  {
02    list: [1,2,3,4,5]
03  }
```

如果是上面这样的数据，那么想得到 `list` 数组，肯定是要访问 `list` 这个 key，对吧？

也就是说，其实不管 value 是什么，要想在一个 `Object` 中得到某个属性的数据，肯定要通过 key 来读取 value。

因此，在读取 `list` 的时候，肯定会先触发这个名字叫作 `list` 的属性的 getter，举个例子：

```
01  this.list
```

上面这行代码从 `this` 上读取 `list`，所以肯定会触发 `list` 这个属性的 getter。

而 `Array` 的依赖和 `Object` 一样，也在 `defineReactive` 中收集：

```
01  function defineReactive (data, key, val) {
02    if (typeof val === 'object') new Observer(val)
03    let dep = new Dep()
04    Object.defineProperty(data, key, {
05      enumerable: true,
06      configurable: true,
07      get: function () {
```

```
08        dep.depend()
09        // 这里收集 Array 的依赖
10        return val
11      },
12      set: function (newVal) {
13        if(val === newVal){
14          return
15        }
16
17        dep.notify()
18        val = newVal
19      }
20    })
21  }
```

上面的代码新增了一段注释，接下来要在这个位置去收集 Array 的依赖。

所以，Array 在 getter 中收集依赖，在拦截器中触发依赖。

3.6　依赖列表存在哪儿

知道了如何收集依赖后，下一个要面对的问题是这些依赖列表存在哪儿。Vue.js 把 Array 的依赖存放在 Observer 中：

```
01  export class Observer {
02    constructor (value) {
03      this.value = value
04      this.dep = new Dep() // 新增 dep
05
06      if (Array.isArray(value)) {
07        const augment = hasProto
08          ? protoAugment
09          : copyAugment
10        augment(value, arrayMethods, arrayKeys)
11      } else {
12        this.walk(value)
13      }
14    }
15
16    ……
17
18  }
```

这个地方有些同学可能会有疑问，为什么数组的 dep（依赖）要保存在 Observer 实例上呢？

上一节中我们介绍了数组在 getter 中收集依赖，在拦截器中触发依赖，所以这个依赖保存的位置就很关键，它必须在 getter 和拦截器中都可以访问到。

我们之所以将依赖保存在 Observer 实例上，是因为在 getter 中可以访问到 Observer 实例，同时在 Array 拦截器中也可以访问到 Observer 实例。

后面会介绍如何在 getter 中访问 Dep 开始收集依赖，以及在拦截器中如何访问 Observer 实例。

3.7 收集依赖

把 Dep 实例保存在 Observer 的属性上之后，我们可以在 getter 中像下面这样访问并收集依赖：

```
01  function defineReactive (data, key, val) {
02    let childOb = observe(val) // 修改
03    let dep = new Dep()
04    Object.defineProperty(data, key, {
05      enumerable: true,
06      configurable: true,
07      get: function () {
08        dep.depend()
09
10        // 新增
11        if (childOb) {
12          childOb.dep.depend()
13        }
14        return val
15      },
16      set: function (newVal) {
17        if(val === newVal){
18          return
19        }
20
21        dep.notify()
22        val = newVal
23      }
24    })
25  }
26
27  /**
28   * 尝试为 value 创建一个 Observer 实例，
29   * 如果创建成功，直接返回新创建的 Observer 实例。
30   * 如果 value 已经存在一个 Observer 实例，则直接返回它
31   */
32  export function observe (value, asRootData) {
33    if (!isObject(value)) {
34      return
35    }
36    let ob
37    if (hasOwn(value, '__ob__') && value.__ob__ instanceof Observer) {
38      ob = value.__ob__
39    } else {
40      ob = new Observer(value)
41    }
42    return ob
43  }
```

在上面的代码中，我们新增了函数 observe，它尝试创建一个 Observer 实例。如果 value 已经是响应式数据，不需要再次创建 Observer 实例，直接返回已经创建的 Observer 实例即可，避免了重复侦测 value 变化的问题。

此外，我们在 defineReactive 函数中调用了 observe，它把 val 当作参数传了进去并拿到一个返回值，那就是 Observer 实例。

前面我们介绍过数组为什么在 getter 中收集依赖，而 defineReactive 函数中的 val 很有可能会是一个数组。通过 observe 我们得到了数组的 Observer 实例（childOb），最后通过 childOb 的 dep 执行 depend 方法来收集依赖。

通过这种方式，我们就可以实现在 getter 中将依赖收集到 Observer 实例的 dep 中。更通俗的解释是：通过这样的方式可以为数组收集依赖。

3.8　在拦截器中获取 Observer 实例

在本节中，我们将介绍如何在拦截器中访问 Observer 实例。

因为 Array 拦截器是对原型的一种封装，所以可以在拦截器中访问到 this（当前正在被操作的数组）。

而 dep 保存在 Observer 中，所以需要在 this 上读到 Observer 的实例：

```
01  // 工具函数
02  function def (obj, key, val, enumerable) {
03    Object.defineProperty(obj, key, {
04      value: val,
05      enumerable: !!enumerable,
06      writable: true,
07      configurable: true
08    })
09  }
10
11  export class Observer {
12    constructor (value) {
13      this.value = value
14      this.dep = new Dep()
15      def(value, '__ob__', this) // 新增
16
17      if (Array.isArray(value)) {
18        const augment = hasProto
19          ? protoAugment
20          : copyAugment
21        augment(value, arrayMethods, arrayKeys)
22      } else {
23        this.walk(value)
24      }
25    }
26
27    ……
28
29  }
```

在上面的代码中，我们在 Observer 中新增了一段代码，它可以在 value 上新增一个不可枚举的属性 __ob__，这个属性的值就是当前 Observer 的实例。

这样我们就可以通过数组数据的 __ob__ 属性拿到 Observer 实例，然后就可以拿到 __ob__ 上的 dep 啦。

当然，__ob__ 的作用不仅仅是为了在拦截器中访问 Observer 实例这么简单，还可以用来标记当前 value 是否已经被 Observer 转换成了响应式数据。

也就是说，所有被侦测了变化的数据身上都会有一个 __ob__ 属性来表示它们是响应式的。上一节中的 observe 函数就是通过 __ob__ 属性来判断：如果 value 是响应式的，则直接返回 __ob__；如果不是响应式的，则使用 new Observer 来将数据转换成响应式数据。

当 value 身上被标记了 __ob__ 之后，就可以通过 value.__ob__ 来访问 Observer 实例。如果是 Array 拦截器，因为拦截器是原型方法，所以可以直接通过 this.__ob__ 来访问 Observer 实例。例如：

```
01  ;[
02    'push',
03    'pop',
04    'shift',
05    'unshift',
06    'splice',
07    'sort',
08    'reverse'
09  ]
10  .forEach(function (method) {
11    // 缓存原始方法
12    const original = arrayProto[method]
13    Object.defineProperty(arrayMethods, method, {
14      value: function mutator (...args) {
15        const ob = this.__ob__ // 新增
16        return original.apply(this, args)
17      },
18      enumerable: false,
19      writable: true,
20      configurable: true
21    })
22  })
```

在上面的代码中，我们在 mutator 函数里通过 this.__ob__ 来获取 Observer 实例。

3.9 向数组的依赖发送通知

当侦测到数组发生变化时，会向依赖发送通知。此时，首先要能访问到依赖。前面已经介绍过如何在拦截器中访问 Observer 实例，所以这里只需要在 Observer 实例中拿到 dep 属性，然后直接发送通知就可以了：

```
01  ;[
02    'push',
03    'pop',
04    'shift',
```

3

```
05     'unshift',
06     'splice',
07     'sort',
08     'reverse'
09   ]
10   .forEach(function (method) {
11     // 缓存原始方法
12     const original = arrayProto[method]
13     def(arrayMethods, method, function mutator (...args) {
14       const result = original.apply(this, args)
15       const ob = this.__ob__
16       ob.dep.notify()  // 向依赖发送消息
17       return result
18     })
19   })
```

在上面的代码中，我们调用了 ob.dep.notify()去通知依赖（Watcher）数据发生了改变。

3.10 侦测数组中元素的变化

前面说过如何侦测数组的变化，指的是数组自身的变化，比如是否新增一个元素，是否删除一个元素等。

其实数组中保存了一些元素，它们的变化也是需要侦测的。比如，当数组中 object 身上某个属性的值发生了变化时，也需要发送通知。

此外，如果用户使用了 push 往数组中新增了元素，这个新增元素的变化也需要侦测。

也就是说，所有响应式数据的子数据都要侦测，不论是 Object 中的数据还是 Array 中的数据。

这里我们先介绍如何侦测所有数据子集的变化，下一节再来介绍如何侦测新增元素的变化。

前面介绍 Observer 时说过，其作用是将 object 的所有属性转换为 getter/setter 的形式来侦测变化。现在 Observer 类不光能处理 Object 类型的数据，还可以处理 Array 类型的数据。

所以，我们要在 Observer 中新增一些处理，让它可以将 Array 也转换成响应式的：

```
01   export class Observer {
02     constructor (value) {
03       this.value = value
04       def(value, '__ob__', this)
05
06       // 新增
07       if (Array.isArray(value)) {
08         this.observeArray(value)
09       } else {
10         this.walk(value)
11       }
12     }
13
```

```
14    /**
15     * 侦测 Array 中的每一项
16     */
17    observeArray (items) {
18      for (let i = 0, l = items.length; i < l; i++) {
19        observe(items[i])
20      }
21    }
22
23    ……
24  }
```

在上面的代码中，我们在 Observer 中新增了对 Array 类型数据的处理逻辑。

这里新增了 observeArray 方法，其作用是循环 Array 中的每一项，执行 observe 函数来侦测变化。前面介绍过 observe 函数，其实就是将数组中的每个元素都执行一遍 new Observer，这很明显是一个递归的过程。

现在只要将一个数据丢进去，Observer 就会把这个数据的所有子数据转换成响应式的。接下来，我们介绍如何侦测数组中新增元素的变化。

3.11 侦测新增元素的变化

数组中有一些方法是可以新增数组内容的，比如 push，而新增的内容也需要转换成响应式来侦测变化，否则会出现修改数据时无法触发消息等问题。因此，我们必须侦测数组中新增元素的变化。

其实现方式其实并不难，只要能获取新增的元素并使用 Observer 来侦测它们就行。

3.11.1 获取新增元素

想要获取新增元素，我们需要在拦截器中对数组方法的类型进行判断。如果操作数组的方法是 push、unshift 和 splice（可以新增数组元素的方法），则把参数中新增的元素拿过来，用 Observer 来侦测：

```
01  ;[
02    'push',
03    'pop',
04    'shift',
05    'unshift',
06    'splice',
07    'sort',
08    'reverse'
09  ]
10  .forEach(function (method) {
11    // 缓存原始方法
12    const original = arrayProto[method]
13    def(arrayMethods, method, function mutator (...args) {
```

```
14      const result = original.apply(this, args)
15      const ob = this.__ob__
16      let inserted
17      switch (method) {
18        case 'push':
19        case 'unshift':
20          inserted = args
21          break
22        case 'splice':
23          inserted = args.slice(2)
24          break
25      }
26      ob.dep.notify()
27      return result
28    })
29  })
```

在上面的代码中，我们通过 switch 对 method 进行判断，如果 method 是 push、unshift、splice 这种可以新增数组元素的方法，那么从 args 中将新增元素取出来，暂存在 inserted 中。

接下来，我们要使用 Observer 把 inserted 中的元素转换成响应式的。

3.11.2　使用 Observer 侦测新增元素

前面介绍过 Observer 会将自身的实例附加到 value 的 __ob__ 属性上。所有被侦测了变化的数据都有一个 __ob__ 属性，数组元素也不例外。

因此，我们可以在拦截器中通过 this 访问到 __ob__，然后调用 __ob__ 上的 observeArray 方法就可以了：

```
01  ;[
02    'push',
03    'pop',
04    'shift',
05    'unshift',
06    'splice',
07    'sort',
08    'reverse'
09  ]
10  .forEach(function (method) {
11    // 缓存原始方法
12    const original = arrayProto[method]
13    def(arrayMethods, method, function mutator (...args) {
14      const result = original.apply(this, args)
15      const ob = this.__ob__
16      let inserted
17      switch (method) {
18        case 'push':
19        case 'unshift':
20          inserted = args
21          break
22        case 'splice':
```

```
23            inserted = args.slice(2)
24            break
25        }
26        if (inserted) ob.observeArray(inserted) // 新增
27        ob.dep.notify()
28        return result
29      })
30    })
```


在上面的代码中，我们从 this.__ob__ 上拿到 Observer 实例后，如果有新增元素，则使用 ob.observeArray 来侦测这些新增元素的变化。

3.12 关于 Array 的问题

前面介绍过，对 Array 的变化侦测是通过拦截原型的方式实现的。正是因为这种实现方式，其实有些数组操作 Vue.js 是拦截不到的，例如：

```
01  this.list[0] = 2
```

即修改数组中第一个元素的值时，无法侦测到数组的变化，所以并不会触发 re-render 或 watch 等。

例如：

```
01  this.list.length = 0
```

这个清空数组操作也无法侦测到数组的变化，所以也不会触发 re-render 或 watch 等。

因为 Vue.js 的实现方式决定了无法对上面举的两个例子做拦截，也就没有办法响应。在 ES6 之前，无法做到模拟数组的原生行为，所以拦截不到也是没有办法的事情。ES6 提供了元编程的能力，所以有能力拦截，我猜测未来 Vue.js 很有可能会使用 ES6 提供的 Proxy 来实现这部分功能，从而解决这个问题。

3.13 总结

Array 追踪变化的方式和 Object 不一样。因为它是通过方法来改变内容的，所以我们通过创建拦截器去覆盖数组原型的方式来追踪变化。

为了不污染全局 Array.prototype，我们在 Observer 中只针对那些需要侦测变化的数组使用 __proto__ 来覆盖原型方法，但 __proto__ 在 ES6 之前并不是标准属性，不是所有浏览器都支持它。因此，针对不支持 __proto__ 属性的浏览器，我们直接循环拦截器，把拦截器中的方法直接设置到数组身上来拦截 Array.prototype 上的原生方法。

Array 收集依赖的方式和 Object 一样，都是在 getter 中收集。但是由于使用依赖的位置不同，数组要在拦截器中向依赖发消息，所以依赖不能像 Object 那样保存在 defineReactive 中，而是把依赖保存在了 Observer 实例上。

在 Observer 中，我们对每个侦测了变化的数据都标上印记 __ob__，并把 this（Observer 实例）保存在 __ob__ 上。这主要有两个作用，一方面是为了标记数据是否被侦测了变化（保证同一个数据只被侦测一次），另一方面可以很方便地通过数据取到 __ob__，从而拿到 Observer 实例上保存的依赖。当拦截到数组发生变化时，向依赖发送通知。

除了侦测数组自身的变化外，数组中元素发生的变化也要侦测。我们在 Observer 中判断如果当前被侦测的数据是数组，则调用 observeArray 方法将数组中的每一个元素都转换成响应式的并侦测变化。

除了侦测已有数据外，当用户使用 push 等方法向数组中新增数据时，新增的数据也要进行变化侦测。我们使用当前操作数组的方法来进行判断，如果是 push、unshift 和 splice 方法，则从参数中将新增数据提取出来，然后使用 observeArray 对新增数据进行变化侦测。

由于在 ES6 之前，JavaScript 并没有提供元编程的能力，所以对于数组类型的数据，一些语法无法追踪到变化，只能拦截原型上的方法，而无法拦截数组特有的语法，例如使用 length 清空数组的操作就无法拦截。

第4章

变化侦测相关的API实现原理

4

本章将介绍几个与变化侦测相关的常用API的内部原理。

4.1 vm.$watch

经常使用Vue.js的同学肯定对vm.$watch并不陌生，本节将探索它的内部究竟是怎样的。

4.1.1 用法

在介绍vm.$watch的内部原理之前，先简单回顾一下它的用法：

```
01  vm.$watch( expOrFn, callback, [options] )
```

- **参数**：
  - {string | Function} expOrFn
  - {Function | Object} callback
  - {Object} [options]
    - {boolean} deep
    - {boolean} immediate
- **返回值**：{Function} unwatch
- **用法**：用于观察一个表达式或computed函数在Vue.js实例上的变化。回调函数调用时，会从参数得到新数据（new value）和旧数据（old value）。表达式只接受以点分隔的路径，例如a.b.c。如果是一个比较复杂的表达式，可以用函数代替表达式。

  例如：

```
01  vm.$watch('a.b.c', function (newVal, oldVal) {
02    // 做点什么
03  })
```

vm.$watch 返回一个取消观察函数，用来停止触发回调：

```
01  var unwatch = vm.$watch('a', (newVal, oldVal) => {})
02  // 之后取消观察
03  unwatch().
```

最后，简要介绍一下 [options] 的两个选项 deep 和 immediate。

- **deep**。为了发现对象内部值的变化，可以在选项参数中指定 deep: true：

```
01  vm.$watch('someObject', callback, {
02    deep: true
03  })
04  vm.someObject.nestedValue = 123
05  // 回调函数将被触发
```

这里需要注意的是，监听数组的变动不需要这么做。

- **immediate**。在选项参数中指定 immediate: true，将立即以表达式的当前值触发回调：

```
01  vm.$watch('a', callback, {
02    immediate: true
03  })
04  // 立即以 'a' 的当前值触发回调
```

4.1.2　watch 的内部原理

vm.$watch 其实是对 Watcher 的一种封装，Watcher 的原理在第 2 章中介绍过。通过 Watcher 完全可以实现 vm.$watch 的功能，但 vm.$watch 中的参数 deep 和 immediate 是 Watcher 中所没有的。下面我们来看一看 vm.$watch 到底是怎么实现的：

```
01  Vue.prototype.$watch = function (expOrFn, cb, options) {
02    const vm = this
03    options = options || {}
04    const watcher = new Watcher(vm, expOrFn, cb, options)
05    if (options.immediate) {
06      cb.call(vm, watcher.value)
07    }
08    return function unwatchFn () {
09      watcher.teardown()
10    }
11  }
```

可以看到，代码不多，逻辑也不算复杂。先执行 new Watcher 来实现 vm.$watch 的基本功能。

这里有一个细节需要注意，expOrFn 是支持函数的，而我们在第 2 章中并没有介绍。这里我们需要对 Watcher 进行一个简单的修改，具体如下：

```
01  export default class Watcher {
02    constructor (vm, expOrFn, cb) {
03      this.vm = vm
04      // expOrFn 参数支持函数
05      if (typeof expOrFn === 'function') {
06        this.getter = expOrFn
```

```
07        } else {
08          this.getter = parsePath(expOrFn)
09        }
10        this.cb = cb
11        this.value = this.get()
12      }
13
14      ……
15    }
```


上面的代码新增了判断 expOrFn 类型的逻辑。如果 expOrFn 是函数，则直接将它赋值给 getter；如果不是函数，再使用 parsePath 函数来读取 keypath 中的数据。这里 keypath 指的是**属性路径**，例如 a.b.c.d 就是一个 keypath，说明从 vm.a.b.c.d 中读取数据。

当 expOrFn 是函数时，会发生很神奇的事情。它不只可以动态返回数据，其中读取的所有数据也都会被 Watcher 观察。当 expOrFn 是字符串类型的 keypath 时，Watcher 会读取这个 keypath 所指向的数据并观察这个数据的变化。而当 expOrFn 是函数时，Watcher 会同时观察 expOrFn 函数中读取的所有 Vue.js 实例上的响应式数据。也就是说，如果函数从 Vue.js 实例上读取了两个数据，那么 Watcher 会同时观察这两个数据的变化，当其中任意一个发生变化时，Watcher 都会得到通知。

说明 事实上，Vue.js 中计算属性（Computed）的实现原理与 expOrFn 支持函数有很大的关系，我们会在后面的章节中详细介绍。

执行 new Watcher 后，代码会判断用户是否使用了 immediate 参数，如果使用了，则立即执行一次 cb。

最后，返回一个函数 unwatchFn。顾名思义，它的作用是取消观察数据。

当用户执行这个函数时，实际上是执行了 watcher.teardown()来取消观察数据，其本质是把 watcher 实例从当前正在观察的状态的依赖列表中移除。

前面介绍 Watcher 时并没有介绍 teardown 方法，现在要在 Watcher 中添加该方法来实现 unwatch 的功能。

首先，需要在 Watcher 中记录自己都订阅了谁，也就是 watcher 实例被收集进了哪些 Dep 里。然后当 Watcher 不想继续订阅这些 Dep 时，循环自己记录的订阅列表来通知它们（Dep）将自己从它们（Dep）的依赖列表中移除掉。

因此，我们要把收集依赖那部分的代码做一个小小的改动。

先在 Watcher 中添加 addDep 方法，该方法的作用是在 Watcher 中记录自己都订阅过哪些 Dep：

```
01  export default class Watcher {
02    constructor (vm, expOrFn, cb) {
03      this.vm = vm
04      this.deps = [] // 新增
05      this.depIds = new Set() // 新增
06      this.getter = parsePath(expOrFn)
07      this.cb = cb
08      this.value = this.get()
09    }
10
11    ……
12
13    addDep (dep) {
14      const id = dep.id
15      if (!this.depIds.has(id)) {
16        this.depIds.add(id)
17        this.deps.push(dep)
18        dep.addSub(this)
19      }
20    }
21
22    ……
23  }
```

在上述代码中，我们使用 depIds 来判断如果当前 Watcher 已经订阅了该 Dep，则不会重复订阅。在第 2 章中，我们介绍过 Watcher 读取 value 时，会触发收集依赖的逻辑。当依赖发生变化时，会通知 Watcher 重新读取最新的数据。如果没有这个判断，就会发现每当数据发生了变化，Watcher 都会读取最新的数据。而读数据就会再次收集依赖，这就会导致 Dep 中的依赖有重复。这样当数据发生变化时，会同时通知多个 Watcher。为了避免这个问题，只有第一次触发 getter 的时候才会收集依赖。

接着，执行 this.depIds.add 来记录当前 Watcher 已经订阅了这个 Dep。

然后执行 this.deps.push(dep)记录自己都订阅了哪些 Dep。

最后，触发 dep.addSub(this)来将自己订阅到 Dep 中。

在 Watcher 中新增 addDep 方法后，Dep 中收集依赖的逻辑也需要有所改变：

```
01  let uid = 0 // 新增
02
03  export default class Dep {
04    constructor () {
05      this.id = uid++ // 新增
06      this.subs = []
07    }
08
09    ……
10
11    depend () {
12      if (window.target) {
13        this.addSub(window.target) //废弃
```

```
14        window.target.addDep(this) // 新增
15      }
16    }
17
18    ……
19  }
```

此时，Dep 会记录数据发生变化时，需要通知哪些 Watcher，而 Watcher 中也同样记录了自己会被哪些 Dep 通知。它们其实是多对多的关系，如图 4-1 所示。

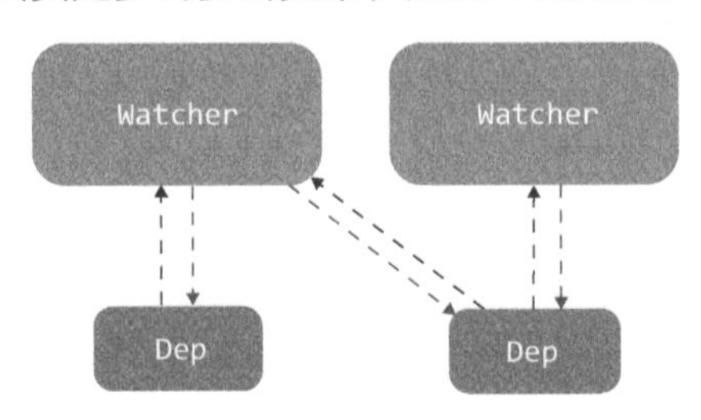

图 4-1　Watcher 与 Dep 的关系

有些人可能会感到困惑，为什么是多对多的关系。Watcher 每次只读一个数据，不是应该只有一个 Dep 吗？

其实不是。如果 Watcher 中的 expOrFn 参数是一个表达式，那么肯定只收集一个 Dep，并且大部分都是这样。但凡事总有例外，expOrFn 可以是一个函数，此时如果该函数中使用了多个数据，那么这时 Watcher 就要收集多个 Dep 了，例如：

```
01  this.$watch(function () {
02    return this.name + this.age
03  }, function (newValue, oldValue) {
04    console.log(newValue, oldValue)
05  })
```

在上面这个例子中，我们的表达式是一个函数，并且在函数中访问了 name 和 age 两个数据，这种情况下 Watcher 内部会收集两个 Dep——name 的 Dep 和 age 的 Dep，同时这两个 Dep 中也会收集 Watcher，这导致 age 和 name 中的任意一个数据发生变化时，Watcher 都会收到通知。

言归正传，当我们已经在 Watcher 中记录自己都订阅了哪些 Dep 之后，就可以在 Watcher 中新增 teardown 方法来通知这些订阅的 Dep，让它们把自己从依赖列表中移除掉：

```
01  /**
02   * 从所有依赖项的 Dep 列表中将自己移除
03   */
04  teardown () {
05    let i = this.deps.length
06    while (i--) {
07      this.deps[i].removeSub(this)
08    }
09  }
```

上面做的事情很简单，只是循环订阅列表，然后分别执行它们的 removeSub 方法，来把自己从它们的依赖列表中移除掉。接下来，看看 removeSub 中都发生了什么：

```
01  export default class Dep {
02  
03    ……
04  
05    removeSub (sub) {
06      const index = this.subs.indexOf(sub)
07      if (index > -1) {
08        return this.subs.splice(index, 1)
09      }
10    }
11  
12    ……
13  }
```

上面的代码把 Watcher 从 sub 中删除掉，然后当数据发生变化时，将不再通知这个已经删除的 Watcher，这就是 unwatch 的原理。

4.1.3 deep 参数的实现原理

最后，我们说说 deep 参数的实现原理。

在本书第一篇中，我们主要介绍的无非是收集依赖和触发依赖，Watcher 想监听某个数据，就会触发某个数据收集依赖的逻辑，将自己收集进去，然后当它发生变化时，就会通知 Watcher。要想实现 deep 的功能，其实就是除了要触发当前这个被监听数据的收集依赖的逻辑之外，还要把当前监听的这个值在内的所有子值都触发一遍收集依赖逻辑。这就可以实现当前这个依赖的所有子数据发生变化时，通知当前 Watcher 了。

具体实现如下：

```
01  export default class Watcher {
02    constructor (vm, expOrFn, cb, options) {
03      this.vm = vm
04  
05      // 新增
06      if (options) {
07        this.deep = !!options.deep
08      } else {
09        this.deep = false
10      }
11  
12      this.deps = []
13      this.depIds = new Set()
14      this.getter = parsePath(expOrFn)
15      this.cb = cb
16      this.value = this.get()
17    }
18  
19    get () {
```

```
20      window.target = this
21      let value = this.getter.call(vm, vm)
22      // 新增
23      if (this.deep) {
24        traverse(value)
25      }
26      window.target = undefined
27      return value
28    }
29
30    ……
31  }
```


在上面的代码中，如果用户使用了 deep 参数，则在 window.target = undefined 之前调用 traverse 来处理 deep 的逻辑。

这里非常强调的一点是，一定要在 window.target = undefined 之前去触发子值的收集依赖逻辑，这样才能保证子集收集的依赖是当前这个 Watcher。如果在 window.target = undefined 之后去触发收集依赖的逻辑，那么其实当前的 Watcher 并不会被收集到子值的依赖列表中，也就无法实现 deep 的功能。

接下来，要递归 value 的所有子值来触发它们收集依赖的功能：

```
01  const seenObjects = new Set()
02
03  export function traverse (val) {
04    _traverse(val, seenObjects)
05    seenObjects.clear()
06  }
07
08  function _traverse (val, seen) {
09    let i, keys
10    const isA = Array.isArray(val)
11    if ((!isA && !isObject(val)) || Object.isFrozen(val)) {
12      return
13    }
14    if (val.__ob__) {
15      const depId = val.__ob__.dep.id
16      if (seen.has(depId)) {
17        return
18      }
19      seen.add(depId)
20    }
21    if (isA) {
22      i = val.length
23      while (i--) _traverse(val[i], seen)
24    } else {
25      keys = Object.keys(val)
26      i = keys.length
27      while (i--) _traverse(val[keys[i]], seen)
28    }
29  }
```

这里我们先判断 val 的类型，如果它不是 Array 和 Object，或者已经被冻结，那么直接返回，什么都不干。

然后拿到 val 的 dep.id，用这个 id 来保证不会重复收集依赖。

如果是数组，则循环数组，将数组中的每一项递归调用 _traverse。

最后，重点来了，如果是 Object 类型的数据，则循环 Object 中的所有 key，然后执行一次读取操作，再递归子值：

```
01  while (i--) _traverse(val[keys[i]], seen)
```

其中 val[keys[i]] 会触发 getter，也就是说会触发收集依赖的操作，这时 window.target 还没有被清空，会将当前的 Watcher 收集进去。这也是前面我强调的一定要在 window.target = undefined 这个语句之前触发收集依赖的原因。

而 _traverse 函数其实是一个递归操作，所以这个 value 的子值也会触发同样的逻辑，这样就可以实现通过 deep 参数来监听所有子值的变化。

4.2 vm.$set

在 Vue.js 中，vm.$set 也是一个比较常用的 API，我们先简单回顾一下它的用法。

4.2.1 用法

vm.$set 的用法如下。

```
01  vm.$set( target, key, value )
```

- **参数**：
  - {Object | Array} target
  - {string | number} key
  - {any} value
- **返回值**：{Function} unwatch
- **用法**：在 object 上设置一个属性，如果 object 是响应式的，Vue.js 会保证属性被创建后也是响应式的，并且触发视图更新。这个方法主要用来避开 Vue.js 不能侦测属性被添加的限制。

注意　target 不能是 Vue.js 实例或者 Vue.js 实例的根数据对象。

前面我们介绍了变化侦测原理，所以对于追踪变化的方式，大家应该已经很熟了。只有已经存在的属性的变化会被追踪到，新增的属性无法被追踪到。因为在 ES6 之前，JavaScript 并没有

提供元编程的能力，所以根本无法侦测 object 什么时候被添加了一个新属性。

而 vm.$set 就是为了解决这个问题而出现的。使用它，可以为 object 新增属性，然后 Vue.js 就可以将这个新增属性转换成响应式的。

举个例子：

```
01  var vm = new Vue({
02    el: '#el',
03    template: '#demo-template',
04    data: {
05      obj: {}
06    }
07  })
```

在上述代码中，data 中有一个 obj 对象。如果直接给 obj 设置一个属性，例如：

```
01  var vm = new Vue({
02    el: '#el',
03    template: '#demo-template',
04    methods: {
05      action () {
06        this.obj.name = 'berwin'
07      }
08    },
09    data: {
10      obj: {}
11    }
12  })
```

当 action 方法被调用时，会为 obj 新增一个 name 属性，而 Vue.js 并不会得到任何通知。新增的这个属性也不是响应式的，Vue.js 根本不知道这个 obj 新增了属性，就好像 Vue.js 无法知道我们使用 array.length = 0 清空了数组一样。

vm.$set 就可以解决这个事情。我们来看看 vm.$set 是如何实现的：

```
01  import { set } from '../observer/index'
02  Vue.prototype.$set = set
```

这里我们在 Vue.js 的原型上设置 $set 属性。其实我们使用的所有以 vm.$ 开头的方法都是在 Vue.js 的原型上设置的。vm.$set 的具体实现其实是在 observer 中抛出的 set 方法。

所以，我们先创建一个 set 方法：

```
01  export function set (target, key, val) {
02    // 做点什么
03  }
```

4.2.2 Array 的处理

上面我们创建了 set 方法并且规定它接收 3 个参数，这 3 个参数与 vm.$set API 规定的需要传递的参数一致。

接下来，我们需要对 target 是数组的情况进行处理：

```
01  export function set (target, key, val) {
02    if (Array.isArray(target) && isValidArrayIndex(key)) {
03      target.length = Math.max(target.length, key)
04      target.splice(key, 1, val)
05      return val
06    }
07  }
```

在上面的代码中，如果 target 是数组并且 key 是一个有效的索引值，就先设置 length 属性。这样如果我们传递的索引值大于当前数组的 length，就需要让 target 的 length 等于索引值。

接下来，通过 splice 方法把 val 设置到 target 中的指定位置（参数中提供的索引值的位置）。当我们使用 splice 方法把 val 设置到 target 中的时候，数组拦截器会侦测到 target 发生了变化，并且会自动帮助我们把这个新增的 val 转换成响应式的。

最后，返回 val 即可。

4.2.3　key 已经存在于 target 中

接下来，需要处理参数中的 key 已经存在于 target 中的情况：

```
01  export function set (target, key, val) {
02    if (Array.isArray(target) && isValidArrayIndex(key)) {
03      target.length = Math.max(target.length, key)
04      target.splice(key, 1, val)
05      return val
06    }
07
08    // 新增
09    if (key in target && !(key in Object.prototype)) {
10      target[key] = val
11      return val
12    }
13  }
```

由于 key 已经存在于 target 中，所以其实这个 key 已经被侦测了变化。也就是说，这种情况属于修改数据，直接用 key 和 val 改数据就好了。修改数据的动作会被 Vue.js 侦测到，所以数据发生变化后，会自动向依赖发送通知。

4.2.4　处理新增的属性

终于到了重头戏，现在来处理在 target 上新增的 key：

```
01  export function set (target, key, val) {
02    if (Array.isArray(target) && isValidArrayIndex(key)) {
03      target.length = Math.max(target.length, key)
04      target.splice(key, 1, val)
```

```
05        return val
06      }
07
08      if (key in target && !(key in Object.prototype)) {
09        target[key] = val
10        return val
11      }
12
13      // 新增
14      const ob = target.__ob__
15      if (target._isVue || (ob && ob.vmCount)) {
16        process.env.NODE_ENV !== 'production' && warn(
17          'Avoid adding reactive properties to a Vue instance or its root $data ' +
18          'at runtime - declare it upfront in the data option.'
19        )
20        return val
21      }
22      if (!ob) {
23        target[key] = val
24        return val
25      }
26      defineReactive(ob.value, key, val)
27      ob.dep.notify()
28      return val
29    }
```

在上面的代码中，我们最先做的事情是获取 `target` 的 `__ob__` 属性。

然后要处理文档中所说的“`target` 不能是 Vue.js 实例或 Vue.js 实例的根数据对象”的情况。

实现这个功能并不难，只需要使用 `target._isVue` 来判断 `target` 是不是 Vue.js 实例，使用 `ob.vmCount` 来判断它是不是根数据对象即可。

对于 `ob.vmCount`，我们是陌生的，后面会详细介绍，这里只要知道通过它可以判断 `target` 是不是根数据就行了。

那么，什么是根数据？`this.$data` 就是根数据。

接下来，我们处理 `target` 不是响应式的情况。如果 `target` 身上没有 `__ob__` 属性，说明它并不是响应式的，并不需要做什么特殊处理，只需要通过 `key` 和 `val` 在 `target` 上设置就行了。

如果前面的所有判断条件都不满足，那么说明用户是在响应式数据上新增了一个属性，这种情况下需要追踪这个新增属性的变化，即使用 `defineReactive` 将新增属性转换成 getter/setter 的形式即可。

最后，向 `target` 的依赖触发变化通知，并返回 `val`。

4.3 vm.$delete

`vm.$delete` 的作用是删除数据中的某个属性。由于 Vue.js 的变化侦测是使用 `Object.`

defineProperty 实现的，所以如果数据是使用 delete 关键字删除的，那么无法发现数据发生了变化。为了解决这个问题，Vue.js 提供了 vm.$delete 方法来删除数据中的某个属性，并且此时 Vue.js 可以侦测到数据发生了变化。

4.3.1 用法

vm.$delete 的用法如下：

```
01  vm.$delete( target, key )
```

- **参数**：
  - {Object | Array} target
  - {string | number} key/index

说明 仅在 2.2.0+ 版本中支持 Array+index 的用法。

- **用法**：删除对象的属性。如果对象是响应式的，需要确保删除能触发更新视图。这个方法主要用于避开 Vue.js 不能检测到属性被删除的限制，但是你应该很少会使用它。

  在 2.2.0+ 中，同样支持在数组上工作。

注意 目标对象不能是 Vue.js 实例或 Vue.js 实例的根数据对象。

4.3.2 实现原理

vm.$delete 方法也是为了解决变化侦测的缺陷。在 ES6 之前，JavaScript 并没有办法侦测到一个属性在 object 中被删除，所以如果使用 delete 来删除一个属性，Vue.js 根本不知道这个属性被删除了。

那么，怎样才能让 Vue.js 知道我们删除了一个属性或者从数组中删除了一个元素呢？答案是使用 vm.$delete。它帮助我们在删除属性后自动向依赖发送消息，通知 Watcher 数据发生了变化。

如果你非要使用 delete 来删除属性，那么我告诉你一个特别取巧的方法，虽然我并不推荐你这样做：

```
01  delete this.obj.name
02  this.obj.__ob__.dep.notify() // 手动向依赖发送变化通知
```

使用 delete 删除属性后，Vue.js 虽然不知道属性被删除了，但是我们知道，我们替 Vue.js 触发消息！

我强烈不推荐这样写代码，这里主要是为了讲解 vm.$delete 的原理。

其实 vm.$delete 内部的实现原理和上面例子中写的代码非常类似，就是删除属性后向依赖发消息：

```
01  import { del } from '../observer/index'
02  Vue.prototype.$delete = del
```

上面的代码先在 Vue.js 的原型上挂载 $.delete 方法。而 del 函数的定义如下：

```
01  export function del (target, key) {
02    const ob = target.__ob__
03    delete target[key]
04    ob.dep.notify()
05  }
```

这里先从 target 中将属性 key 删除，然后向依赖发送消息。

接下来，要处理数组的情况：

```
01  export function del (target, key) {
02    // 新增
03    if (Array.isArray(target) && isValidArrayIndex(key)) {
04      target.splice(key, 1)
05      return
06    }
07    const ob = (target).__ob__
08    delete target[key]
09    ob.dep.notify()
10  }
```

数组的处理逻辑和 vm.$set 中差不多，不过没那么复杂。因为只需要处理删除的情况，所以只需要使用 splice 将参数 key 所指定的索引位置的元素删除即可。因为使用了 splice 方法，数组拦截器会自动向依赖发送通知。

与 vm.$set 一样，vm.$delete 也不可以在 Vue.js 实例或 Vue.js 实例的根数据对象上使用。

因此，我们需要对这种情况进行判断：

```
01  export function del (target, key) {
02    if (Array.isArray(target) && isValidArrayIndex(key)) {
03      target.splice(key, 1)
04      return
05    }
06    const ob = target.__ob__
07    // 新增
08    if (target._isVue || (ob && ob.vmCount)) {
09      process.env.NODE_ENV !== 'production' && warn(
10        'Avoid deleting properties on a Vue instance or its root $data ' +
11        '- just set it to null.'
12      )
13      return
14    }
15    delete target[key]
16    ob.dep.notify()
17  }
```

上面的代码中新增了判断逻辑：如果 target 上有 _isVue 属性（target 是 Vue.js 实例）或者 ob.vmCount 数量大于 1（target 是根数据），则直接返回，终止程序继续执行，并且如果是开发环境，会在控制台中发出警告。

如果删除的这个 key 不是 target 自身的属性，就什么都不做，直接退出程序执行：

```
01  export function del (target, key) {
02    if (Array.isArray(target) && isValidArrayIndex(key)) {
03      target.splice(key, 1)
04      return
05    }
06    const ob = target.__ob__
07    if (target._isVue || (ob && ob.vmCount)) {
08      process.env.NODE_ENV !== 'production' && warn(
09        'Avoid deleting properties on a Vue instance or its root $data ' +
10        '- just set it to null.'
11      )
12      return
13    }
14
15    // 如果key不是target自身的属性，则终止程序继续执行
16    if (!hasOwn(target, key)) {
17      return
18    }
19    delete target[key]
20    ob.dep.notify()
21  }
```

如果删除的这个 key 在 target 中根本不存在，那么其实并不需要进行删除操作，也不需要向依赖发送通知。

最后，还要判断 target 是不是一个响应式数据，也就是说要判断 target 身上存不存在 __ob__ 属性。只有响应式数据才需要发送通知，非响应式数据只需要执行删除操作即可。

下面这段代码新增了判断条件，如果数据不是响应式的，则使用 return 语句阻止执行发送通知的语句：

```
01  export function del (target, key) {
02    if (Array.isArray(target) && isValidArrayIndex(key)) {
03      target.splice(key, 1)
04      return
05    }
06    const ob = target.__ob__
07    if (target._isVue || (ob && ob.vmCount)) {
08      process.env.NODE_ENV !== 'production' && warn(
09        'Avoid deleting properties on a Vue instance or its root $data ' +
10        '- just set it to null.'
11      )
12      return
13    }
14
15    if (!hasOwn(target, key)) {
```

```
16      return
17    }
18    delete target[key]
19
20    // 如果 ob 不存在，则直接终止程序
21    if (!ob) {
22      return
23    }
24    ob.dep.notify()
25  }
```

在上面的代码中，我们在删除属性后判断 ob 是否存在，如果不存在，则直接终止程序，继续执行下面发送变化通知的代码。

4.4 总结

本章中，我们详细介绍了变化侦测相关 API 的内部实现原理。

我们先介绍了 vm.$watch 的内部实现及其相关参数的实现原理，包括 deep、immediate 和 unwatch。

随后介绍了 vm.$set 的内部实现。这里介绍了几种情况，分别为 Array 的处理逻辑，key 已经存在的处理逻辑，以及最重要的新增属性的处理逻辑。

最后，介绍了 vm.$delete 的内部实现原理。

第二篇

虚拟 DOM

Vue.js 2.0 引入了虚拟 DOM，比 Vue.js 1.0 的初始渲染速度提升了 2~4 倍，并大大降低了内存消耗。

虚拟 DOM 也是 React 核心技术之一。它到底有着怎样的魔力，使前端界各大主流框架都纷纷使用？

你是否好奇，虚拟 DOM 的原理是什么？

你是否好奇，为什么 Vue.js 2.0 开始引入了虚拟 DOM？

你是否好奇，为什么 Vue.js 引入虚拟 DOM 后渲染速度就变快了？

又或者，你根本没听说过虚拟 DOM，那么什么是虚拟 DOM？

这一切的问题，都将在本篇揭晓。

第 5 章 虚拟 DOM 简介

到今天为止，虚拟 DOM 其实已不再是一个新东西，我相信很多人已经或多或少都听说过它。但是关于虚拟 DOM，大部分人的理解都不够深入。我在网上看过很多关于虚拟 DOM 的文章，发现有相当一部分文章都是很浅显的。我也看过一些关于 Vue.js 的书，让我感到惊讶的是，某些 Vue.js 的书里面关于虚拟 DOM 的讲解也都很浅显、很表面，是很多人都在说的内容，而关于虚拟 DOM 的本质，的确并未提及。本章中，我会详细介绍什么是虚拟 DOM。

5.1 什么是虚拟 DOM

虚拟 DOM 是随着时代发展而诞生的产物。

在 Web 早期，页面的交互效果比现在简单得多，没有很复杂的状态需要管理，也不太需要频繁地操作 DOM，使用 jQuery 来开发就可以满足我们的需求。

随着时代的发展，页面上的功能越来越多，我们需要实现的需求也越来越复杂，程序中需要维护的状态也越来越多，DOM 操作也越来越频繁。

当状态变得越来越多，DOM 操作越来越频繁时，我们就会发现如果像之前那样使用 jQuery 来开发页面，那么代码中会有相当多的代码是在操作 DOM，程序中的状态也很难管理，代码中的逻辑也很混乱。

这其实是命令式操作 DOM 的问题，虽然简单易用，但是在业务越来越复杂的今天，它会有不好维护的问题。

现在，我们使用的三大主流框架 Vue.js、Angular 和 React 都是声明式操作 DOM。我们通过描述状态和 DOM 之间的映射关系是怎样的，就可以将状态渲染成视图。关于状态到视图的转换过程，框架会帮我们做，不需要我们自己手动去操作 DOM。

说明 事实上，任何应用都有状态，并不是只有使用了现代比较流行的框架之后才有状态。只不过现代框架揭露了一个事实，那就是我们的关注点应该聚焦在状态维护上，而 DOM 操作其实是可以省略掉的，所以才会给我们营造一种错觉，好像只有使用了框架之后的应用才会有状态。

使用 jQuery 开发的应用也是有状态的，应用中所使用的变量都是状态。

状态可以是 JavaScript 中的任意类型。`Object`、`Array`、`String`、`Number`、`Boolean` 等都可以作为状态，这些状态可能最终会以段落、表单、链接或按钮等元素呈现在用户界面上，具体地说是呈现在页面上。

本质上，我们将状态作为输入，并生成 DOM 输出到页面上显示出来，这个过程叫作渲染，如图 5-1 所示。

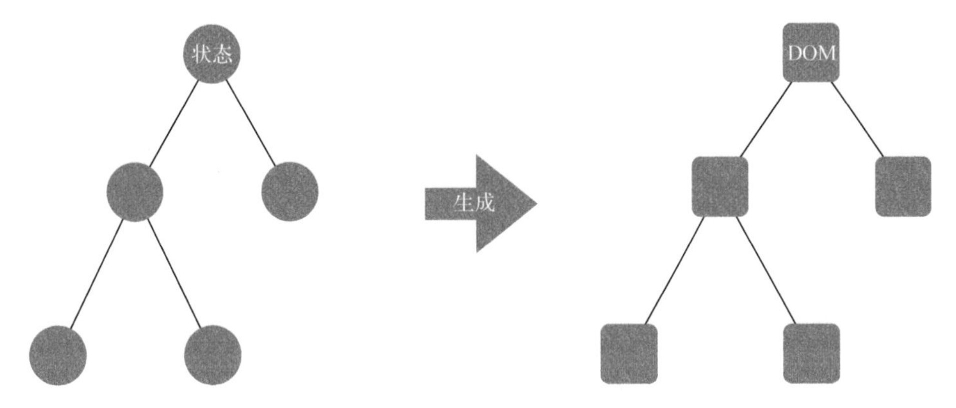

图 5-1　渲染的过程

然而通常程序在运行时，状态会不断发生变化（引起状态变化的原因有很多，有可能是用户点击了某个按钮，也可能是某个 Ajax 请求，这些行为都是异步发生的。理论上，所有异步行为都有可能引起状态变化）。每当状态发生变化时，都需要重新渲染。如何确定状态中发生了什么变化以及需要在哪里更新 DOM？

在这种情况下，最简单粗暴的解决方式是，既不需要关心状态发生了什么变化，也不需要关心在哪里更新 DOM，我们只需要把所有 DOM 全删了，然后使用状态重新生成一份 DOM，并将其输出到页面上显示出来就好了。

但是访问 DOM 是非常昂贵的。按照上面说的方式做，会造成相当多的性能浪费。状态变化通常只有有限的几个节点需要重新渲染，所以我们不仅需要找出哪里需要更新，还需要尽可能少地访问 DOM。

如图 5-2 所示，当某个状态发生变化时，只更新与这个状态相关联的 DOM 节点。

这个问题有很多种解决方案。目前，各大主流框架都有自己的一套解决方案，在 Angular 中就是脏检查的流程，React 中使用虚拟 DOM，Vue.js 1.0 通过细粒度的绑定。因此，虚拟 DOM 本质上只是众多解决方案中的一种，可以用但并不一定必须用。

虚拟 DOM 的解决方式是通过状态生成一个虚拟节点树，然后使用虚拟节点树进行渲染。在渲染之前，会使用新生成的虚拟节点树和上一次生成的虚拟节点树进行对比，只渲染不同的部分。

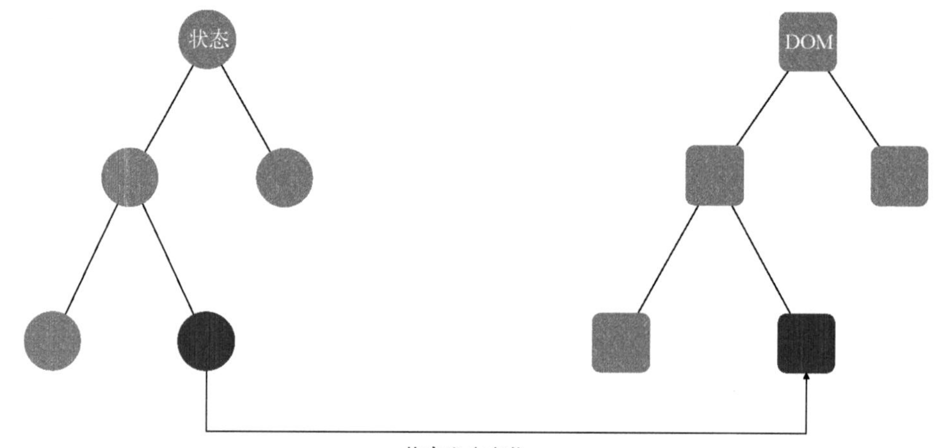

图 5-2　状态发生变化时重新渲染

虚拟节点树其实是由组件树建立起来的整个虚拟节点（Virtual Node，也经常简写为 vnode）树。图 5-3 给出了一颗虚拟节点树的样子。

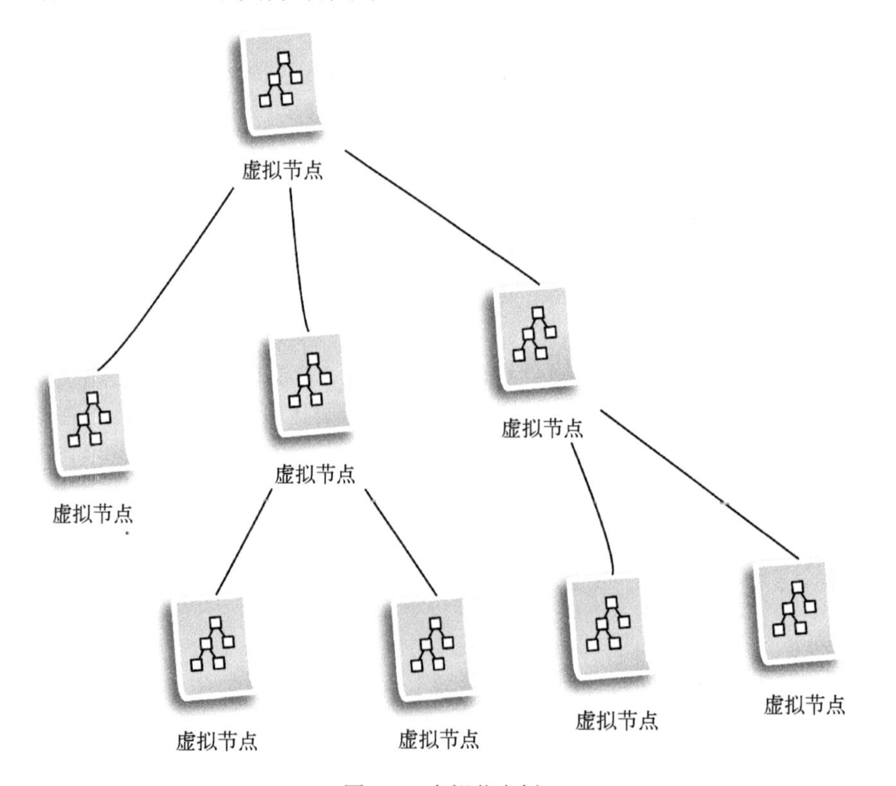

图 5-3　虚拟节点树

5.2 为什么要引入虚拟 DOM

事实上，Angular 和 React 的变化侦测有一个共同点，那就是它们都不知道哪些状态（state）变了。因此，就需要进行比较暴力的比对，React 是通过虚拟 DOM 的比对，Angular 是使用脏检查的流程。

Vue.js 的变化侦测和它们都不一样，它在一定程度上知道具体哪些状态发生了变化，这样就可以通过更细粒度的绑定来更新视图。也就是说，在 Vue.js 中，当状态发生变化时，它在一定程度上知道哪些节点使用了这个状态，从而对这些节点进行更新操作，根本不需要比对。事实上，在 Vue.js 1.0 的时候就是这样实现的。

但是这样做其实也有一定的代价。因为粒度太细，每一个绑定都会有一个对应的 `watcher` 来观察状态的变化，这样就会有一些内存开销以及一些依赖追踪的开销。当状态被越多的节点使用时，开销就越大。对于一个大型项目来说，这个开销是非常大的。

因此，Vue.js 2.0 开始选择了一个中等粒度的解决方案，那就是引入了虚拟 DOM。组件级别是一个 `watcher` 实例，就是说即便一个组件内有 10 个节点使用了某个状态，但其实也只有一个 `watcher` 在观察这个状态的变化。所以当这个状态发生变化时，只能通知到组件，然后组件内部通过虚拟 DOM 去进行比对与渲染。这是一个比较折中的方案。

Vue.js 之所以能随意调整绑定的粒度，本质上还要归功于变化侦测。关于 Vue.js 的变化侦测原理，我们在第 3 章中已经详细介绍过。

5.3 Vue.js 中的虚拟 DOM

在 Vue.js 中，我们使用模板来描述状态与 DOM 之间的映射关系。Vue.js 通过编译将模板转换成渲染函数（render），执行渲染函数就可以得到一个虚拟节点树，使用这个虚拟节点树就可以渲染页面，具体如图 5-4 所示。

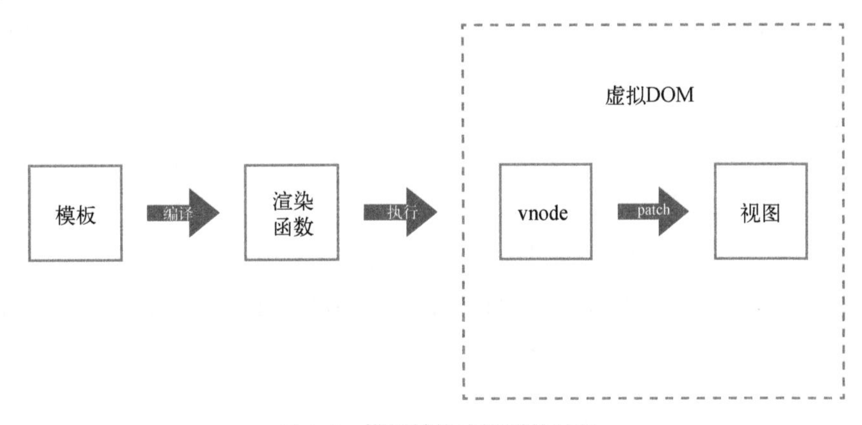

图 5-4　模板转换成视图的过程

虚拟 DOM 的终极目标是将虚拟节点（vnode）渲染到视图上。但是如果直接使用虚拟节点覆盖旧节点的话，会有很多不必要的 DOM 操作。

例如，一个 ul 标签下有很多 li 标签，其中只有一个 li 有变化，这种情况下如果使用新的 ul 去替换旧的 ul，其实除了那个发生了变化的 li 节点之外，其他节点都不需要重新渲染。

由于 DOM 操作比较慢，所以这些 DOM 操作在性能上会有一定的浪费，避免这些不必要的 DOM 操作会提升很大一部分性能。

为了避免不必要的 DOM 操作，虚拟 DOM 在虚拟节点映射到视图的过程中，将虚拟节点与上一次渲染视图所使用的旧虚拟节点（oldVnode）做对比，找出真正需要更新的节点来进行 DOM 操作，从而避免操作其他无任何改动的 DOM。

图 5-5 给出了虚拟 DOM 的整体运行流程，先将 vnode 与 oldVnode 做比对，然后再更新视图。

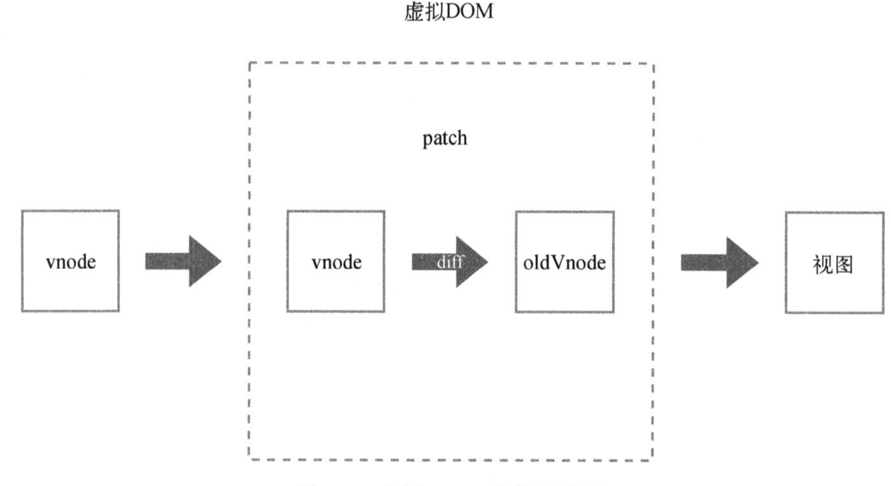

图 5-5　虚拟 DOM 的执行流程

可以看出，虚拟 DOM 在 Vue.js 中所做的事情其实并没有想象中那么复杂，它主要做了两件事。

- 提供与真实 DOM 节点所对应的虚拟节点 vnode。
- 将虚拟节点 vnode 和旧虚拟节点 oldVnode 进行比对，然后更新视图。

vnode 是 JavaScript 中一个很普通的对象，这个对象的属性上保存了生成 DOM 节点所需要的一些数据，我们在下一章中会对 vnode 进行详细的介绍。

对两个虚拟节点进行比对是虚拟 DOM 中最核心的算法（即 patch），它可以判断出哪些节点发生了变化，从而只对发生了变化的节点进行更新操作。关于 patch，我们会在第 7 章中详细介绍。

5.4 总结

虚拟 DOM 是将状态映射成视图的众多解决方案中的一种，它的运作原理是使用状态生成虚拟节点，然后使用虚拟节点渲染视图。

之所以需要先使用状态生成虚拟节点，是因为如果直接用状态生成真实 DOM，会有一定程度的性能浪费。而先创建虚拟节点再渲染视图，就可以将虚拟节点缓存，然后使用新创建的虚拟节点和上一次渲染时缓存的虚拟节点进行对比，然后根据对比结果只更新需要更新的真实 DOM 节点，从而避免不必要的 DOM 操作，节省一定的性能开销。

由于 Vue.js 的变化侦测粒度更细，所以当状态发生变化时，Vue.js 知道的信息更多，一定程度上可以知道哪些位置使用了状态。因此，Vue.js 可以通过细粒度的绑定来更新视图，Vue.js 1.0 就是这样实现的。

但是这样做也有一定的代价。因为粒度太细，就会有很多 `watcher` 同时观察某些状态，会有一些内存开销以及一些依赖追踪的开销，所以 Vue.js 2.0 采取了一个中等粒度的解决方案，状态侦测不再细化到某个具体节点，而是某个组件，组件内部通过虚拟 DOM 来渲染视图，这可以大大缩减依赖数量和 `watcher` 数量。

Vue.js 中通过模板来描述状态与视图之间的映射关系，所以它会先将模板编译成渲染函数，然后执行渲染函数生成虚拟节点，最后使用虚拟节点更新视图。

因此，虚拟 DOM 在 Vue.js 中所做的事是提供虚拟节点 vnode 和对新旧两个 vnode 进行比对，并根据比对结果进行 DOM 操作来更新视图。

5

第 6 章

VNode

在虚拟 DOM 中，VNode 是比较重要的知识点。本章中，我们将详细介绍什么是 VNode，VNode 的作用，以及不同类型的 VNode 之间有什么区别。

6.1 什么是 VNode

在 Vue.js 中存在一个 VNode 类，使用它可以实例化不同类型的 vnode 实例，而不同类型的 vnode 实例各自表示不同类型的 DOM 元素。

例如，DOM 元素有元素节点、文本节点和注释节点等，vnode 实例也会对应着有元素节点、文本节点和注释节点等。

VNode 类的代码如下：

```
01  export default class VNode {
02    constructor (tag, data, children, text, elm, context, componentOptions, asyncFactory) {
03      this.tag = tag
04      this.data = data
05      this.children = children
06      this.text = text
07      this.elm = elm
08      this.ns = undefined
09      this.context = context
10      this.functionalContext = undefined
11      this.functionalOptions = undefined
12      this.functionalScopeId = undefined
13      this.key = data && data.key
14      this.componentOptions = componentOptions
15      this.componentInstance = undefined
16      this.parent = undefined
17      this.raw = false
18      this.isStatic = false
19      this.isRootInsert = true
20      this.isComment = false
21      this.isCloned = false
22      this.isOnce = false
23      this.asyncFactory = asyncFactory
24      this.asyncMeta = undefined
25      this.isAsyncPlaceholder = false
```

```
26      }
27
28      get child () {
29        return this.componentInstance
30      }
31    }
```

从上面的代码可以看出，vnode 只是一个名字，本质上其实是 JavaScript 中一个普通的对象，是从 VNode 类实例化的对象。我们用这个 JavaScript 对象来描述一个真实 DOM 元素的话，那么该 DOM 元素上的所有属性在 VNode 这个对象上都存在对应的属性。

简单地说，vnode 可以理解成**节点描述对象**，它描述了应该怎样去创建真实的 DOM 节点。

例如，tag 表示一个元素节点的名称，text 表示一个文本节点的文本，children 表示子节点等。

vnode 表示一个真实的 DOM 元素，所有真实的 DOM 节点都使用 vnode 创建并插入到页面中，如图 6-1 所示。

图 6-1 VNode 创建 DOM 并插入到视图

图 6-1 展示了使用 vnode 创建真实 DOM 并渲染到视图的过程。可以得知，vnode 和视图是一一对应的。我们可以把 vnode 理解成 JavaScript 对象版本的 DOM 元素。

从图 6-1 还可以得知，渲染视图的过程是先创建 vnode，然后再使用 vnode 去生成真实的 DOM 元素，最后插入到页面渲染视图。

6.2 VNode 的作用

由于每次渲染视图时都是先创建 vnode，然后使用它创建真实 DOM 插入到页面中，所以可以将上一次渲染视图时所创建的 vnode 缓存起来，之后每当需要重新渲染视图时，将新创建的 vnode 和上一次缓存的 vnode 进行对比，查看它们之间有哪些不一样的地方，找出这些不一样的地方并基于此去修改真实的 DOM。

Vue.js 目前对状态的侦测策略采用了中等粒度。当状态发生变化时，只通知到组件级别，然后组件内使用虚拟 DOM 来渲染视图。

如图 6-2 所示，当某个状态发生改变时，只通知使用了这个状态的组件（图 6-2 通知了第二个组件）。

也就是说，只要组件使用的众多状态中有一个发生了变化，那么整个组件就要重新渲染。

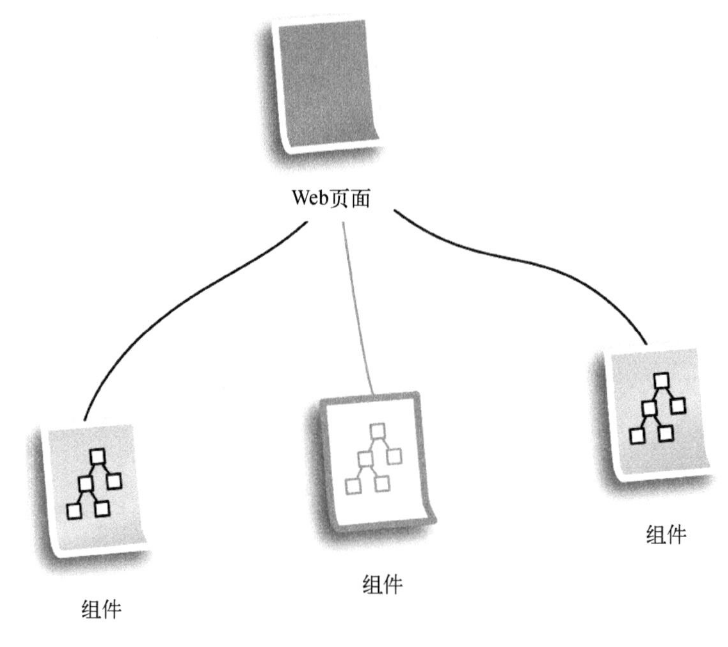

图 6-2　变化侦测只通知到组件级别

如果组件只有一个节点发生了变化，那么重新渲染整个组件的所有节点，很明显会造成很大的性能浪费。因此，对 vnode 进行缓存，并将上一次缓存的 vnode 和当前新创建的 vnode 进行对比，只更新发生变化的节点就变得尤为重要。这也是 vnode 最重要的一个作用。

6.3　VNode 的类型

vnode 有很多种不同的类型，接下来我们介绍不同类型之间有什么区别。

vnode 的类型有以下几种：

- 注释节点
- 文本节点
- 元素节点
- 组件节点
- 函数式组件
- 克隆节点

前面我们介绍了什么是 vnode，知道 vnode 是 JavaScript 中的一个对象，不同类型的 vnode 之间其实只是属性不同，准确地说是有效属性不同。因为当使用 `VNode` 类创建一个 vnode 时，通过参数为实例设置属性时，无效的属性会默认被赋值为 `undefined` 或 `false`。对于 vnode 身上的无效属性，直接忽略就好。接下来，我们详细讨论这些类型的 vnode 都有哪些有效属性。

6.3.1 注释节点

由于创建注释节点的过程非常简单，所以直接通过代码来介绍它有哪些属性：

```
01  export const createEmptyVNode = text => {
02    const node = new VNode()
03    node.text = text
04    node.isComment = true
05    return node
06  }
```

可以看出，一个注释节点只有两个有效属性——`text` 和 `isComment`，其余属性全是默认的 `undefined` 或者 `false`。

例如，一个真实的注释节点：

```
01  <!-- 注释节点 -->
```

所对应的 vnode 是下面的样子：

```
01  {
02    text: "注释节点",
03    isComment: true
04  }
```


6.3.2 文本节点

文本节点的创建过程也非常简单，我们也可以直接通过代码来了解它有哪些有效属性：

```
01  export function createTextVNode (val) {
02    return new VNode(undefined, undefined, undefined, String(val))
03  }
```

通过上面的代码可以了解到，当文本类型的 vnode 被创建时，它只有一个 `text` 属性：

```
01  {
02    text: "Hello Berwin"
03  }
```

上面代码所展示的对象就是文本类型的 vnode。

6.3.3 克隆节点

克隆节点是将现有节点的属性复制到新节点中，让新创建的节点和被克隆节点的属性保持一致，从而实现克隆效果。它的作用是优化静态节点和插槽节点（slot node）。

以静态节点为例，当组件内的某个状态发生变化后，当前组件会通过虚拟 DOM 重新渲染视图，静态节点因为它的内容不会改变，所以除了首次渲染需要执行渲染函数获取 vnode 之外，后续更新不需要执行渲染函数重新生成 vnode。因此，这时就会使用创建克隆节点的方法将 vnode 克隆一份，使用克隆节点进行渲染。这样就不需要重新执行渲染函数生成新的静态节点的 vnode，从而提升一定程度的性能。

由于创建克隆节点的过程不复杂，所以还是直接通过代码来了解：

```
01  export function cloneVNode (vnode, deep) {
02    const cloned = new VNode(
03      vnode.tag,
04      vnode.data,
05      vnode.children,
06      vnode.text,
07      vnode.elm,
08      vnode.context,
09      vnode.componentOptions,
10      vnode.asyncFactory
11    )
12    cloned.ns = vnode.ns
13    cloned.isStatic = vnode.isStatic
14    cloned.key = vnode.key
15    cloned.isComment = vnode.isComment
16    cloned.isCloned = true
17    if (deep && vnode.children) {
18      cloned.children = cloneVNodes(vnode.children)
19    }
20    return cloned
21  }
```

可以看出，克隆现有节点时，只需要将现有节点的属性全部复制到新节点中即可。

克隆节点和被克隆节点之间的唯一区别是 `isCloned` 属性，克隆节点的 `isCloned` 为 `true`，被克隆的原始节点的 `isCloned` 为 `false`。

6.3.4　元素节点

元素节点通常会存在以下 4 种有效属性。

- **`tag`**：顾名思义，`tag` 就是一个节点的名称，例如 `p`、`ul`、`li` 和 `div` 等。
- **`data`**：该属性包含了一些节点上的数据，比如 `attrs`、`class` 和 `style` 等。
- **`children`**：当前节点的子节点列表。
- **`context`**：它是当前组件的 Vue.js 实例。

例如，一个真实的元素节点：

```
01  <p><span>Hello</span><span>Berwin</span></p>
```

所对应的 vnode 是下面的样子：

```
01  {
02    children: [VNode, VNode],
03    context: {...},
04    data: {...}
05    tag: "p",
06    ……
07  }
```

6.3.5 组件节点

组件节点和元素节点类似，有以下两个独有的属性。

- **componentOptions**：顾名思义，就是组件节点的选项参数，其中包含 propsData、tag 和 children 等信息。
- **componentInstance**：组件的实例，也是Vue.js的实例。事实上，在Vue.js中，每个组件都是一个 Vue.js 实例。

一个组件节点：

```
01  <child></child>
```

所对应的 vnode 是下面的样子：

```
01  {
02    componentInstance: {...},
03    componentOptions: {...},
04    context: {...},
05    data: {...}
06    tag: "vue-component-1-child",
07    ……
08  }
```


6.3.6 函数式组件

函数式组件和组件节点类似，它有两个独有的属性 functionalContext 和 functionalOptions。

通常，一个函数式组件的 vnode 是下面的样子：

```
01  {
02    functionalContext: {...},
03    functionalOptions: {...},
04    context: {...},
05    data: {...}
06    tag: "div"
07  }
```

6.4 总结

VNode 是一个类，可以生成不同类型的 vnode 实例，而不同类型的 vnode 表示不同类型的真实 DOM 元素。

由于 Vue.js 对组件采用了虚拟 DOM 来更新视图，当属性发生变化时，整个组件都要进行重新渲染的操作，但组件内并不是所有 DOM 节点都需要更新，所以将 vnode 缓存并将当前新生成的 vnode 和上一次缓存的 oldVnode 进行对比，只对需要更新的部分进行 DOM 操作可以提升很多性能。

vnode 有多种类型，它们本质上都是从 VNode 类实例化出的对象，其唯一区别只是属性不同。

第7章 patch

虚拟DOM最核心的部分是patch，它可以将vnode渲染成真实的DOM。

patch也可以叫作patching算法，通过它渲染真实DOM时，并不是暴力覆盖原有DOM，而是比对新旧两个vnode之间有哪些不同，然后根据对比结果找出需要更新的节点进行更新。这一点从名字就可以看出，patch本身就有补丁、修补等意思，其实际作用是在现有DOM上进行修改来实现更新视图的目的。

之所以要这么做，主要是因为DOM操作的执行速度远不如JavaScript的运算速度快。因此，把大量的DOM操作搬运到JavaScript中，使用patching算法来计算出真正需要更新的节点，最大限度地减少DOM操作，从而显著提升性能。这本质上其实是使用JavaScript的运算成本来替换DOM操作的执行成本，而JavaScript的运算速度要比DOM快很多，这样做很划算，所以才会有虚拟DOM。

7.1 patch介绍

对比两个vnode之间的差异只是patch的一部分，这是手段，而不是目的。patch的目的其实是修改DOM节点，也可以理解为渲染视图。上面说过，patch不是暴力替换节点，而是在现有DOM上进行修改来达到渲染视图的目的。对现有DOM进行修改需要做三件事：

- 创建新增的节点；
- 删除已经废弃的节点；
- 修改需要更新的节点。

我们知道patch的过程其实就是创建节点、删除节点和修改节点的过程，接下来主要讨论在什么情况下创建新节点，插入到什么位置；在什么情况下删除节点，删除哪个节点；在什么情况下修改节点，修改哪个节点等。

在详细讨论什么情况下需要对节点进行更改之前，我们需要先弄清楚一个问题。

事实上，我一再强调：之所以需要通过算法来比对两个节点之间的差异，并针对不同的节点进行更新，主要是为了性能考虑。

我们完全可以把整个旧节点从DOM中删除，然后使用最新的状态（state）重新生成一份全新的节点并插入到 DOM 中，这种方式完全可以实现功能。

由于我们的最终目的是渲染视图，所以可以发现渲染视图的标准是以 vnode（使用最新状态创建的 vnode）来渲染而不是 oldVnode（上一次渲染 DOM 所创建的 vnode）。

也就是说，当 oldVnode 和 vnode 不一样的时候，以 vnode 为准来渲染视图。

7.1.1 新增节点

本节中，我们主要讨论在什么情况下新增节点。之所以讨论什么情况下需要新增节点，本质上是为了使用 JavaScript 的计算成本来换取 DOM 的操作成本。如果一个节点已经存在于 DOM 中，那就不需要重新创建一个同样的节点去替换已经存在的节点。事实上，只有那些因为状态的改变而新增的节点在 DOM 中并不存在时，我们才需要创建一个节点并插入到 DOM 中。

首先，新增节点的一个很明显的场景就是，当 oldVnode 不存在而 vnode 存在时，就需要使用 vnode 生成真实的 DOM 元素并将其插入到视图当中去。

这通常会发生在首次渲染中。因为首次渲染时，DOM 中不存在任何节点，所以 oldVnode 是不存在的。

图 7-1 给出了当 oldVnode 不存在时，直接使用 vnode 创建元素并渲染视图。

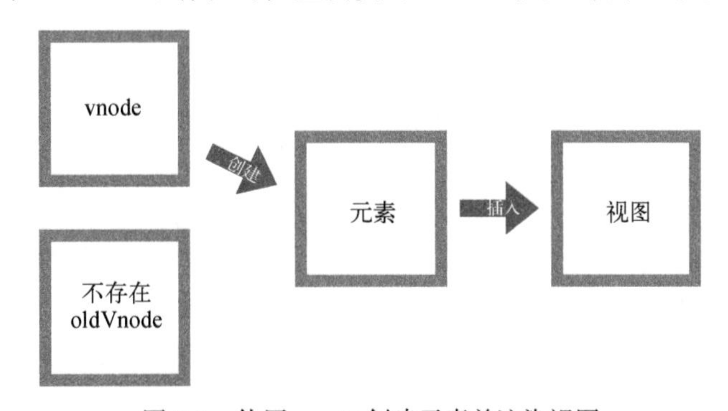

图 7-1 使用 vnode 创建元素并渲染视图

图 7-2 给出了首次渲染视图时（页面中没有任何节点，oldVnode 并不存在），只需要使用 vnode 即可。

除了上面介绍的情况需要新增节点之外，还有一种情况也需要新增节点。

当 vnode 和 oldVnode 完全不是同一个节点时，需要使用 vnode 生成真实的 DOM 元素并将其插入到视图当中。

前面介绍过，当 oldVnode 和 vnode 不一样的时候，以 vnode 为标准来渲染视图。因此，当 vnode 和 oldVnode 完全不是同一个节点的时候，可以得知 vnode 就是一个全新的节点，而 oldVnode 就是一个被废弃的节点。

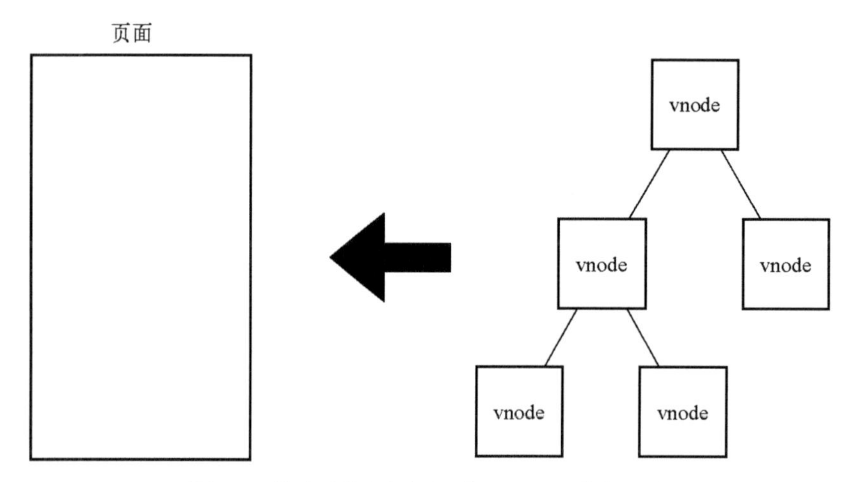

图 7-2　首次渲染视图时，使用 vnode 直接渲染

这种情况下，我们要做的事情就是使用 vnode 创建一个新 DOM 节点，用它去替换 oldVnode 所对应的真实 DOM 节点，如图 7-3 所示。

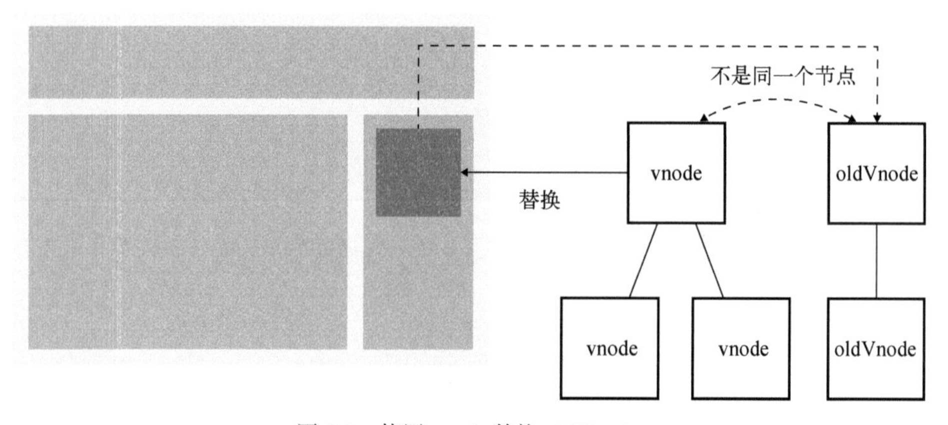

图 7-3　使用 vnode 替换 oldVnode

7.1.2　删除节点

删除节点的场景上一节略有提及，就是当一个节点只在 oldVnode 中存在时，我们需要把它从 DOM 中删除。因为渲染视图时，需要以 vnode 为标准，所以 vnode 中不存在的节点都属于被废弃的节点，而被废弃的节点需要从 DOM 中删除。

如图 7-3 所示，当 oldVnode 和 vnode 完全不是同一个节点时，在 DOM 中需要使用 vnode 创建的新节点替换 oldVnode 所对应的旧节点，而替换过程是将新创建的 DOM 节点插入到旧节点的旁边，然后再将旧节点删除，从而完成替换过程。

7.1.3 更新节点

前面介绍了新增节点和删除节点的场景，我们发现它们之间有一个共同点，那就是两个虚拟节点是完全不同的。由于我们需要以新节点为标准渲染视图，所以这个时候只有两种操作可以执行：将旧节点删除或者创建新增节点。

其实除了前面介绍的场景外，另一个更常见的场景是新旧两个节点是同一个节点。当新旧两个节点是相同的节点时，我们需要对这两个节点进行比较细致的比对，然后对 oldVnode 在视图中所对应的真实节点进行更新。

举个简单的例子，当新旧两个节点是同一个文本节点，但是两个节点的文本不一样时，我们需要重新设置 oldVnode 在视图中所对应的真实 DOM 节点的文本。

图 7-4 给出了用 vnode 中的文字替换 DOM 中文字的过程。视图中的文本节点所包含的文字是“我是文字”，而当状态发生变化时，将文本改成了“我是文字 2”，这时使用改变后的状态生成了新的 vnode，然后将 vnode 与 oldVnode 进行比对，发现它们是同一个节点，再将这两个节点进行更详细的比对，比对结果是文字发生了变化，最后将真实 DOM 节点中的文本改成了 vnode 中的文字“我是文字 2”。

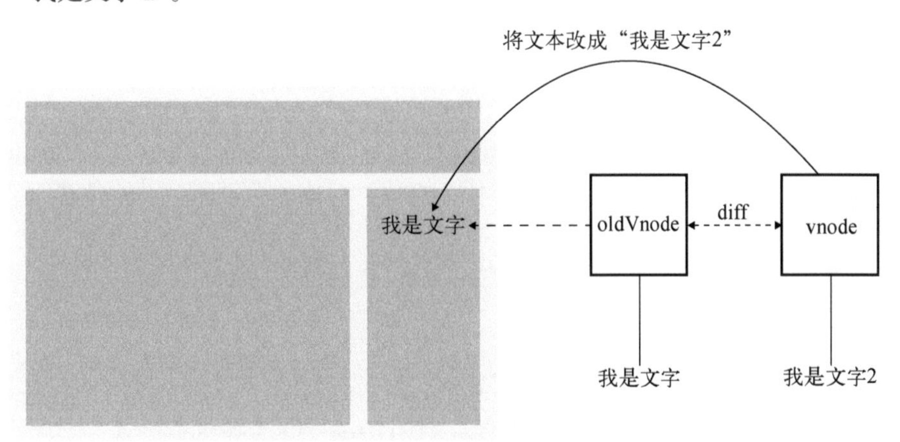

图 7-4　使用 vnode 中的文字替换真实 DOM 中的文字

这里提到对两个相同节点进行更详细的比对，这个比对过程会在 7.4 节中详细介绍。

7.1.4 小结

通过前面的介绍，可以发现整个 patch 的过程并不复杂。当 oldVnode 不存在时，直接使用 vnode 渲染视图；当 oldVnode 和 vnode 都存在但并不是同一个节点时，使用 vnode 创建的 DOM 元素替换旧的 DOM 元素；当 oldVnode 和 vnode 是同一个节点时，使用更详细的对比操作对真实的 DOM 节点进行更新。

图 7-5 给出了 patch 的运行流程。

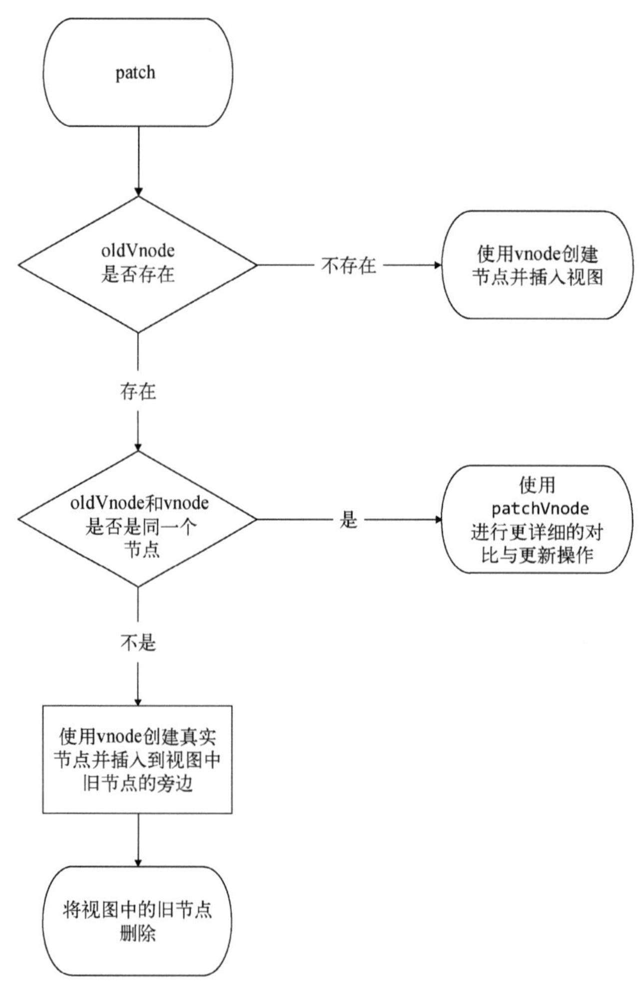

图 7-5　patch 运行流程

7.2　创建节点

在 7.1.1 节中，我们介绍了在什么情况下创建元素并将元素渲染到视图。本节中，我们将详细介绍一个元素从创建到渲染的过程。

通过前面的学习，我们知道创建一个真实的 DOM 元素所需的信息都保存在 vnode 中，我们需要通过 vnode 来创建一个真实的 DOM 元素。而第 6 章又介绍了 vnode 是有类型的，所以在创建 DOM 元素时，最重要的事是根据 vnode 的类型来创建出相同类型的 DOM 元素，然后将 DOM 元素插入到视图中。

事实上，只有三种类型的节点会被创建并插入到 DOM 中：元素节点、注释节点和文本节点。

而要判断 vnode 是否是元素节点，只需要判断它是否具有 `tag` 属性即可。如果一个 vnode 具有 `tag` 属性，就认为它是元素属性。接着，我们就可以调用当前环境下的 `createElement` 方法（在浏览器环境下就是 `document.createElement`）来创建真实的元素节点。当一个元素节点被创建后，接下来要做的事情就是将它插入到指定的父节点中。

将元素渲染到视图的过程非常简单。只需要调用当前环境下的 `appendChild` 方法（在浏览器环境下就是调用 `parentNode.appendChild`），就可以将一个元素插入到指定的父节点中。如果这个指定的父节点已经被渲染到视图，那么把元素插入到它的下面将会自动将元素渲染到视图。

其实创建元素节点还缺了一个步骤，我们刚刚没有说。元素节点通常都会有子节点（children），所以当一个元素节点被创建后，我们需要将它的子节点也创建出来并插入到这个刚创建出的节点下面。

创建子节点的过程是一个递归过程。vnode 中的 `children` 属性保存了当前节点的所有子虚拟节点（child virtual node），所以只需要将 vnode 中的 `children` 属性循环一遍，将每个子虚拟节点都执行一遍创建元素的逻辑，就可以实现我们想要的功能。

创建子节点时，子节点的父节点就是当前刚创建出来的这个节点，所以子节点被创建后，会被插入到当前节点的下面。当所有子节点都创建完并插入到当前节点中之后，我们把当前节点插入到指定父节点的下面。如果这个指定的父节点已经被渲染到视图中，那么将当前这个节点插入进去之后，会将当前节点（包括其子节点）渲染到视图中。

图 7-6 给出了从虚拟 DOM 创建真实 DOM，最后渲染到视图的过程。

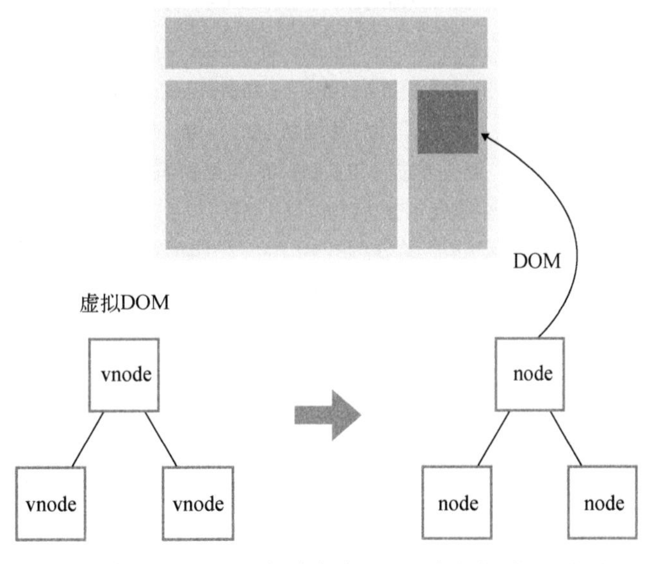

图 7-6　使用虚拟 DOM 创建真实 DOM 并渲染到视图的过程

图 7-7 给出了一个元素节点从创建到渲染视图的过程。

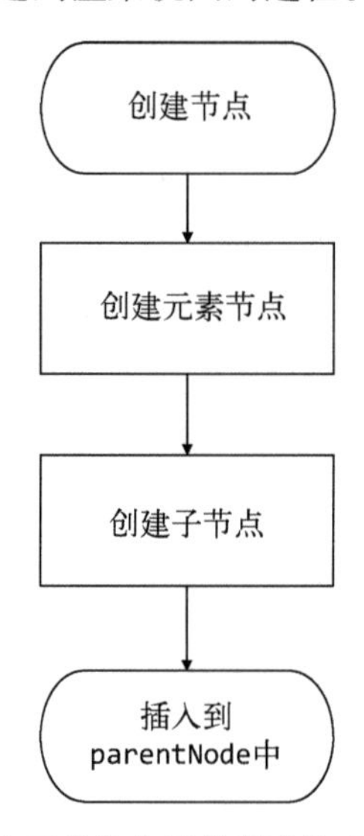

图 7-7　创建元素节点并将其渲染到视图的过程

除了元素节点外，其实还要创建注释节点和文本节点。

在创建节点时，如果 vnode 中不存在 `tag` 属性，那么它可能会是另外两种节点：注释节点和文本节点。

在第 6 章中介绍 `VNode` 时，我们介绍过注释节点有一个唯一的标识属性 `isComment`。在所有类型的 vnode 中，只有注释节点的 `isComment` 属性是 `true`，所以通过 `isComment` 属性就可以判断一个 vnode 是否是注释节点。

当发现一个 vnode 的 `tag` 属性不存在时，我们可以用 `isComment` 属性来判断它是注释节点还是文本节点。如果是文本节点，则调用当前环境下的 `createTextNode` 方法（浏览器环境下调用 `document.createTextNode`）来创建真实的文本节点并将其插入到指定的父节点中；如果是注释节点，则调用当前环境下的 `createComment` 方法（浏览器环境下调用 `document.createComment` 方法）来创建真实的注释节点并将其插入到指定的父节点中。

图 7-8 给出了创建一个节点并将其渲染到视图的全过程。

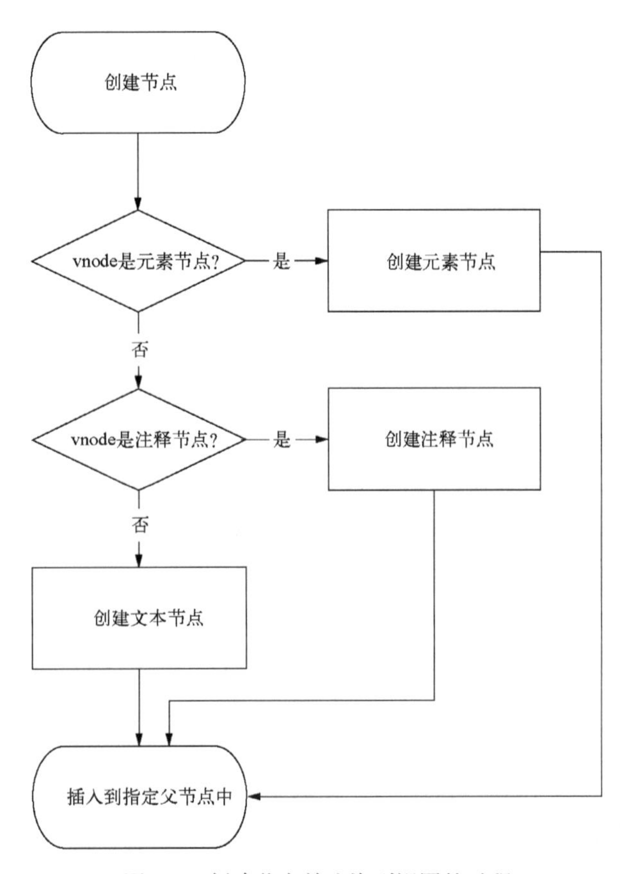

图 7-8　创建节点并渲染到视图的过程

7.3　删除节点

在 7.1.2 节中，我们介绍了在什么情况下需要将元素从视图中删除。本节中，我们将详细介绍一个元素是怎样从视图中删除的。

删除节点的过程非常简单。在 Vue.js 源码中，删除元素的代码并不多，其实现逻辑如下：

```
01  function removeVnodes (vnodes, startIdx, endIdx) {
02    for (; startIdx <= endIdx; ++startIdx) {
03      const ch = vnodes[startIdx]
04      if (isDef(ch)) {
05        removeNode(ch.elm)
06      }
07    }
08  }
```

简单来说，上面代码实现的功能是删除 `vnodes` 数组中从 `startIdx` 指定的位置到 `endIdx` 指定位置的内容。

removeNode 用于删除视图中的单个节点，而 removeVnodes 用于删除一组指定的节点。

removeNode 的实现逻辑如下：

```
01  const nodeOps = {
02    removeChild (node, child) {
03      node.removeChild(child)
04    }
05  }
06
07  function removeNode (el) {
08    const parent = nodeOps.parentNode(el)
09    if (isDef(parent)) {
10      nodeOps.removeChild(parent, el)
11    }
12  }
```

上面代码的逻辑是将当前元素从它的父节点中删除，其中 nodeOps 是对节点操作的封装。

有同学可能会对 nodeOps 感到奇怪，为什么不直接使用 parent.removeChild(child)删除节点，而是将这个节点操作封装成函数放在 nodeOps 里呢？

其实这涉及跨平台渲染的知识，我们知道阿里开发的 Weex 可以让我们使用相同的组件模型为 iOS 和 Android 编写原生渲染的应用。也就是说，我们写的 Vue.js 组件可以分别在 iOS 和 Android 环境中进行原生渲染。

而跨平台渲染的本质是在设计框架的时候，要让框架的渲染机制和 DOM 解耦。只要把框架更新 DOM 时的节点操作进行封装，就可以实现跨平台渲染，在不同平台下调用节点的操作。

换言之，如果我们把这些平台下节点操作的封装看成渲染引擎，那么将这些渲染引擎所提供的节点操作的 API 和框架的运行时对接一下，就可以实现将框架中的代码进行原生渲染的目的。

这就是将 removeChild 方法封装到 nodeOps 中的原因。更多关于跨平台渲染的内容已超出本章的讨论范围，这里不再展开讨论。

7.4 更新节点

在 7.1.3 节中，我们介绍了只有两个节点是同一个节点时，才需要更新元素节点，而更新节点并不是很暴力地使用新节点覆盖旧节点，而是通过比对找出新旧两个节点不一样的地方，针对那些不一样的地方进行更新。本节中，我们将介绍节点更新的详细过程。

7.4.1 静态节点

在更新节点时，首先需要判断新旧两个虚拟节点是否是静态节点，如果是，就不需要进行更新操作，可以直接跳过更新节点的过程。

什么是静态节点？

静态节点指的是那些一旦渲染到界面上之后，无论日后状态如何变化，都不会发生任何变化的节点。

例如：

```
01    <p>我是静态节点，我不需要发生变化</p>
```

上面这个 HTML 就是一个静态节点，它不会因为状态的变化而发生变化。这个节点一旦被渲染到视图之后，当应用在运行时，无论状态是否发生变化，都不会影响到这个节点，这个节点永远都不需要重新渲染。

了解了静态节点的特点之后，就不难理解为什么需要判断虚拟节点是否是静态节点，从而跳过更新节点的操作过程了。

7.4.2　新虚拟节点有文本属性

当新旧两个虚拟节点（vnode 和 oldVnode）不是静态节点，并且有不同的属性时，要以新虚拟节点（vnode）为准来更新视图。根据新节点（vnode）是否有 `text` 属性，更新节点可以分为两种不同的情况。

如果新生成的虚拟节点（vnode）有 `text` 属性，那么不论之前旧节点的子节点是什么，直接调用 `setTextContent` 方法（在浏览器环境下是 `node.textContent` 方法）来将视图中 DOM 节点的内容改为虚拟节点（vnode）的 `text` 属性所保存的文字。

因为更新是以新创建的虚拟节点（vnode）为准的，所以如果新创建的虚拟节点有文本，那么根本就不需要关心之前旧节点中所包含的内容是什么，无论是文本还是元素节点，这都不重要。唯一需要关心的是，如果之前的旧节点也是文本，并且和新节点的文本相同，那么就不需要执行 `setTextContent` 方法来重复设置相同的文本。

简单来说，就是当新虚拟节点有文本属性，并且和旧虚拟节点的文本属性不一样时，我们可以直接把视图中的真实 DOM 节点的内容改成新虚拟节点的文本。

7.4.3　新虚拟节点无文本属性

如果新创建的虚拟节点没有 `text` 属性，那么它就是一个元素节点。元素节点通常会有子节点，也就是 `children` 属性，但也有可能没有子节点，所以存在两种不同的情况。

1. 有 `children` 的情况

当新创建的虚拟节点有 `children` 属性时，其实还会有两种情况，那就是要看旧虚拟节点（oldVnode）是否有 `children` 属性。

如果旧虚拟节点也有 `children` 属性，那么我们要对新旧两个虚拟节点的 `children` 进行一个更详细的对比并更新。更新 `children` 可能会移动某个子节点的位置，也有可能会删除或新增某个子节点，具体更新 `children` 的过程我们会在 7.5 节中详细介绍。

如果旧虚拟节点没有 children 属性，那么说明旧虚拟节点要么是一个空标签，要么是有文本的文本节点。如果是文本节点，那么先把文本清空让它变成空标签，然后将新虚拟节点（vnode）中的 children 挨个创建成真实的 DOM 元素节点并将其插入到视图中的 DOM 节点下面。

2. 无 children 的情况

当新创建的虚拟节点既没有 text 属性也没有 children 属性时，这说明这个新创建的节点是一个空节点，它下面既没有文本也没有子节点，这时如果旧虚拟节点（oldVnode）中有子节点就删除子节点，有文本就删除文本。有什么删什么，最后达到视图中是空标签的目的。

7.4.4　小结

本节重点讨论了更新节点的详细过程以及处理逻辑，讨论的内容包括新虚拟节点有文本时如何处理，有 children 属性时如何处理，以及没有 children 属性时怎么处理等。图 7-9 给出了更新节点的整体逻辑。

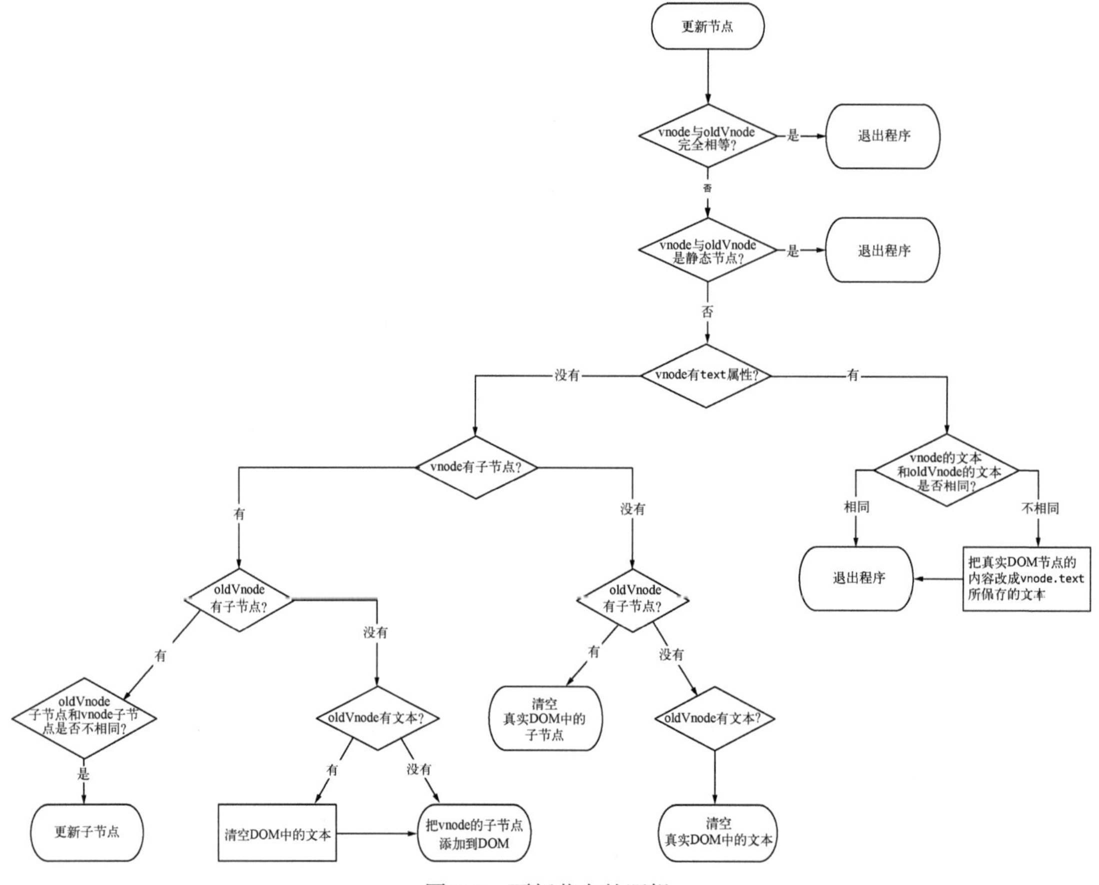

图 7-9　更新节点的逻辑

在源码中，真实的实现过程如图 7-10 所示。

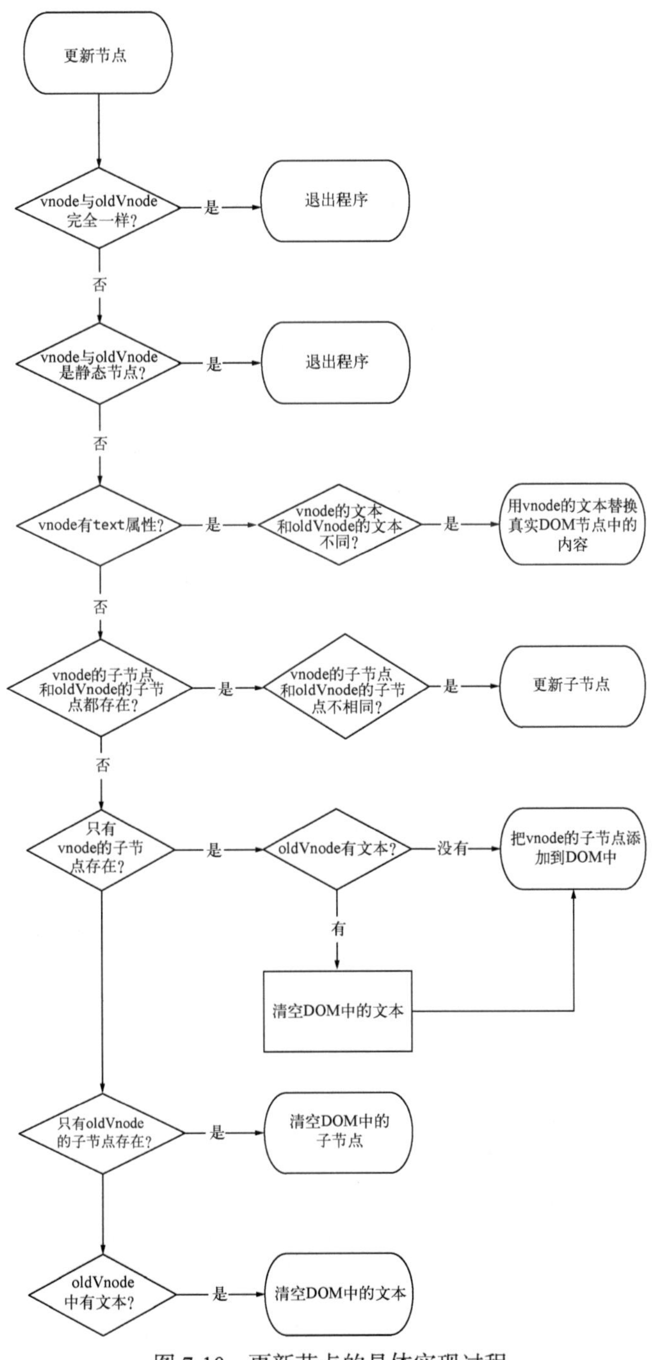

图 7-10 更新节点的具体实现过程

7.5　更新子节点

在 7.4 节中，我们详细讨论了更新节点的过程，其中讨论了当新节点的子节点和旧节点的子节点都存在并且不相同时，会进行子节点的更新操作。但我们并没有详细讨论子节点是如何更新的，本节将详细讨论如何更新子节点。

事实上，更新子节点大概可以分为 4 种操作：更新节点、新增节点、删除节点、移动节点位置。因此，更新子节点更多的是在讨论什么情况下需要更新节点，什么情况下新增节点等。

更新子节点首先要对比两个子节点都有哪些不同，然后针对不同的情况做不同的处理。

例如，`newChildren`（新子节点列表）中有一个节点在 `oldChildren`（旧子节点列表）中找不到相同的节点，这说明这个节点是因本次状态更改而新增的节点，此时就需要进行新增节点的操作。

再例如，`newChildren` 中的某个节点和 `oldChildren` 中的某个节点是同一个节点，但位置不同，这说明这个节点是由于状态变化而位置发生了移动的节点，这时需要进行节点移动的操作。

对比两个子节点列表（`children`），首先需要做的事情是循环。循环 `newChildren`（新子节点列表），每循环到一个新子节点，就去 `oldChildren`（旧子节点列表）中找到和当前节点相同的那个旧子节点。如果在 `oldChildren` 中找不到，说明当前子节点是由于状态变化而新增的节点，我们要进行创建节点并插入视图的操作；如果找到了，就做更新操作；如果找到的旧子节点的位置和新子节点不同，则需要移动节点等。

7.5.1　更新策略

本节主要针对新增节点、更新节点、移动节点、删除节点等操作进行讨论。

1. 创建子节点

关于新增节点，我们主要讨论什么情况下需要创建节点，以及把创建的节点插入到真实 DOM 子节点中哪个位置的问题。

前面提到过，新旧两个子节点列表是通过循环进行比对的，所以创建节点的操作是在循环体内执行的，其具体实现是在 `oldChildren`（旧子节点列表）中寻找本次循环所指向的新子节点。

如果在 `oldChildren` 中没有找到与本次循环所指向的新子节点相同的节点，那么说明本次循环所指向的新子节点是一个新增节点。对于新增节点，我们需要执行创建节点的操作，并将新创建的节点插入到 `oldChildren` 中所有未处理节点（未处理就是没有进行任何更新操作的节点）的前面。当节点成功插入 DOM 后，这一轮的循环就结束了。关于创建节点，我们在 7.2 节中详细介绍过。

你可能会对为什么插入到 `oldChildren` 中所有未处理节点的前面感到很困惑，没关系，下面我们举例说明一下。

我们先看图 7-11 所示的例子，最上面的 DOM 节点是视图中的真实 DOM 节点。左下角的节点是新创建的虚拟节点，右下角的节点是旧的虚拟节点。

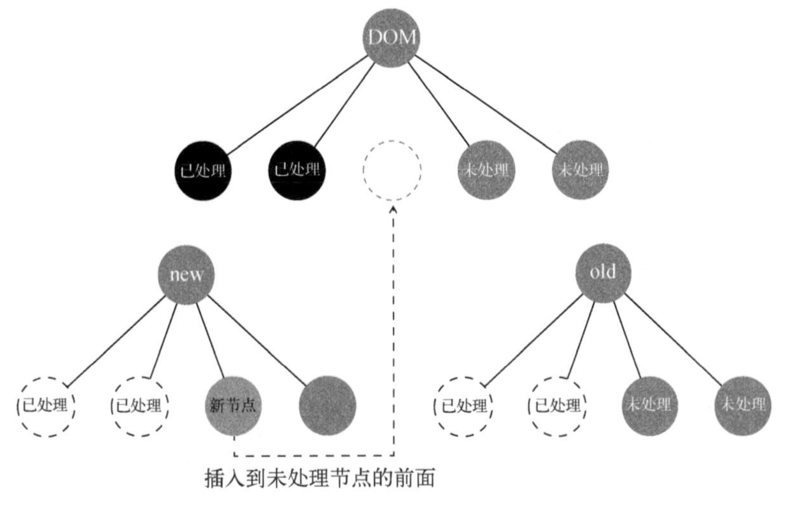

图 7-11 更新子节点的一个小例子

图 7-11 表示已经对前两个子节点进行了更新，当前正在处理第三个子节点。当在右下角的虚拟子节点中找不到与左下角的第三个节点相同的节点时，证明它是新增节点，这时候需要创建节点并插入到真实 DOM 中，插入的位置是所有未处理节点的前面，也就是虚线所指定的位置。

你可能会说，插入到所有已处理节点的后面不也行吗？不是的，如果这个新节点后面也是一个新增节点呢？

图 7-12 是我们希望插入到真实 DOM 中的位置。而如果以插入到已处理节点后面这样的逻辑插入节点，则会出现如图 7-13 所示的问题。

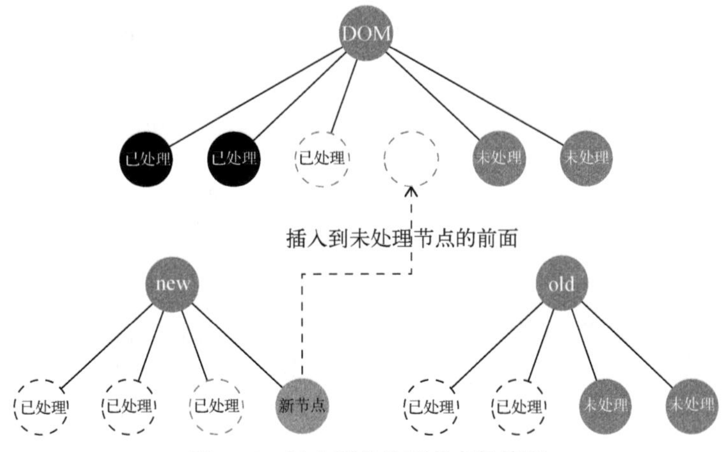

图 7-12 插入到未处理节点的前面

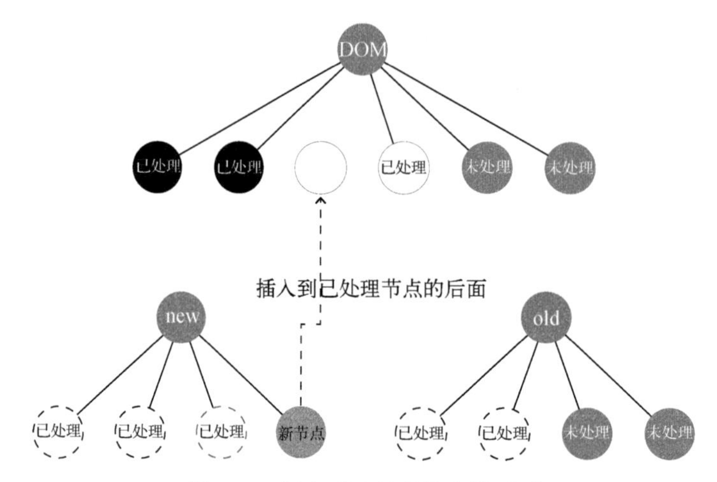

图 7-13　插入到已处理节点的后面

从图 7-13 中我们会发现，节点插入的位置不是我们希望插入的位置，因为顺序反了，这个节点的位置应该是第四位，而不是第三位。你可能会问，为什么？

因为我们是使用虚拟节点进行对比，而不是真实 DOM 节点做对比，所以是左下角的虚拟节点和右下角的旧虚拟节点进行对比，而右下角的虚拟节点表示已处理的节点只有两个，不包括我们新插入的节点，所以用插入到已处理节点后面这样的逻辑来插入节点，就会插入一个错误的位置。

可能你现在又有疑问了，节点插入进真实 DOM 中后，真实 DOM 中的节点越来越多，为什么没看见删除节点的逻辑？

关于删除节点的逻辑，我们将在后面详细介绍。

2. 更新子节点

更新节点本质上是当一个节点同时存在于 `newChildren` 和 `oldChildren` 中时需要执行的操作。

如图 7-14 所示，两个节点是同一个节点并且位置相同，这种情况下只需要进行更新节点的操作即可。关于更新节点，我们在 7.4 节中已详细介绍过。

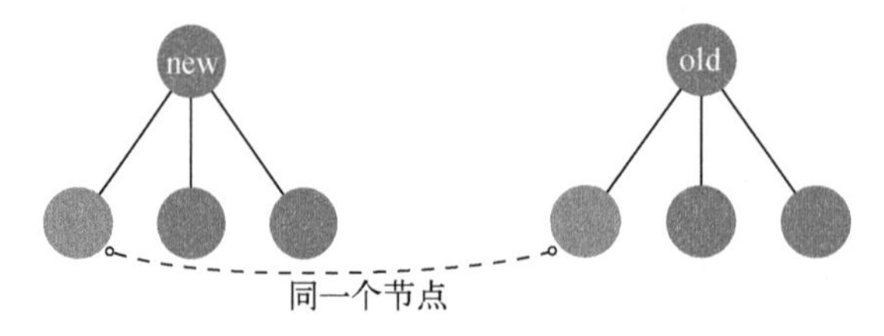

图 7-14　子节点位置相同

但如果 oldChildren 中子节点的位置和本次循环所指向的新子节点的位置不一致时，除了对真实 DOM 节点进行更新操作外，我们还需要对这个真实 DOM 节点进行移动节点的操作。

3. 移动子节点

移动节点通常发生在 newChildren 中的某个节点和 oldChildren 中的某个节点是同一个节点，但是位置不同，所以在真实的 DOM 中需要将这个节点的位置以新虚拟节点的位置为基准进行移动。

如图 7-15 所示，当 oldChildren 中找到的节点和 newChildren 中的节点位置不同时，视图中真实 DOM 节点就会移动到 newChildren 中节点所在的位置。

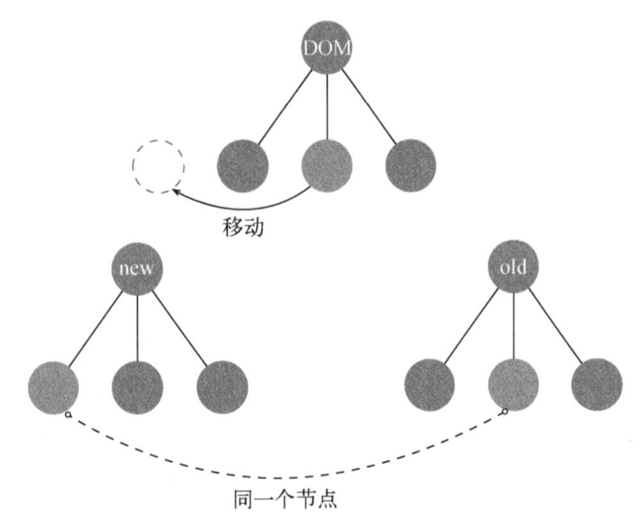

图 7-15　移动子节点的位置

通过 Node.insertBefore()方法，我们可以成功地将一个已有节点移动到一个指定的位置。

但怎么得知新虚拟节点的位置是哪里呢？换句话说，怎么知道应该把节点移动到哪里呢？

其实得到这个位置并不难。对比两个子节点列表是通过从左到右循环 newChildren 这个列表，然后每循环一个节点，就去 oldChildren 中寻找与这个节点相同的节点进行处理。也就是说，newChildren 中当前被循环到的这个节点的左边都是被处理过的。那就不难发现，这个节点的位置是所有未处理节点的第一个节点。

所以，只要把需要移动的节点移动到所有未处理节点的最前面，就能实现我们的目的，如图 7-16 所示。

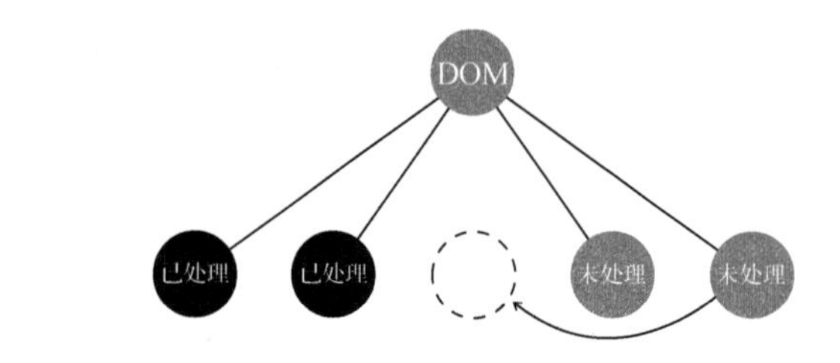

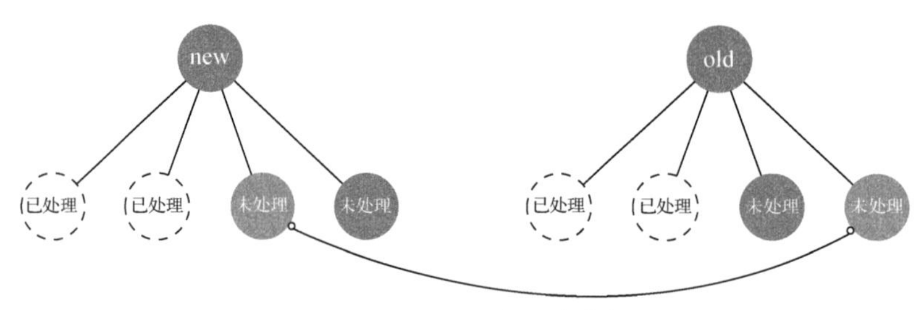

图 7-16　将节点移动到所有未处理节点的最前面

图 7-16 表示正在处理第三个节点，这时在 `oldChildren` 中找到的相同节点是第四个节点。由于位置不同，所以需要移动节点，移动节点的位置是所有未处理节点的最前面。本例中，将第四个节点移动到所有未处理节点的最前面，就是将节点从第四个变成了第三个。

节点更新并且移动完位置后，开始进行下一轮循环，也就是开始处理 `newChildren` 中的第四个节点。

关于怎么分辨哪些节点是处理过的，哪些节点是未处理的，我们将在 7.5.3 节中详细讨论。

4. 删除子节点

删除子节点，本质上是删除那些 `oldChildren` 中存在但 `newChildren` 中不存在的节点。

用图 7-12 来举例,左下角的 `newChildren` 和右下角的 `oldChildren` 中前两个节点是相同的。在 `newChildren` 中，右面两个节点是新增节点；在 `oldChildren` 中，右边两个节点是废弃的需要被删除的节点。

可以得出结论，当 `newChildren` 中的所有节点都被循环了一遍后，也就是循环结束后，如果 `oldChildren` 中还有剩余的没有被处理的节点，那么这些节点就是被废弃、需要删除的节点。

在图 7-12 中，真实 DOM 节点中有 6 个节点，其中最右面的两个节点是需要删除的节点，当这些废弃的节点被删除后，你会发现真实 DOM 中的子节点和 `newChildren` 变成一样的了。这不正是我们想要的效果吗?

7.5.2　优化策略

通常情况下，并不是所有子节点的位置都会发生移动，一个列表中总有几个节点的位置是不变的。针对这些位置不变的或者说位置可以预测的节点，我们不需要循环来查找，因为我们有一个更快捷的查找方式。

假设有一个场景，我们只是修改了列表中某个数据的内容，而没有新增数据或者删除数据等，这种情况下 `newChildren` 和 `oldChildren` 中所有节点的位置都是相同的，这时节点的位置就是可以预测的，不需要循环也可以知道 `oldChildren` 中的哪个节点和被寻找的新子节点是同一个节点。

只需要尝试使用相同位置的两个节点来比对是否是同一个节点：如果恰巧是同一个节点，直接就可以进入更新节点的操作；如果尝试失败了，再用循环的方式来查找节点。

这样做可以很大程度地避免循环 `oldChildren` 来查找节点，从而使执行速度得到很大的提升。

如果我们把这种很快速的查找节点的方式称为快捷查找，那么它共有 4 种查找方式，分别是：

- 新前与旧前
- 新后与旧后
- 新后与旧前
- 新前与旧后

你可能会对"新前""旧前"这些名词感到困惑，没关系，因为这是我自己起的名字。接下来，我将详细介绍这些名词都是什么意思。

从图 7-17 中可以看出"新前""新后""旧前""旧后"这 4 个名词分别对应 4 个节点，图中有两个虚拟节点，左边那个虚拟节点是由于状态的变化而新生成的虚拟节点，右边那个虚拟节点是上一次渲染 DOM 时用的旧的虚拟节点。

- **新前**：`newChildren` 中所有未处理的第一个节点。
- **新后**：`newChildren` 中所有未处理的最后一个节点。
- **旧前**：`oldChildren` 中所有未处理的第一个节点。
- **旧后**：`oldChildren` 中所有未处理的最后一个节点。

图 7-17　"新前""新后""旧前""旧后"所代表的节点

现在我们已经清楚了这些名词的意思，前文中提到比较快捷的查找方式有 4 种，接下来我们详细介绍这 4 种方式。

1. 新前与旧前

顾名思义，“新前”与“旧前”的意思就是尝试使用“新前”这个节点与“旧前”这个节点对比，对比它们俩是不是同一个节点。如果是同一个节点，则说明我们不费吹灰之力就在 `oldChildren` 中找到了这个虚拟节点，然后使用 7.4 节中介绍的更新节点操作将它们俩进行对比并更新视图，如图 7-18 所示。

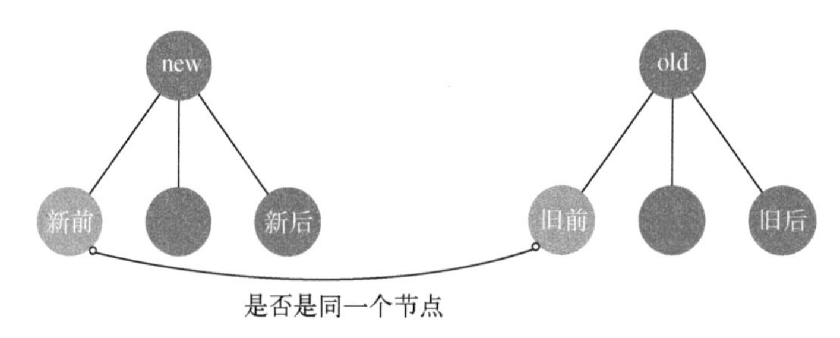

图 7-18　尝试对比“新前”与“旧前”这两个节点是否是同一个节点

由于“新前”与“旧前”的位置相同，所以并不需要执行移动节点的操作，只需要更新节点即可。

如果不是同一个节点，没关系，一共有 4 种快捷查找方式，挨个试一遍即可。如果都不行，最后再使用循环来查找节点。

2. 新后与旧后

当“新前”与“旧前”对比后发现不是同一个节点，这时可以尝试用“新后”与“旧后”的方式来比对它们俩是否是同一个节点。

“新后”与“旧后”的意思是使用“新后”这个节点和“旧后”这个节点对比，对比它们俩是不是同一个节点。如果是同一个节点，就将这两个节点进行对比并更新视图，如图 7-19 所示。

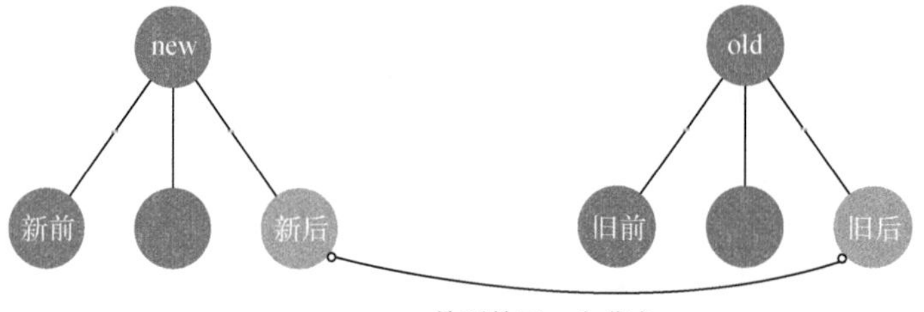

图 7-19　尝试对比“新后”与“旧后”这两个节点是否是同一个节点

由于“新后”与“旧后”这两个节点的位置相同，所以只需要执行更新节点的操作即可，不需要执行移动节点的操作。

如果对比之后发现“新后”和“旧后”也不是同一个节点，则继续尝试对比“新后”与“旧前”是否是同一个节点。

3. 新后与旧前

“新后”与“旧前”的意思是使用“新后”这个节点与“旧前”这个节点进行对比，通过对比来分辨它们俩是不是同一个节点。如果是同一个节点，就对比它们俩并更新视图，如图 7-20 所示。

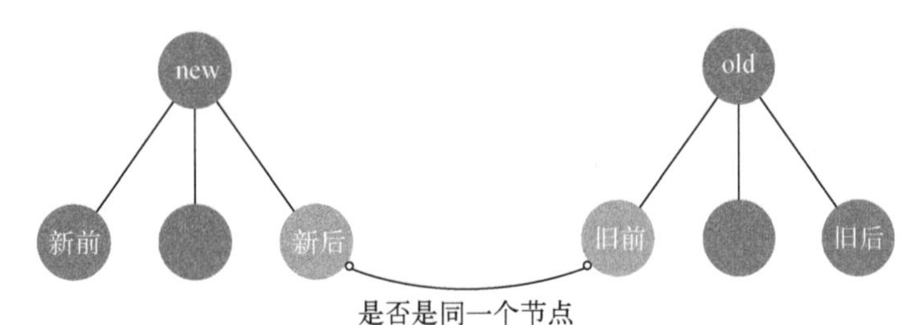

图 7-20 尝试对比“新后”与“旧前”这两个节点是否是同一个节点

7

如果“新后”与“旧前”是同一个节点，那么由于它们的位置不同，所以除了更新节点外，还需要执行移动节点的操作，如图 7-21 所示。

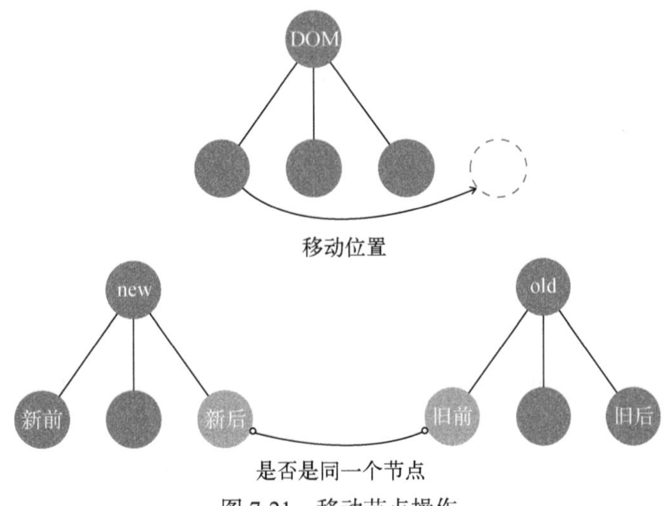

图 7-21 移动节点操作

从图 7-21 中可以看出，当“新后”与“旧前”是同一个节点时，在真实 DOM 中除了做更新操作外，还需要将节点移动到 `oldChildren` 中所有未处理节点的最后面。

你可能对为什么移动到 `oldChildren` 中所有未处理节点的最后面感到困惑，接下来我们会详细介绍为什么移动到这个位置。

更新节点是以新虚拟节点为基准，子节点也不例外，所以在图 7-21 中，因为“新后”这个节点是最后一个节点，所以真实 DOM 中将节点移动到最后不难理解，让我们感到困惑的是为什么移动到 **`oldChildren`** **中所有未处理节点的最后面**。

这里我们举个例子，如图 7-22 所示。

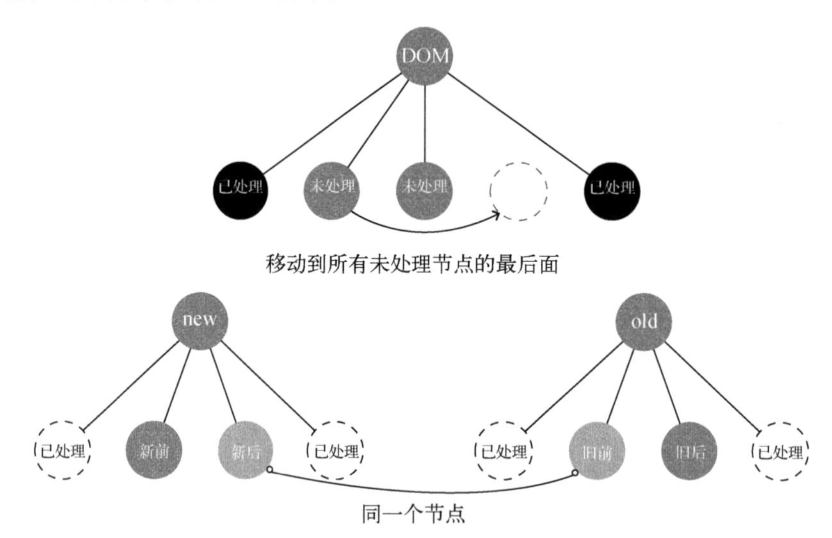

图 7-22　移动到所有未处理节点的最后面

如图 7-22 所示，当真实 DOM 子节点左右两侧已经有节点被更新，只有中间这部分节点未处理时，“新后”这个节点是未处理节点中的最后一个节点，所以真实 DOM 节点移动位置时，需要移动到 `oldChildren` 中所有未处理节点的最后面。只有移动到未处理节点的最后面，它的位置才与“新后”这个节点的位置相同。

如果对比之后发现这两个节点也不是同一个节点，则继续尝试对比“新前”与“旧后”是否是同一个节点。

4. 新前与旧后

“新前”与“旧后”的意思是使用“新前”与“旧后”这两个节点进行对比，对比它们是否是同一个节点，如果是同一个节点，则进行更新节点的操作，如图 7-23 所示。

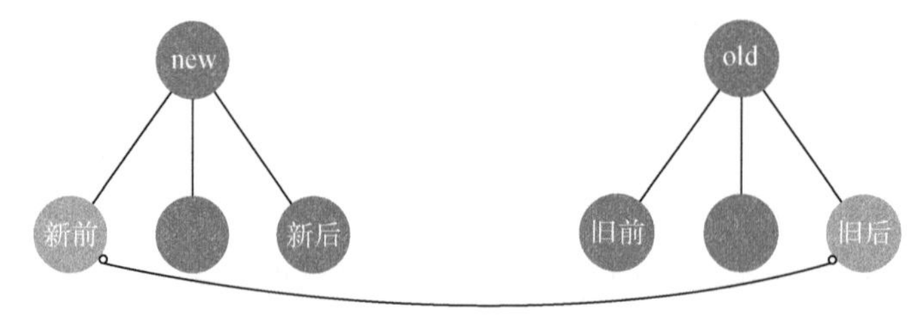

图 7-23　尝试对比“新前”与“旧后”这两个节点是否是同一个节点

由于“新前”与“旧后”这两个节点的位置不同，所以除了更新节点的操作外，还需要进行移动节点的操作，如图 7-24 所示。

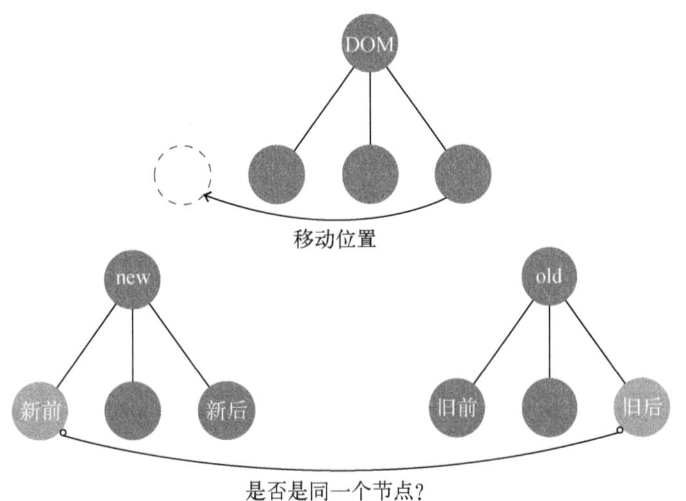

图 7-24 移动节点操作

从图 7-24 中可以看出，当“新前”与“旧后”是同一个节点时，在真实 DOM 中除了做更新操作外，还需要将节点移动到 `oldChildren` 中所有未处理节点的最前面。

将节点移动到 `oldChildren` 中所有未处理节点的最前面的原因，与前面介绍的“新后”与“旧前”的逻辑是一样的，如图 7-25 所示。

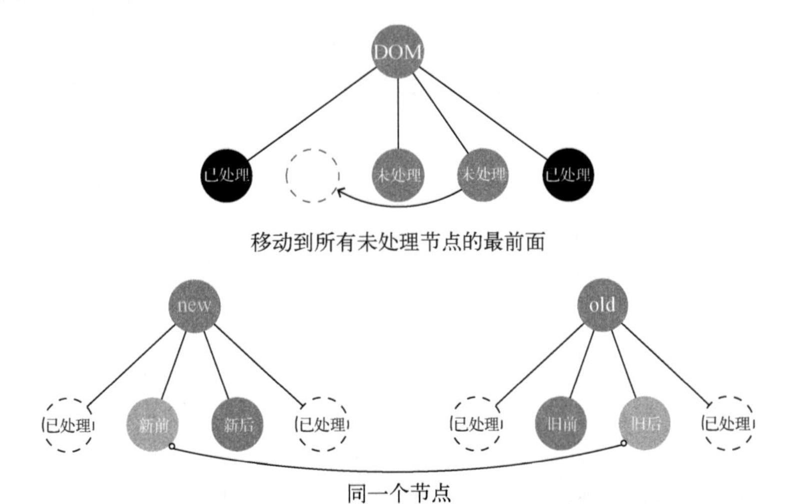

图 7-25 移动到所有未处理节点的最前面

如图 7-25 所示，当真实的 DOM 节点中已经有节点被更新，并且更新到第二个节点时，我们发现 oldChildren 中对应的节点在第三个的位置上，这时需要将“旧后”这个节点更新并移动到第二个的位置上，所以只需要将节点移动到所有未处理节点的最前面，就能实现移动到第二个位置的目的。

也就是说，已更新过的节点都不用管。因为更新过的节点无论是节点的内容或者节点的位置，都是正确的，更新完后面就不需要再进行更改了。所以，我们只需要在所有未更新的节点区间内进行移动和更新操作即可。

如果前面这 4 种方式对比之后都没找到相同的节点，这时再通过循环的方式去 oldChildren 中详细找一圈，看看能否找到。

大部分情况下，通过前面这 4 种方式就可以找到相同的节点，所以节省了很多次循环操作。

7.5.3 哪些节点是未处理过的

你可能会发现，所有的对比都是针对未处理的节点的，已处理过的节点忽略不计。那么，怎么分辨哪些节点是处理过的，哪些节点是未处理过的呢？

这个问题就要从循环说起了，因为我们的逻辑都是在循环体内处理的，所以只要让循环条件保证只有未处理过的节点才能进入循环体内，就能达到忽略已处理过的节点从而只对未处理节点进行对比和更新等操作。

事实上，这个功能不难实现，随便一个正常的循环都能实现这个效果，从前往后循环，循环一个处理一个，能被循环到的都是未处理过的节点，处理到最后所有的节点都处理过了。

但由于前面我们的优化策略，节点是有可能会从后面对比的，对比成功就会进行更新处理，也就是说，我们的循环体内的逻辑由于优化策略，不再是只处理所有未处理过的节点的第一个，而是有可能会处理最后一个，这种情况下就不能从前向后循环，而应该是从两边向中间循环。

那么，怎样实现从两边向中间循环呢？

首先，我们先准备 4 个变量：oldStartIdx、oldEndIdx、newStartIdx 和 newEndIdx。

这 4 个变量分别表示 oldChildren 的开始位置的下标（oldStartIdx）和结束位置的下标（oldEndIdx），以及 newChildren 的开始位置的下标（newStartIdx）和结束位置的下标（newEndIdx）。

在循环体内，每处理一个节点，就将下标向指定的方向移动一个位置，通常情况下是对新旧两个节点进行更新操作，就相当于一次性处理两个节点，将新旧两个节点的下标都向指定方向移动一个位置。

开始位置所表示的节点被处理后，就向后移动一个位置；结束位置的节点被处理后，则向前移动一个位置。

也就是说，oldStartIdx 和 newStartIdx 只能向后移动，而 oldEndIdx 和 newEndIdx 只能

向前移动。

当开始位置大于等于结束位置时，说明所有节点都遍历过了，则结束循环：

```
01  while (oldStartIdx <= oldEndIdx && newStartIdx <= newEndIdx) {
02    // 做点什么
03  }
```

通过上面的循环条件，就可以保证循环体内的节点都是未处理的。

你可能会发现，这个循环条件是无论 `newChildren` 或者 `oldChildren`，只要它们两个中有一个循环完毕，就会退出循环。那么，当新子节点和旧子节点的节点数量不一致时，会导致循环结束后仍然有未处理的节点，也就是说这个循环将无法覆盖所有节点。

确实是无法覆盖所有节点，但正是因为这样，才会少循环几次，提升一些性能。你可能会觉得惊讶，为什么？

因为循环的目的是找出差异，针对差异来做对应的操作，但现在直接就可以判断出差异，所以就不需要再循环对比差异了。

你可能更惊讶了，为什么？

因为如果是 `oldChildren` 先循环完毕，这个时候如果 `newChildren` 中还有剩余的节点，那么说明什么问题？说明这些节点都是需要新增的节点，直接把这些节点插入到 DOM 中就行了，不需要循环比对了。

如果是 `newChildren` 先循环完毕，这时如果 `oldChildren` 还有剩余的节点，又说明了什么问题？这说明 `oldChildren` 中剩余的节点都是被废弃的节点，是应该被删除的节点。这时不需要循环对比就可以知道需要将这些节点从 DOM 中移除。

找到 `newChildren` 中所有剩余的节点并不难，由于 `oldChildren` 先被循环完，所以此时 `newStartIdx` 肯定是小于 `newEndIdx` 的，那么在 `newChildren` 中，下标在 `newStartIdx` 和 `newEndIdx` 之间的所有节点都是未处理的节点。

同理，找到 `oldChildren` 中所有剩余的节点也很简单。由于 `newChildren` 先被循环完，所以 `oldStartIdx` 小于 `oldEndIdx`，那么在 `oldChildren` 中，下标在 `oldStartIdx` 和 `oldEndIdx` 之间的所有节点都是未处理的节点。

7.5.4 小结

本节重点讨论了更新子节点的详细过程以及处理逻辑。

在本节中，我们学习了更新子节点可以分为 4 种操作，分别是：新增子节点、更新子节点、移动子节点和删除子节点。

在新增子节点中，我们详细讨论了什么情况下需要创建子节点，以及把创建的子节点插入到什么位置。

接下来，我们又讨论了更新子节点的过程。如果在 oldChildren 中可以找到与新子节点相同的节点，就需要更新它们。

如果在 oldChildren 中找到的节点的位置和新子节点的位置不一样，需要将 DOM 中的节点移动到新子节点所在的位置。

删除节点的操作发生在循环结束后。当循环结束后，oldChildren 中所有未处理的节点都是需要被删除的节点。

随后我们还讨论了优化策略，通过优化策略可以避免很多循环操作。

最后，我们讨论了怎么分辨哪些子节点是未处理过的节点。

图 7-26 给出了更新子节点的整体流程。

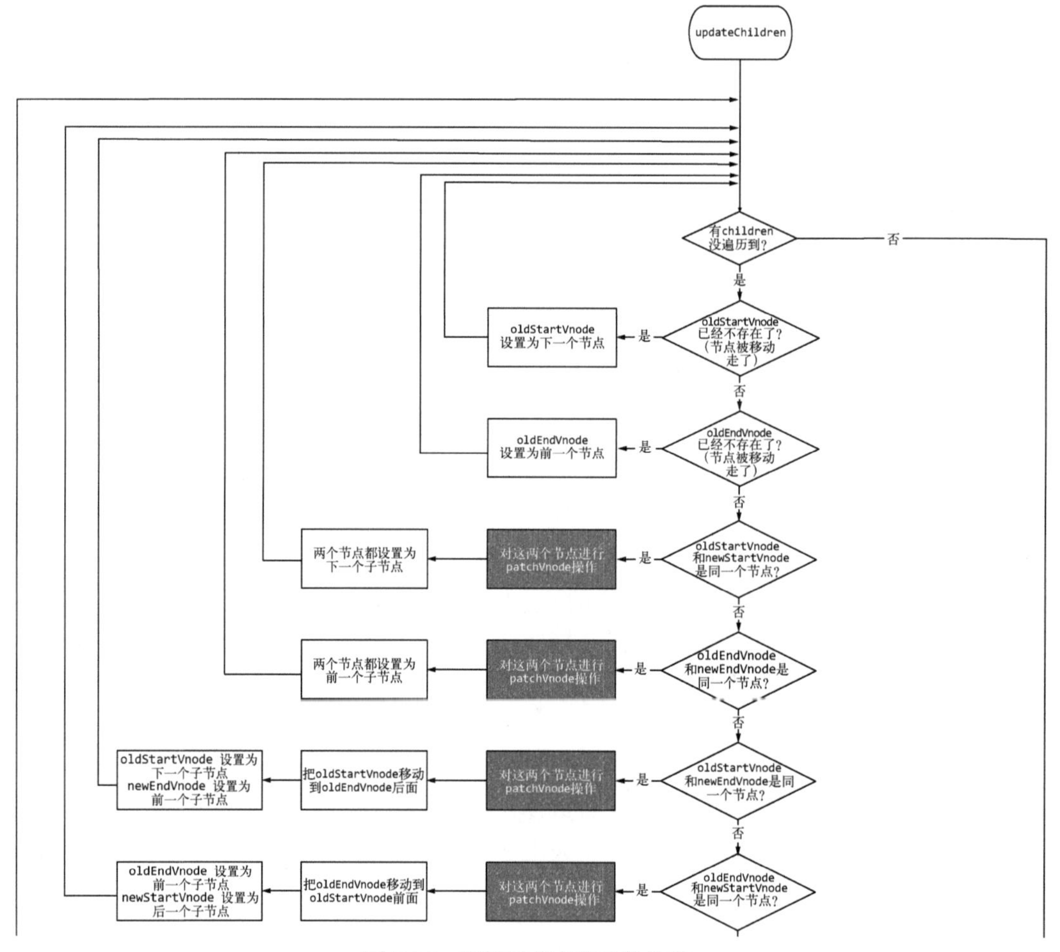

图 7-26　更新子节点的整体流程

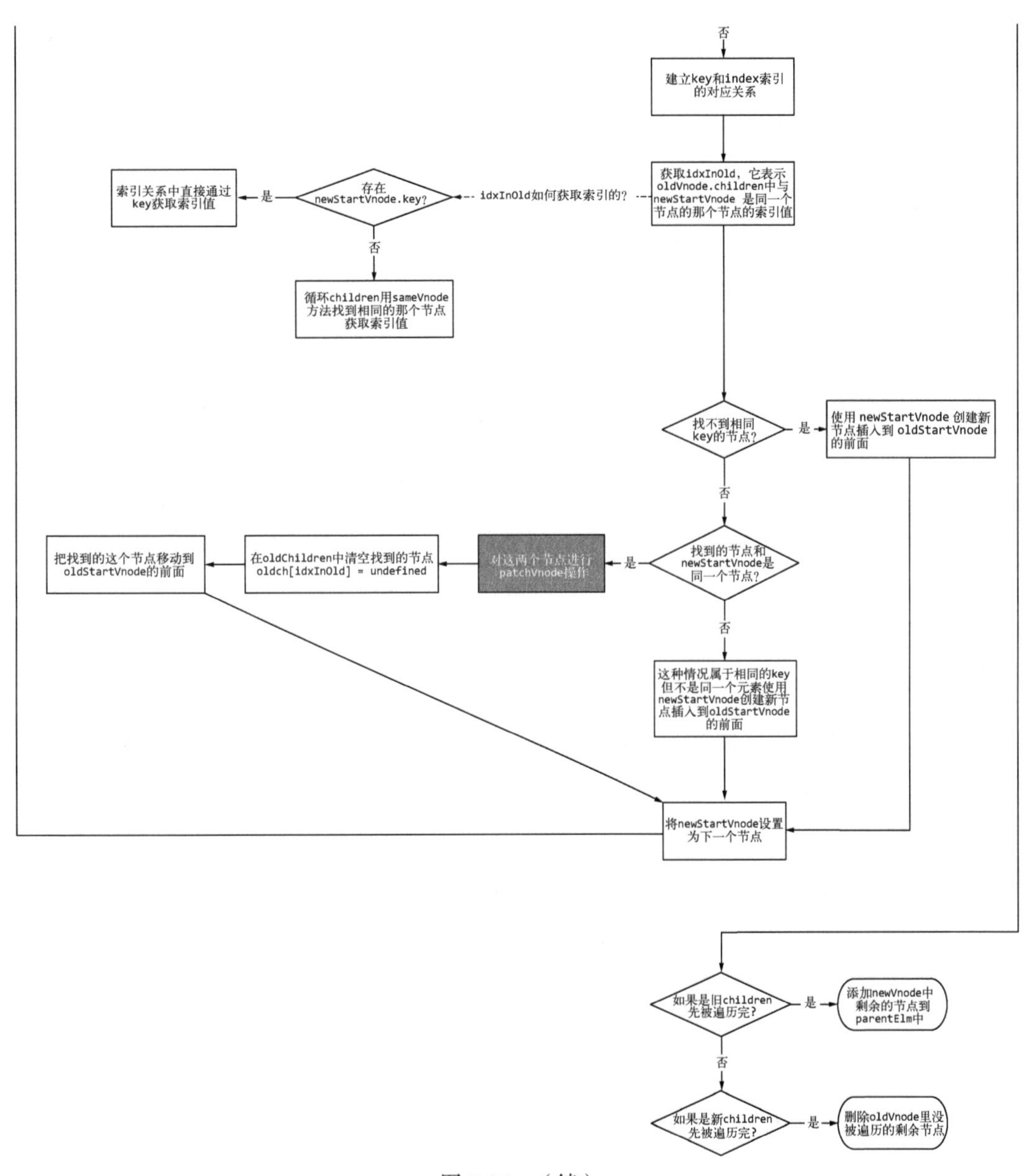

图 7-26　（续）

在图 7-26 中，有些名词前面并没有提到过，这里给出解释。

- **oldStartVnode**：oldChildren 中所有未处理的第一个节点，与前文中提到的“旧前”是同一个节点。
- **oldEndVnode**：oldChildren 中所有未处理的最后一个节点，与前文中提到的“旧后”是同一个节点。

- **newStartVnode**：newChildren 中所有未处理的第一个节点，与前文中提到的“新前”是同一个节点。
- **newEndVnode**：newChildren 中所有未处理的最后一个节点，与前文中提到的“新后”是同一个节点。

在图 7-26 中，我们看到在循环的一开始先判断 oldStartVnode 和 oldEndVnode 是否存在，如果不存在，则直接跳过本次循环，进行下一轮循环（也就是说，如果这个节点不存在，则直接跳过这个节点，处理下一个节点）。

之所以有这么一个判断，主要是为了处理旧节点已经被移动到其他位置的情况。移动节点时，真正移动的是真实 DOM 节点。移动真实 DOM 节点后，为了防止后续重复处理同一个节点，旧的虚拟子节点就会被设置为 undefined，用来标记这个节点已经被处理并且移动到其他位置。

在图 7-26 中，有一部分逻辑是建立 key 与 index 索引的对应关系。这部分内容前面并没有提到。在 Vue.js 的模板中，渲染列表时可以为节点设置一个属性 key，这个属性可以标示一个节点的唯一 ID。Vue.js 官方非常推荐在渲染列表时使用这个属性，我也非常推荐使用它，为什么呢？

前面提到过，在更新子节点时，需要在 oldChildren 中循环去找一个节点。但是如果我们在模板中渲染列表时，为子节点设置了属性 key，那么在图 7-26 中建立 key 与 index 索引的对应关系时，就生成了一个 key 对应着一个节点下标这样一个对象。也就是说，如果在节点上设置了属性 key，那么在 oldChildren 中找相同节点时，可以直接通过 key 拿到下标，从而获取节点。这样，我们根本不需要通过循环来查找节点。

7.6 总结

本章中，我们介绍了虚拟 DOM 中最关键的部分：patch。

通过 patch 可以对比新旧两个虚拟 DOM，从而只针对发生了变化的节点进行更新视图的操作。本章详细介绍了如何对比新旧两个节点以及更新视图的过程。

在本章开始，我们主要讨论了在什么情况下创建新节点，将新节点插入到什么位置。还讨论了在什么情况下删除节点，删除哪个节点，以及在什么情况下修改节点，修改哪个节点等问题。

随后，我们介绍了从虚拟节点创建真实节点并渲染到视图的详细过程。

接下来，我们又介绍了一个元素是怎样从视图中删除的。

然后，详细介绍了更新节点的详细过程。

最后，详细讨论了更新子节点的过程，其中包括创建新增的子节点、删除废弃的子节点、更新发生变化的子节点以及移动位置发生了变化的子节点等。

第三篇

模板编译原理

在 Vue.js 内部，模板编译是一项比较重要的技术。我们平时使用 Vue.js 进行开发时，会经常使用模板。模板赋予我们很多强大的能力，例如可以在模板中访问变量。

但在 Vue.js 中创建 HTML 并不是只有模板这一种途径，我们既可以手动写渲染函数来创建 HTML，也可以在 Vue.js 中使用 JSX 来创建 HTML。

渲染函数是创建 HTML 最原始的方法。模板最终会通过编译转换成渲染函数，渲染函数执行后，会得到一份 vnode 用于虚拟 DOM 渲染。所以模板编译其实是配合虚拟 DOM 进行渲染，这也是本书先介绍虚拟 DOM 后介绍模板编译的原因。

本篇中，我们将会详细介绍模板转换成渲染函数的详细过程。

第 8 章

模板编译

在上一篇中，我们详细介绍了虚拟 DOM，其中介绍的大部分知识都是关于虚拟 DOM 拿到 vnode 后所做的事，而模板编译所介绍的内容是如何让虚拟 DOM 拿到 vnode。图 8-1 给出了模板编译在整个渲染过程中的位置。

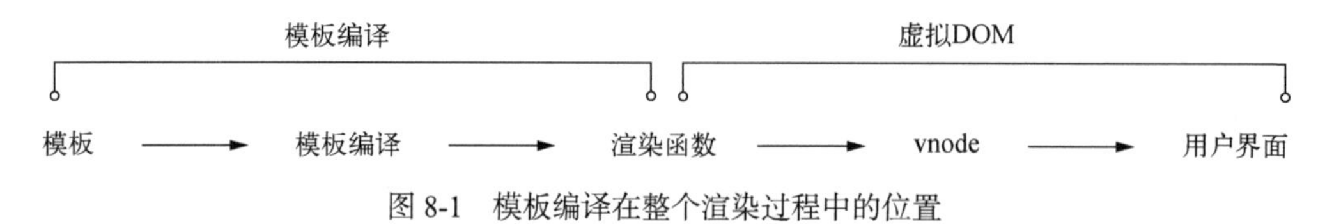

图 8-1　模板编译在整个渲染过程中的位置

Vue.js 提供了模板语法，允许我们声明式地描述状态和 DOM 之间的绑定关系，然后通过模板来生成真实 DOM 并将其呈现在用户界面上。

在底层实现上，Vue.js 会将模板编译成虚拟 DOM 渲染函数。当应用内部的状态发生变化时，Vue.js 可以结合响应式系统，聪明地找出最小数量的组件进行重新渲染以及最少量地进行 DOM 操作。

关于如何找出最小数量的组件以及如何最少量地操作 DOM，我们在第一篇和第二篇中已详细介绍过。

8.1　概念

平时使用模板时，可以在模板中使用一些变量来填充模板，还可以在模板中使用 JavaScript 表达式，又或者是使用一些指令等。

这些功能在 HTML 语法中是不存在的，那么为什么在 Vue.js 的模板中就可以使用各种很灵活的语法呢？这就多亏了模板编译赋予了模板强大的功能。

模板编译的主要目标就是生成渲染函数，如图 8-2 所示。而渲染函数的作用是每次执行它，它就会使用当前最新的状态生成一份新的 vnode，然后使用这个 vnode 进行渲染。

图 8-2 模板编译的作用

那么，如何将模板编译成渲染函数呢？

8.2 将模板编译成渲染函数

将模板编译成渲染函数可以分两个步骤，先将模板解析成 AST（Abstract Syntax Tree，抽象语法树），然后再使用 AST 生成渲染函数。

但是由于静态节点不需要总是重新渲染，所以在生成 AST 之后、生成渲染函数之前这个阶段，需要做一个操作，那就是遍历一遍 AST，给所有静态节点做一个标记，这样在虚拟 DOM 中更新节点时，如果发现节点有这个标记，就不会重新渲染它。

所以，在大体逻辑上，模板编译分三部分内容：

- 将模板解析为 AST
- 遍历 AST 标记静态节点
- 使用 AST 生成渲染函数

这三部分内容在模板编译中分别抽象出三个模块来实现各自的功能，分别是：

- 解析器
- 优化器
- 代码生成器

图 8-3 给出了模板编译的整体流程。

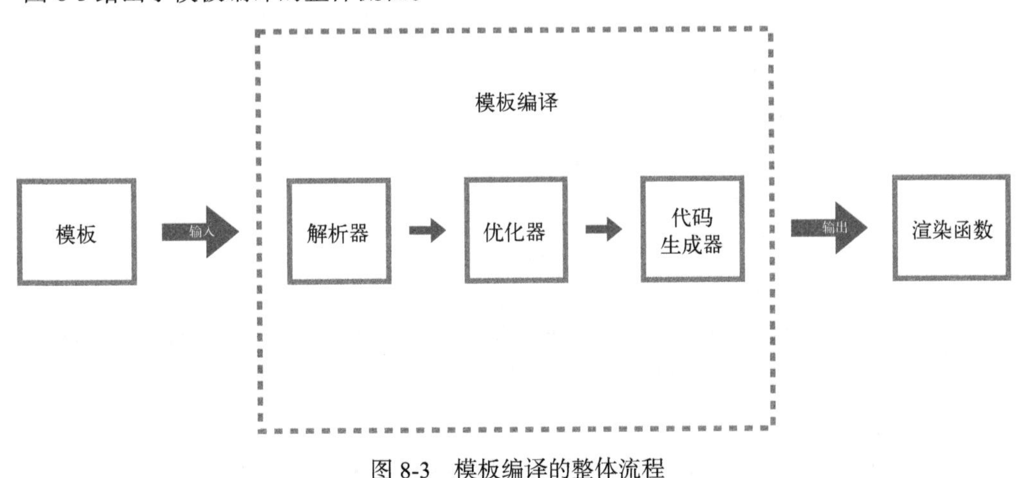

图 8-3 模板编译的整体流程

8.2.1　解析器

解析器的作用前面已经提到过，其目标很明确，只实现一个功能，那就是将模板解析成 AST。

在解析器内部，分成了很多小解析器，其中包括过滤器解析器、文本解析器和 HTML 解析器。然后通过一条主线将这些解析器组装在一起，如图 8-4 所示。

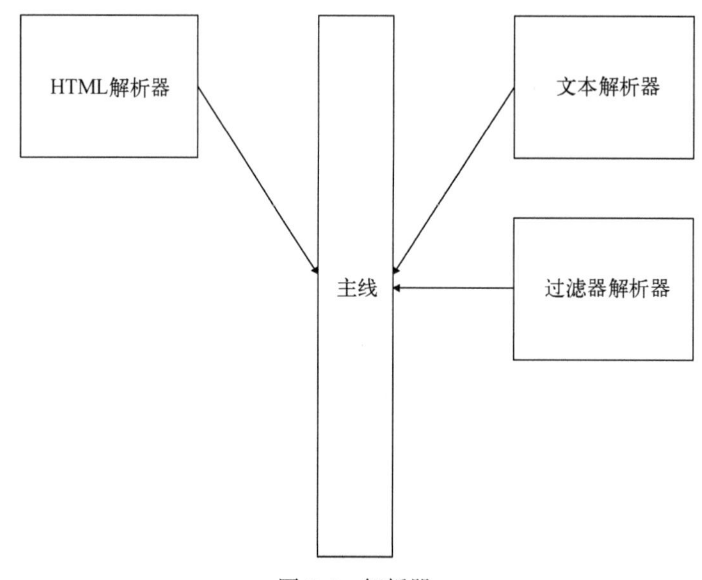

图 8-4　解析器

在使用模板时，我们可以在其中使用过滤器，而过滤器解析器的作用就是用来解析过滤器的。

顾名思义，文本解析器就是用来解析文本的。你可能会问，文本就是一段文字，有什么好解析的？

其实文本解析器的主要作用是用来解析带变量的文本，什么是带变量的文本？

下面这段代码中的 `name` 就是变量，而这样的文本叫作带变量的文本：

```
01  Hello {{ name }}
```

不带变量的文本是一段纯文本，不需要使用文本解析器来解析。

最后也是最重要的是 HTML 解析器，它是解析器中最核心的模块，它的作用就是解析模板，每当解析到 HTML 标签的开始位置、结束位置、文本或者注释时，都会触发钩子函数，然后将相关信息通过参数传递出来。

主线上做的事就是监听 HTML 解析器。每当触发钩子函数时，就生成一个对应的 AST 节点。生成 AST 前，会根据类型使用不同的方式生成不同的 AST。例如，如果是文本节点，就生成文本类型的 AST。

这个 AST 其实和 vnode 有点类似，都是使用 JavaScript 中的对象来表示节点。

当 HTML 解析器把所有模板都解析完毕后，AST 也就生成好了。关于如何解析，我们会在第 9 章中详细介绍。

8.2.2 优化器

优化器的目标是遍历 AST，检测出所有静态子树（永远都不会发生变化的 DOM 节点）并给其打标记。

例如：

```
01  <p>我是静态节点，我不需要发生变化</p>
```

在上面的代码中，p 标签就是一个静态节点，它没有使用任何变量，所以一旦首次渲染完毕后，无论状态怎么变，这个节点都不需要重新渲染。

当 AST 中的静态子树被打上标记后，每次重新渲染时，就不需要为打上标记的静态节点创建新的虚拟节点，而是直接克隆已存在的虚拟节点。在虚拟 DOM 的更新操作中，如果发现两个节点是同一个节点，正常情况下会对这两个节点进行更新，但是如果这两个节点是静态节点，则可以直接跳过更新节点的流程。更多内容可以参见 7.4.1 节。

总体来说，优化器的主要作用是避免一些无用功来提升性能。因为静态节点除了首次渲染，后续不需要任何重新渲染操作。

8.2.3 代码生成器

代码生成器是模板编译的最后一步，它的作用是将 AST 转换成渲染函数中的内容，这个内容可以称为“代码字符串”。

例如，一个简单的模板：

```
01  <p title="Berwin" @click="c">1</p>
```

生成后的代码字符串是：

```
01  `with(this){return _c('p',{attrs:{"title":"Berwin"},on:{"click":c}},[_v("1")])}`
```

格式化后是：

```
01  with(this){
02    return _c(
03      'p',
04      {
05        attrs:{"title":"Berwin"},
06        on:{"click":c}
07      },
08      [_v("1")]
09    )
10  }
```

这样一个代码字符串最终导出到外界使用时，会将代码字符串放到函数里，这个函数叫作渲染函数。

当渲染函数被导出到外界后，模板编译的任务就完成了。

那么，如何将代码字符串放到函数里？

举个例子：

```
01  const code = `with(this){return 'Hello Berwin'}`
02  const hello = new Function(code)
03
04  hello()
05  // "Hello Berwin"
```

前面介绍过，渲染函数的作用是创建 vnode。渲染函数之所以可以生成 vnode，是因为代码字符串中会有很多函数调用（例如，上面生成的代码字符串中有两个函数调用 _c 和 _v），这些函数是虚拟 DOM 提供的创建 vnode 的方法。vnode 有很多种类型，不同的类型对应不同的创建方法，所以代码字符串中的 _c 和 _v 其实都是创建 vnode 的方法，只是创建的 vnode 的类型不同。例如，_c 可以创建元素类型的 vnode，而 _v 可以创建文本类型的 vnode。

8.3 总结

本章中，我们主要对模板编译做了一个整体介绍。首先介绍了模板编译在整个渲染流程中的位置，然后介绍了什么是模板编译，最后介绍了如何将模板编译成渲染函数。

而将模板编译成渲染函数有三部分内容：先将模板解析成 AST，然后遍历 AST 标记静态节点，最后使用 AST 生成代码字符串。这三部分内容分别对应三个模块：解析器、优化器和代码生成器。

第 9 章

解　析　器

通过第 8 章的学习，我们知道解析器在整个模板编译中的位置。我们只有将模板解析成 AST 后，才能基于 AST 做优化或者生成代码字符串，那么解析器是如何将模板解析成 AST 的呢？

本章中，我们将详细介绍解析器内部的运行原理。

9.1　解析器的作用

解析器要实现的功能是将模板解析成 AST。

例如：

```
01  <div>
02    <p>{{name}}</p>
03  </div>
```

上面的代码是一个比较简单的模板，它转换成 AST 后的样子如下：

```
01  {
02    tag: "div"
03    type: 1,
04    staticRoot: false,
05    static: false,
06    plain: true,
07    parent: undefined,
08    attrsList: [],
09    attrsMap: {},
10    children: [
11      {
12        tag: "p"
13        type: 1,
14        staticRoot: false,
15        static: false,
16        plain: true,
17        parent: {tag: "div", ...},
18        attrsList: [],
19        attrsMap: {},
20        children: [{
21          type: 2,
22          text: "{{name}}",
```

```
23          static: false,
24          expression: "_s(name)"
25        }]
26      }
27    ]
28  }
```

其实 AST 并不是什么很神奇的东西，不要被它的名字吓倒。它只是用 JavaScript 中的对象来描述一个节点，一个对象表示一个节点，对象中的属性用来保存节点所需的各种数据。比如，`parent` 属性保存了父节点的描述对象，`children` 属性是一个数组，里面保存了一些子节点的描述对象。再比如，`type` 属性表示一个节点的类型等。当很多个独立的节点通过 `parent` 属性和 `children` 属性连在一起时，就变成了一个树，而这样一个用对象描述的节点树其实就是 AST。

9.2 解析器内部运行原理

事实上，解析器内部也分了好几个子解析器，比如 HTML 解析器、文本解析器以及过滤器解析器，其中最主要的是 HTML 解析器。顾名思义，HTML 解析器的作用是解析 HTML，它在解析 HTML 的过程中会不断触发各种钩子函数。这些钩子函数包括开始标签钩子函数、结束标签钩子函数、文本钩子函数以及注释钩子函数。

伪代码如下：

```
01  parseHTML(template, {
02    start (tag, attrs, unary) {
03      // 每当解析到标签的开始位置时，触发该函数
04    },
05    end () {
06      // 每当解析到标签的结束位置时，触发该函数
07    },
08    chars (text) {
09      // 每当解析到文本时，触发该函数
10    },
11    comment (text) {
12      // 每当解析到注释时，触发该函数
13    }
14  })
```

你可能不能很清晰地理解，下面我们举个简单的例子：

```
01  <div><p>我是 Berwin</p></div>
```

当上面这个模板被 HTML 解析器解析时，所触发的钩子函数依次是：`start`、`start`、`chars`、`end` 和 `end`。

也就是说，解析器其实是从前向后解析的。解析到 `<div>` 时，会触发一个标签开始的钩子函数 `start`；然后解析到 `<p>` 时，又触发一次钩子函数 `start`；接着解析到我是 Berwin 这行文本，此时触发了文本钩子函数 `chars`；然后解析到 `</p>`，触发了标签结束的钩子函数 `end`；接着继续解析到 `</div>`，此时又触发一次标签结束的钩子函数 `end`，解析结束。

因此，我们可以在钩子函数中构建 AST 节点。在 start 钩子函数中构建元素类型的节点，在 chars 钩子函数中构建文本类型的节点，在 comment 钩子函数中构建注释类型的节点。

当 HTML 解析器不再触发钩子函数时，就说明所有模板都解析完毕，所有类型的节点都在钩子函数中构建完成，即 AST 构建完成。

我们发现，钩子函数 start 有三个参数，分别是 tag、attrs 和 unary，它们分别说明标签名、标签的属性以及是否是自闭合标签。

而文本节点的钩子函数 chars 和注释节点的钩子函数 comment 都只有一个参数，只有 text。这是因为构建元素节点时需要知道标签名、属性和自闭合标识，而构建注释节点和文本节点时只需要知道文本即可。

什么是自闭合标签？举个简单的例子，input 标签就属于自闭合标签：<input type="text" />，而 div 标签就不属于自闭合标签：<div></div>。

在 start 钩子函数中，我们可以使用这三个参数来构建一个元素类型的 AST 节点，例如：

```
01  function createASTElement (tag, attrs, parent) {
02    return {
03      type: 1,
04      tag,
05      attrsList: attrs,
06      parent,
07      children: []
08    }
09  }
10
11  parseHTML(template, {
12    start (tag, attrs, unary) {
13      let element = createASTElement(tag, attrs, currentParent)
14    }
15  })
```

在上面的代码中，我们在钩子函数 start 中构建了一个元素类型的 AST 节点。

如果是触发了文本的钩子函数，就使用参数中的文本构建一个文本类型的 AST 节点，例如：

```
01  parseHTML(template, {
02    chars (text) {
03      let element = {type: 3, text}
04    }
05  })
```

如果是注释，就构建一个注释类型的 AST 节点，例如：

```
01  parseHTML(template, {
02    comment (text) {
03      let element = {type: 3, text, isComment: true}
04    }
05  })
```

9

你会发现，9.1 节中看到的 AST 是有层级关系的，一个 AST 节点具有父节点和子节点，但是 9.2 节中介绍的创建节点的方式，节点是被拉平的，没有层级关系。因此，我们需要一套逻辑来实现层级关系，让每一个 AST 节点都能找到它的父级。下面我们介绍一下如何构建 AST 层级关系。

构建 AST 层级关系其实非常简单，我们只需要维护一个栈（stack）即可，用栈来记录层级关系，这个层级关系也可以理解为 DOM 的深度。

HTML 解析器在解析 HTML 时，是从前向后解析。每当遇到开始标签，就触发钩子函数 `start`。每当遇到结束标签，就会触发钩子函数 `end`。

基于 HTML 解析器的逻辑，我们可以在每次触发钩子函数 `start` 时，把当前构建的节点推入栈中；每当触发钩子函数 `end` 时，就从栈中弹出一个节点。

这样就可以保证每当触发钩子函数 `start` 时，栈的最后一个节点就是当前正在构建的节点的父节点，如图 9-1 所示。

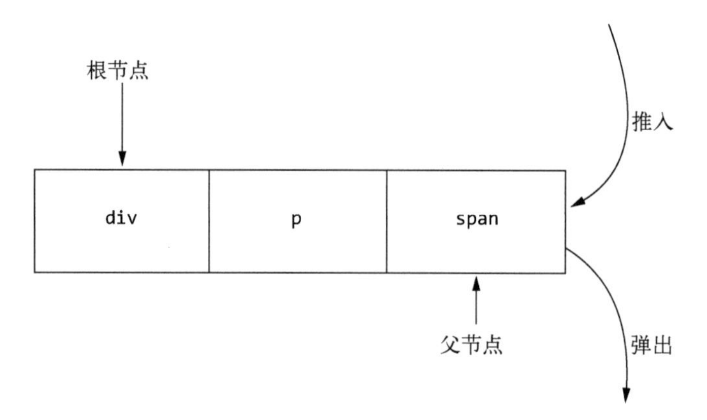

图 9-1　使用栈记录 DOM 层级关系

下面我们用一个具体的例子来描述如何从 0 到 1 构建一个带层级关系的 AST。

假设有这样一个模板：

```
01  <div>
02    <h1>我是 Berwin</h1>
03    <p>我今年 23 岁</p>
04  </div>
```

上面这个模板被解析成 AST 的过程如图 9-2 所示。

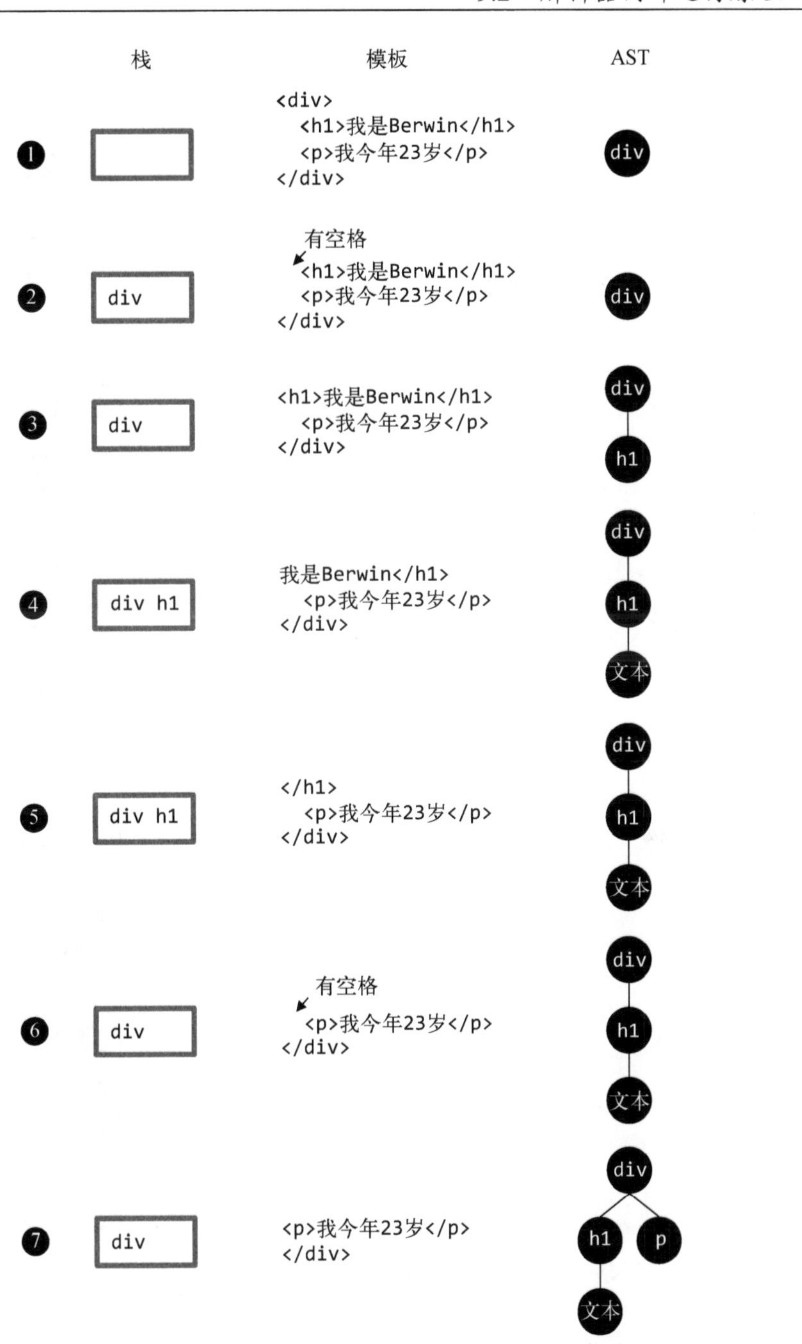

图 9-2 构建 AST 的过程

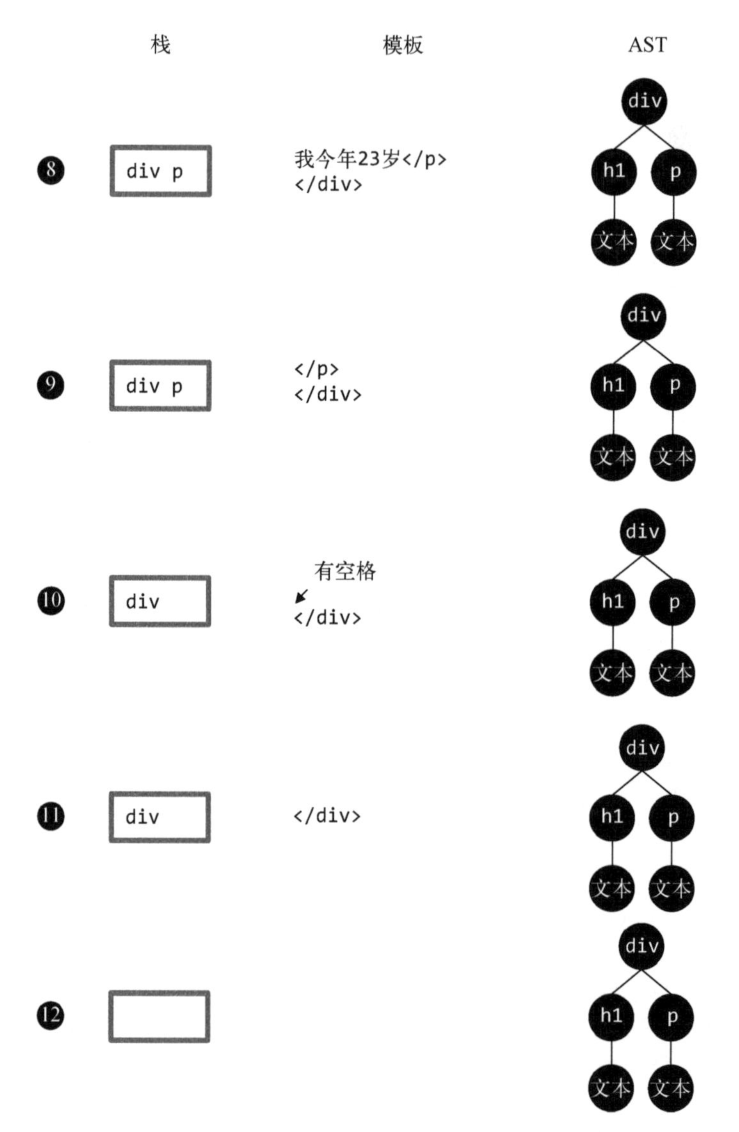

图 9-2　（续）

图 9-2 给出了构建 AST 的过程，图中的黑底白数字表示解析的步骤，具体如下。

❶ 模板的开始位置是 `div` 的开始标签，于是会触发钩子函数 `start`。`start` 触发后，会先构建一个 `div` 节点。此时发现栈是空的，这说明 `div` 节点是根节点，因为它没有父节点。最后，将 `div` 节点推入栈中，并将模板字符串中的 `div` 开始标签从模板中截取掉。

❷ 这时模板的开始位置是一些空格，这些空格会触发文本节点的钩子函数，在钩子函数里会忽略这些空格。同时会在模板中将这些空格截取掉。

❸ 这时模板的开始位置是 h1 的开始标签，于是会触发钩子函数 start。与前面流程一样，start 触发后，会先构建一个 h1 节点。此时发现栈的最后一个节点是 div 节点，这说明 h1 节点的父节点是 div，于是将 h1 添加到 div 的子节点中，并且将 h1 节点推入栈中，同时从模板中将 h1 的开始标签截取掉。

❹ 这时模板的开始位置是一段文本，于是会触发钩子函数 chars。chars 触发后，会先构建一个文本节点，此时发现栈中的最后一个节点是 h1，这说明文本节点的父节点是 h1，于是将文本节点添加到 h1 节点的子节点中。由于文本节点没有子节点，所以文本节点不会被推入栈中。最后，将文本从模板中截取掉。

❺ 这时模板的开始位置是 h1 结束标签，于是会触发钩子函数 end。end 触发后，会把栈中最后一个节点弹出来。

❻ 与第 ❷ 步一样，这时模板的开始位置是一些空格，这些空格会触发文本节点的钩子函数，在钩子函数里会忽略这些空格。同时会在模板中将这些空格截取掉。

❼ 这时模板的开始位置是 p 开始标签，于是会触发钩子函数 start。start 触发后，会先构建一个 p 节点。由于第 ❺ 步已经从栈中弹出了一个节点，所以此时栈中的最后一个节点是 div，这说明 p 节点的父节点是 div。于是将 p 推入 div 的子节点中，最后将 p 推入到栈中，并将 p 的开始标签从模板中截取掉。

❽ 这时模板的开始位置又是一段文本，于是会触发钩子函数 chars。当 chars 触发后，会先构建一个文本节点，此时发现栈中的最后一个节点是 p 节点，这说明文本节点的父节点是 p 节点。于是将文本节点推入 p 节点的子节点中，并将文本从模板中截取掉。

❾ 这时模板的开始位置是 p 的结束标签，于是会触发钩子函数 end。当 end 触发后，会从栈中弹出一个节点出来，也就是把 p 标签从栈中弹出来，并将 p 的结束标签从模板中截取掉。

❿ 与第 ❷ 步和第 ❻ 步一样，这时模板的开始位置是一些空格，这些空格会触发文本节点的钩子函数并且在钩子函数里会忽略这些空格。同时会在模板中将这些空格截取掉。

⓫ 这时模板的开始位置是 div 的结束标签，于是会触发钩子函数 end。其逻辑与之前一样，把栈中的最后一个节点弹出来，也就是把 div 弹了出来，并将 div 的结束标签从模板中截取掉。

⓬ 这时模板已经被截取空了，也就说明 HTML 解析器已经运行完毕。这时我们会发现栈已经空了，但是我们得到了一个完整的带层级关系的 AST 语法树。这个 AST 中清晰写明了每个节点的父节点、子节点及其节点类型。

9.3 HTML 解析器

通过前面的介绍，我们发现构建 AST 非常依赖 HTML 解析器所执行的钩子函数以及钩子函数中所提供的参数，你一定会非常好奇 HTML 解析器是如何解析模板的，接下来我们会详细介绍 HTML 解析器的运行原理。

9.3.1 运行原理

事实上，解析 HTML 模板的过程就是循环的过程，简单来说就是用 HTML 模板字符串来循环，每轮循环都从 HTML 模板中截取一小段字符串，然后重复以上过程，直到 HTML 模板被截成一个空字符串时结束循环，解析完毕，如图 9-2 所示。

在截取一小段字符串时，有可能截取到开始标签，也有可能截取到结束标签，又或者是文本或者注释，我们可以根据截取的字符串的类型来触发不同的钩子函数。

循环 HTML 模板的伪代码如下：

```
01  function parseHTML(html, options) {
02    while (html) {
03      // 截取模板字符串并触发钩子函数
04    }
05  }
```

为了方便理解，我们手动模拟 HTML 解析器的解析过程。例如，下面这样一个简单的 HTML 模板：

```
01  <div>
02    <p>{{name}}</p>
03  </div>
```

它在被 HTML 解析器解析的过程如下。

最初的 HTML 模板：

```
01  `<div>
02    <p>{{name}}</p>
03  </div>`
```

第一轮循环时，截取出一段字符串 `<div>`，并且触发钩子函数 `start`，截取后的结果为：

```
01  `
02    <p>{{name}}</p>
03  </div>`
```

第二轮循环时，截取出一段字符串：

```
01  `
02    `
```

并且触发钩子函数 `chars`，截取后的结果为：

```
01  `<p>{{name}}</p>
02  </div>`
```

第三轮循环时，截取出一段字符串 `<p>`，并且触发钩子函数 `start`，截取后的结果为：

```
01  `{{name}}</p>
02  </div>`
```

第四轮循环时，截取出一段字符串 `{{name}}`，并且触发钩子函数 `chars`，截取后的结果为：

```
01  `</p>
02  </div>`
```

第五轮循环时，截取出一段字符串 </p>，并且触发钩子函数 end，截取后的结果为：

```
01  `
02  </div>`
```

第六轮循环时，截取出一段字符串：

```
01  `
02  `
```

并且触发钩子函数 chars，截取后的结果为：

```
01  `</div>`
```

第七轮循环时，截取出一段字符串 </div>，并且触发钩子函数 end，截取后的结果为：

```
01  ``
```

解析完毕。

HTML 解析器的全部逻辑都是在循环中执行，循环结束就说明解析结束。接下来，我们要讨论的重点是 HTML 解析器在循环中都干了些什么事。

你会发现 HTML 解析器可以很聪明地知道它在每一轮循环中应该截取哪些字符串，那么它是如何做到这一点的呢？

通过前面的例子，我们发现一个很有趣的事，那就是每一轮截取字符串时，都是在整个模板的开始位置截取。我们根据模板开始位置的片段类型，进行不同的截取操作。

例如，上面例子中的第一轮循环：如果是以开始标签开头的模板，就把开始标签截取掉。

再例如，上面例子中的第四轮循环：如果是以文本开始的模板，就把文本截取掉。

这些被截取的片段分很多种类型，示例如下。

- 开始标签，例如 <div>。
- 结束标签，例如 </div>。
- HTML 注释，例如 <!-- 我是注释 -->。
- DOCTYPE，例如 <!DOCTYPE html>。
- 条件注释，例如 <!--[if !IE]>-->我是注释<!--<![endif]-->。
- 文本，例如我是 Berwin。

通常，最常见的是开始标签、结束标签、文本以及注释。

9.3.2 截取开始标签

上一节中我们说过，每一轮循环都是从模板的最前面截取，所以只有模板以开始标签开头，才需要进行开始标签的截取操作。

那么，如何确定模板是不是以开始标签开头？

在 HTML 解析器中，想分辨出模板是否以开始标签开头并不难，我们需要先判断 HTML 模板是不是以 < 开头。

如果 HTML 模板的第一个字符不是 <，那么它一定不是以开始标签开头的模板，所以不需要进行开始标签的截取操作。

如果 HTML 模板以 < 开头，那么说明它至少是一个以标签开头的模板，但这个标签到底是什么类型的标签，还需要进一步确认。

如果模板以 < 开头，那么它有可能是以开始标签开头的模板，同时它也有可能是以结束标签开头的模板，还有可能是注释等其他标签，因为这些类型的片段都以 < 开头。那么，要进一步确定模板是不是以开始标签开头，还需要借助正则表达式来分辨模板的开始位置是否符合开始标签的特征。

那么，如何使用正则表达式来匹配模板以开始标签开头？我们看下面的代码：

```
01    const ncname = '[a-zA-Z_][\\w\\-\\.]*'
02    const qnameCapture = `((?:${ncname}\\:)?${ncname})`
03    const startTagOpen = new RegExp(`^<${qnameCapture}`)
04
05    // 以开始标签开始的模板
06    '<div></div>'.match(startTagOpen) // ["<div", "div", index: 0, input: "<div></div>"]
07
08    // 以结束标签开始的模板
09    '</div><div>我是 Berwin</div>'.match(startTagOpen) // null
10
11    // 以文本开始的模板
12    '我是 Berwin</p>'.match(startTagOpen) // null
```

通过上面的例子可以看到，只有 '<div></div>' 可以成功匹配，而以 </div> 开头的或者以文本开头的模板都无法成功匹配。

在 9.2 节中，我们介绍了当 HTML 解析器解析到标签开始时，会触发钩子函数 start，同时会给出三个参数，分别是标签名（tagName）、属性（attrs）以及自闭合标识（unary）。

因此，在分辨出模板以开始标签开始之后，需要将标签名、属性以及自闭合标识解析出来。

在分辨出模板以开始标签开始之后，就可以得到标签名，而属性和自闭合标识则需要进一步解析。

当完成上面的解析后，我们可以得到这样一个数据结构：

```
01  const start = '<div></div>'.match(startTagOpen)
02  if (start) {
03    const match = {
04      tagName: start[1],
05      attrs: []
06    }
07  }
```

这里有一个细节很重要：在前面的例子中，我们匹配到的开始标签并不全。例如：

```
01  const ncname = '[a-zA-Z_][\\w\\-\\.]*'
02  const qnameCapture = `((?:${ncname}\\:)?${ncname})`
03  const startTagOpen = new RegExp(`^<${qnameCapture}`)
04
05  '<div></div>'.match(startTagOpen)
06  // ["<div", "div", index: 0, input: "<div></div>"]
07
08  '<p></p>'.match(startTagOpen)
09  // ["<p", "p", index: 0, input: "<p></p>"]
10
11  '<div class="box"></div>'.match(startTagOpen)
12  // ["<div", "div", index: 0, input: "<div class="box"></div>"]
```

可以看出，上面这个正则表达式虽然可以分辨出模板是否以开始标签开头，但是它的匹配规则并不是匹配整个开始标签，而是开始标签的一小部分。

事实上，开始标签被拆分成三个小部分，分别是标签名、属性和结尾，如图 9-3 所示。

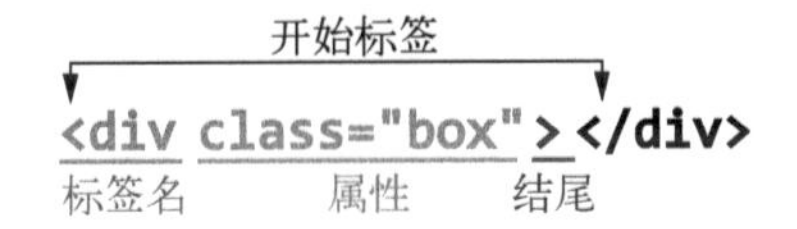

图 9-3　开始标签被拆分成三个小部分

通过“标签名”这一段字符，就可以分辨出模板是否以开始标签开头，此后要想得到属性和自闭合标识，则需要进一步解析。

1. 解析标签属性

在分辨出模板以开始标签开头之后，会将开始标签中的标签名这一小部分截取掉，因此在解析标签属性时，我们得到的模板是下面伪代码中的样子：

```
01  ' class="box"></div>'
```

通常，标签属性是可选的，一个标签的属性有可能存在，也有可能不存在，所以需要判断标签是否存在属性，如果存在，对它进行截取。

下面的伪代码展示了如何解析开始标签中的属性，但是它只能解析一个属性：

```
01  const attribute = /^\s*([^\s"'<>\/=]+)(?:\s*(=)\s*(?:"([^"]*)"+|'([^']*)'+
    |([^\s"'=<>`]+)))?/
02  let html = ' class="box"></div>'
03  let attr = html.match(attribute)
04  html = html.substring(attr[0].length)
05  console.log(attr)
06  // [' class="box"', 'class', '=', 'box', undefined, undefined, index: 0, input: '
    class="box"></div>']
```

如果标签上有很多属性，那么上面的处理方式就不足以支撑解析任务的正常运行。例如下面的代码：

```
01    const attribute = /^\s*([^\s"'<>\/=]+)(?:\s*(=)\s*(?:"([^"]*)"+|'([^']*)'+
      |([^\s"'=<>`]+)))?/
02    let html = ' class="box" id="el"></div>'
03    let attr = html.match(attribute)
04    html = html.substring(attr[0].length)
05    console.log(attr)
06    // [' class="box"', 'class', '=', 'box', undefined, undefined, index: 0, input: '
      class="box" id="el"></div>']
```

可以看到，这里只解析出了 class 属性，而 id 属性没有解析出来。

此时剩余的 HTML 模板是这样的：

```
01    ' id="el"></div>'
```

所以属性也可以分成多个小部分，一小部分一小部分去解析与截取。

解决这个问题时，我们只需要每解析一个属性就截取一个属性。如果截取完后，剩下的 HTML 模板依然符合标签属性的正则表达式，那么说明还有剩余的属性需要处理，此时就重复执行前面的流程，直到剩余的模板不存在属性，也就是剩余的模板不存在符合正则表达式所预设的规则。

例如：

```
01    const startTagClose = /^\s*(\/?)>/
02    const attribute =
      /^\s*([^\s"'<>\/=]+)(?:\s*(=)\s*(?:"([^"]*)"+|'([^']*)'+|([^\s"'=<>`]+)))?/
03    let html = ' class="box" id="el"></div>'
04    let end, attr
05    const match = {tagName: 'div', attrs: []}
06
07    while (!(end = html.match(startTagClose)) && (attr = html.match(attribute))) {
08      html = html.substring(attr[0].length)
09      match.attrs.push(attr)
10    }
```

上面这段代码的意思是，如果剩余 HTML 模板不符合开始标签结尾部分的特征，并且符合标签属性的特征，那么进入到循环中进行解析与截取操作。

通过 match 方法解析出的结果为：

```
01    {
02      tagName: 'div',
03      attrs: [
04        [' class="box"', 'class', '=', 'box', null, null],
05        [' id="el"', 'id','=', 'el', null, null]
06      ]
07    }
```

可以看到，标签中的两个属性都已经解析好并且保存在了 attrs 中。

此时剩余模板是下面的样子：

```
01    "></div>"
```

我们将属性解析后的模板与解析之前的模板进行对比：

```
01  // 解析前的模板
02  ' class="box" id="el"></div>'
03
04  // 解析后的模板
05  '></div>'
06
07  // 解析前的数据
08  {
09    tagName: 'div',
10    attrs: []
11  }
12
13  // 解析后的数据
14  {
15    tagName: 'div',
16    attrs: [
17      [' class="box"', 'class', '=', 'box', null, null],
18      [' id="el"', 'id','=', 'el', null, null]
19    ]
20  }
```

可以看到，标签上的所有属性都已经被成功解析出来，并保存在 attrs 属性中。

2. 解析自闭合标识

如果我们接着上面的例子继续解析的话，目前剩余的模板是下面这样的：

```
01  '></div>'
```

开始标签中结尾部分解析的主要目的是解析出当前这个标签是否是自闭合标签。

举个例子：

```
01  <div></div>
```

这样的 div 标签就不是自闭合标签，而下面这样的 input 标签就属于自闭合标签：

```
01  <input type="text" />
```

自闭合标签是没有子节点的，所以前文中我们提到构建 AST 层级时，需要维护一个栈，而一个节点是否需要推入到栈中，可以使用这个自闭合标识来判断。

那么，如何解析开始标签中的结尾部分呢？看下面这段代码：

```
01  function parseStartTagEnd (html) {
02    const startTagClose = /^\s*(\/?)>/
03    const end = html.match(startTagClose)
04    const match = {}
05
06    if (end) {
07      match.unarySlash = end[1]
08      html = html.substring(end[0].length)
09      return match
10    }
11  }
12
```

```
13    console.log(parseStartTagEnd('></div>')) // {unarySlash: ""}
14    console.log(parseStartTagEnd('/><div></div>')) // {unarySlash: "/"}
```

这段代码可以正确解析出开始标签是否是自闭合标签。

从代码中打印出来的结果可以看到，自闭合标签解析后的 unarySlash 属性为 /，而非自闭合标签为空字符串。

3. 实现源码

前面解析开始标签时，我们将其拆解成了三个部分，分别是标签名、属性和结尾。我相信你已经对开始标签的解析有了一个清晰的认识，接下来看一下 Vue.js 中真实的代码是什么样的：

```
01    const ncname = '[a-zA-Z_][\\w\\-\\.]*'
02    const qnameCapture = `((?:${ncname}\\:)?${ncname})`
03    const startTagOpen = new RegExp(`^<${qnameCapture}`)
04    const startTagClose = /^\s*(\/?)>/
05
06    function advance (n) {
07      html = html.substring(n)
08    }
09
10    function parseStartTag () {
11      // 解析标签名，判断模板是否符合开始标签的特征
12      const start = html.match(startTagOpen)
13      if (start) {
14        const match = {
15          tagName: start[1],
16          attrs: []
17        }
18        advance(start[0].length)
19
20        // 解析标签属性
21        let end, attr
22        while (!(end = html.match(startTagClose)) && (attr = html.match(attribute))) {
23          advance(attr[0].length)
24          match.attrs.push(attr)
25        }
26
27        // 判断该标签是否是自闭合标签
28        if (end) {
29          match.unarySlash = end[1]
30          advance(end[0].length)
31          return match
32        }
33      }
34    }
```

上面的代码是 Vue.js 中解析开始标签的源码，这段代码中的 html 变量是 HTML 模板。

调用 parseStartTag 就可以将剩余模板开始部分的开始标签解析出来。如果剩余 HTML 模板的开始部分不符合开始标签的正则表达式规则，那么调用 parseStartTag 就会返回 undefined。因此，判断剩余模板是否符合开始标签的规则，只需要调用 parseStartTag 即可。如果调用它

后得到了解析结果，那么说明剩余模板的开始部分符合开始标签的规则，此时将解析出来的结果取出来并调用钩子函数 start 即可：

```
01  // 开始标签
02  const startTagMatch = parseStartTag()
03  if (startTagMatch) {
04    handleStartTag(startTagMatch)
05    continue
06  }
```

前面我们说过，所有解析操作都运行在循环中，所以 continue 的意思是这一轮的解析工作已经完成，可以进行下一轮解析工作。

从代码中可以看出，如果调用 parseStartTag 之后有返回值，那么会进行开始标签的处理，其处理逻辑主要在 handleStartTag 中。这个函数的主要目的就是将 tagName、attrs 和 unary 等数据取出来，然后调用钩子函数将这些数据放到参数中。

9.3.3　截取结束标签

结束标签的截取要比开始标签简单得多，因为它不需要解析什么，只需要分辨出当前是否已经截取到结束标签，如果是，那么触发钩子函数就可以了。

那么，如何分辨模板已经截取到结束标签了呢？其道理其实和开始标签的截取相同。

如果 HTML 模板的第一个字符不是 <，那么一定不是结束标签。只有 HTML 模板的第一个字符是 < 时，我们才需要进一步确认它到底是不是结束标签。

进一步确认时，我们只需要判断剩余 HTML 模板的开始位置是否符合正则表达式中定义的规则即可：

```
01  const ncname = '[a-zA-Z_][\\w\\-\\.]*'
02  const qnameCapture = `((?:${ncname}\\:)?${ncname})`
03  const endTag = new RegExp(`^<\\/${qnameCapture}[^>]*>`)
04
05  const endTagMatch = '</div>'.match(endTag)
06  const endTagMatch2 = '<div>'.match(endTag)
07
08  console.log(endTagMatch) // ["</div>", "div", index: 0, input: "</div>"]
09  console.log(endTagMatch2) // null
```

上面代码可以分辨出剩余模板是否是结束标签。当分辨出结束标签后，需要做两件事，一件事是截取模板，另一件事是触发钩子函数。而 Vue.js 中相关源码被精简后如下：

```
01  const endTagMatch = html.match(endTag)
02  if (endTagMatch) {
03    html = html.substring(endTagMatch[0].length)
04    options.end(endTagMatch[1])
05    continue
06  }
```

可以看出，先对模板进行截取，然后触发钩子函数。

9

9.3.4 截取注释

分辨模板是否已经截取到注释的原理与开始标签和结束标签相同，先判断剩余 HTML 模板的第一个字符是不是 <，如果是，再用正则表达式来进一步匹配：

```
01  const comment = /^<!--/
02
03  if (comment.test(html)) {
04    const commentEnd = html.indexOf('-->')
05
06    if (commentEnd >= 0) {
07      if (options.shouldKeepComment) {
08        options.comment(html.substring(4, commentEnd))
09      }
10      html = html.substring(commentEnd + 3)
11      continue
12    }
13  }
```

在上面的代码中，我们使用正则表达式来判断剩余的模板是否符合注释的规则，如果符合，就将这段注释文本截取出来。

这里有一个有意思的地方，那就是注释的钩子函数可以通过选项来配置，只有 `options.shouldKeepComment` 为真时，才会触发钩子函数，否则只截取模板，不触发钩子函数。

9.3.5 截取条件注释

条件注释不需要触发钩子函数，我们只需要把它截取掉就行了。

截取条件注释的原理与截取注释非常相似，如果模板的第一个字符是 <，并且符合我们事先用正则表达式定义好的规则，就说明需要进行条件注释的截取操作。

在下面的代码中，我们通过 `indexOf` 找到条件注释结束位置的下标，然后将结束位置前的字符都截取掉：

```
01  const conditionalComment = /^<!\[/
02  if (conditionalComment.test(html)) {
03    const conditionalEnd = html.indexOf(']>')
04
05    if (conditionalEnd >= 0) {
06      html = html.substring(conditionalEnd + 2)
07      continue
08    }
09  }
```

我们来举个例子：

```
01  const conditionalComment = /^<!\[/
02  let html = '<![if !IE]><link href="non-ie.css" rel="stylesheet"><![endif]>'
03  if (conditionalComment.test(html)) {
04    const conditionalEnd = html.indexOf(']>')
```

```
05     if (conditionalEnd >= 0) {
06       html = html.substring(conditionalEnd + 2)
07     }
08   }
09
10   console.log(html) // '<link href="non-ie.css" rel="stylesheet"><![endif]>'
```

从打印结果中可以看到，HTML 中的条件注释部分被截取掉了。

通过这个逻辑可以发现，在 Vue.js 中条件注释其实没有用，写了也会被截取掉，通俗一点说就是写了也白写。

9.3.6 截取 DOCTYPE

DOCTYPE 与条件注释相同，都是不需要触发钩子函数的，只需要将匹配到的这一段字符截取掉即可。下面的代码将 DOCTYPE 这段字符匹配出来后，根据它的 `length` 属性来决定要截取多长的字符串：

```
01   const doctype = /^<!DOCTYPE [^>]+>/i
02   const doctypeMatch = html.match(doctype)
03   if (doctypeMatch) {
04     html = html.substring(doctypeMatch[0].length)
05     continue
06   }
```

示例如下：

```
01   const doctype = /^<!DOCTYPE [^>]+>/i
02   let html = '<!DOCTYPE html><html lang="en"><head></head><body></body></html>'
03   const doctypeMatch = html.match(doctype)
04   if (doctypeMatch) {
05     html = html.substring(doctypeMatch[0].length)
06   }
07
08   console.log(html) // '<html lang="en"><head></head><body></body></html>'
```

从打印结果可以看到，HTML 中的 DOCTYPE 被成功截取掉了。

9.3.7 截取文本

若想分辨在本轮循环中 HTML 模板是否已经截取到文本，其实很简单，我们甚至不需要使用正则表达式。

在前面的其他标签类型中，我们都会判断剩余 HTML 模板的第一个字符是否是 <，如果是，再进一步确认到底是哪种类型。这是因为以 < 开头的标签类型太多了，如开始标签、结束标签和注释等。然而文本只有一种，如果 HTML 模板的第一个字符不是 <，那么它一定是文本了。

例如：

```
01   我是文本</div>
```

上面这段 HTML 模板并不是以 < 开头的，所以可以断定它是以文本开头的。

那么，如何从模板中将文本解析出来呢？我们只需要找到下一个 < 在什么位置，这之前的所有字符都属于文本，如图 9-4 所示。

我是文本</div>

文本

图 9-4　尖括号前面的字符都属于文本

在代码中可以这样实现：

```
01  while (html) {
02    let text
03    let textEnd = html.indexOf('<')
04
05    // 截取文本
06    if (textEnd >= 0) {
07      text = html.substring(0, textEnd)
08      html = html.substring(textEnd)
09    }
10
11    // 如果模板中找不到<，就说明整个模板都是文本
12    if (textEnd < 0) {
13      text = html
14      html = ''
15    }
16
17    // 触发钩子函数
18    if (options.chars && text) {
19      options.chars(text)
20    }
21  }
```

上面的代码共有三部分逻辑。

第一部分是截取文本，这在前面介绍过了。< 之前的所有字符都是文本，直接使用 `html.substring` 从模板的最开始位置截取到 < 之前的位置，就可以将文本截取出来。

第二部分是一个条件，如果在整个模板中都找不到 <，那么说明整个模板全是文本。

第三部分是触发钩子函数并将截取出来的文本放到参数中。

关于文本，还有一个特殊情况需要处理：如果 < 是文本的一部分，该如何处理？

举个例子：

```
01  1<2</div>
```

在上面这样的模板中，如果只截取第一个 < 前面的字符，最后被截取出来的将只有 1，而不能把所有文本都截取出来。

那么，该如何解决这个问题呢？

有一个思路是，如果将 < 前面的字符截取完之后，剩余的模板不符合任何需要被解析的片段的类型，就说明这个 < 是文本的一部分。

什么是需要被解析的片段的类型？在 9.3.1 节中，我们说过 HTML 解析器是一段一段截取模板的，而被截取的每一段都符合某种类型，这些类型包括开始标签、结束标签和注释等。

说的再具体一点，那就是上面这段代码中的 1 被截取完之后，剩余模板是下面的样子：

```
01  <2</div>
```

<2 符合开始标签的特征么？不符合。

<2 符合结束标签的特征么？不符合。

<2 符合注释的特征么？不符合。

当剩余的模板什么都不符合时，就说明 < 属于文本的一部分。

当判断出 < 是属于文本的一部分后，我们需要做的事情是找到下一个 <，并将其前面的文本截取出来加到前面截取了一半的文本后面。

这里还用上面的例子，第二个 < 之前的字符是 <2，那么把 <2 截取出来后，追加到上一次截取出来的 1 的后面，此时的结果是：

```
01  1<2
```

截取后剩余的模板是：

```
01  </div>
```

如果剩余的模板依然不符合任何被解析的类型，那么重复此过程。直到所有文本都解析完。

说完了思路，我们看一下具体的实现，伪代码如下：

```
01  while (html) {
02    let text, rest, next
03    let textEnd = html.indexOf('<')
04
05    // 截取文本
06    if (textEnd >= 0) {
07      rest = html.slice(textEnd)
08      while (
09        !endTag.test(rest) &&
10        !startTagOpen.test(rest) &&
11        !comment.test(rest) &&
12        !conditionalComment.test(rest)
13      ) {
14        // 如果'<'在纯文本中，将它视为纯文本对待
15        next = rest.indexOf('<', 1)
16        if (next < 0) break
17        textEnd += next
18        rest = html.slice(textEnd)
19      }
20      text = html.substring(0, textEnd)
```

```
21        html = html.substring(textEnd)
22      }
23
24      // 如果模板中找不到<，那么说明整个模板都是文本
25      if (textEnd < 0) {
26        text = html
27        html = ''
28      }
29
30      // 触发钩子函数
31      if (options.chars && text) {
32        options.chars(text)
33      }
34    }
```

在代码中，我们通过 while 来解决这个问题（注意是里面的 while）。如果剩余的模板不符合任何被解析的类型，那么重复解析文本，直到剩余模板符合被解析的类型为止。

在上面的代码中，endTag、startTagOpen、comment 和 conditionalComment 都是正则表达式，分别匹配结束标签、开始标签、注释和条件注释。

在 Vue.js 源码中，截取文本的逻辑和其他的实现思路一致。

9.3.8　纯文本内容元素的处理

什么是纯文本内容元素呢？script、style 和 textarea 这三种元素叫作纯文本内容元素。解析它们的时候，会把这三种标签内包含的所有内容都当作文本处理。那么，具体该如何处理呢？

前面介绍开始标签、结束标签、文本、注释的截取时，其实都是默认当前需要截取的元素的父级元素不是**纯文本内容元素**。事实上，如果要截取元素的父级元素是纯文本内容元素的话，处理逻辑将完全不一样。

事实上，在 while 循环中，最外层的判断条件就是父级元素是不是纯文本内容元素。例如下面的伪代码：

```
01  while (html) {
02    if (!lastTag || !isPlainTextElement(lastTag)) {
03      // 父元素为正常元素的处理逻辑
04    } else {
05      // 父元素为 script、style、textarea 的处理逻辑
06    }
07  }
```

在上面的代码中，lastTag 表示父元素。可以看到，在 while 中，首先进行判断，如果父元素不存在或者不是纯文本内容元素，那么进行正常的处理逻辑，也就是前面介绍的逻辑。

而当父元素是 script 这种纯文本内容元素时，会进入到 else 这个语句里面。由于纯文本内容元素都被视作文本处理，所以我们的处理逻辑就变得很简单，只需要把这些文本截取出来并触发钩子函数 chars，然后再将结束标签截取出来并触发钩子函数 end。

也就是说，如果父标签是纯文本内容元素，那么本轮循环会一次性将这个父标签给处理完毕。

伪代码如下：

```
01  while (html) {
02    if (!lastTag || !isPlainTextElement(lastTag)) {
03      // 父元素为正常元素的处理逻辑
04    } else {
05      // 父元素为 script、style、textarea 的处理逻辑
06      const stackedTag = lastTag.toLowerCase()
07      const reStackedTag = reCache[stackedTag] || (reCache[stackedTag] = new RegExp
          ('([\\s\\S]*?)(</' + stackedTag + '[^>]*>)', 'i'))
08      const rest = html.replace(reStackedTag, function (all, text) {
09        if (options.chars) {
10          options.chars(text)
11        }
12        return ''
13      })
14      html = rest
15      options.end(stackedTag)
16    }
17  }
```

上面代码中的正则表达式可以匹配结束标签前包括结束标签自身在内的所有文本。

我们可以给 replace 方法的第二个参数传递一个函数。在这个函数中，我们得到了参数 text（表示结束标签前的所有内容），触发了钩子函数 chars 并把 text 放到钩子函数的参数中传出去。最后，返回了一个空字符串，说明将匹配到的内容都截掉了。注意，这里的截掉会将内容和结束标签一起截取掉。

最后，调用钩子函数 end 并将标签名放到参数中传出去，这说明本轮循环中的所有逻辑都已处理完毕。

假如我们现在有这样一个模板：

```
01  <div id="el">
02    <script>console.log(1)</script>
03  </div>
```

当解析到 script 中的内容时，模板是下面的样子：

```
01  console.log(1)</script>
02  </div>
```

此时父元素为 script，所以会进入到 else 中的逻辑进行处理。在其处理过程中，会触发钩子函数 chars 和 end。

钩子函数 chars 的参数为 script 中的所有内容，本例中大概是下面的样子：

```
01  chars('console.log(1)')
```

钩子函数 end 的参数为标签名，本例中是 script。

处理后的剩余模板如下：

```
01  </div>
```

9.3.9　使用栈维护 DOM 层级

通过前面几节的介绍，特别是 9.3.8 节中的介绍，你一定会感到很奇怪，如何知道父元素是谁？

在前面几节中，我们并没有介绍 HTML 解析器内部其实也有一个栈来维护 DOM 层级关系，其逻辑与 9.2.1 节相同：就是每解析到开始标签，就向栈中推进去一个；每解析到标签结束，就弹出来一个。因此，想取到父元素并不难，只需要拿到栈中的最后一项即可。

同时，HTML 解析器中的栈还有另一个作用，它可以检测出 HTML 标签是否正确闭合。例如：

```
01  <div><p></div>
```

在上面的代码中，p 标签忘记写结束标签，那么当 HTML 解析器解析到 div 的结束标签时，栈顶的元素却是 p 标签。这个时候从栈顶向栈底循环找到 div 标签，发现在找到 div 标签之前遇到的所有其他标签都忘记写闭合标签，此时 Vue.js 会在非生产环境下的控制台中打印警告提示。

关于使用栈来维护 DOM 层级关系的具体实现思路，9.2.1 节已经详细介绍过，这里不再重复介绍。

9.3.10　整体逻辑

前面我们把开始标签、结束标签、注释、文本、纯文本内容元素等的截取方式拆分开，单独进行了详细介绍。本节中，我们就来介绍如何将这些解析方式组装起来完成 HTML 解析器的功能。

首先，HTML 解析器是一个函数。就像 9.2 节介绍的那样，HTML 解析器最终的目的是实现这样的功能：

```
01  parseHTML(template, {
02    start (tag, attrs, unary) {
03      // 每当解析到标签的开始位置时，触发该函数
04    },
05    end () {
06      // 每当解析到标签的结束位置时，触发该函数
07    },
08    chars (text) {
09      // 每当解析到文本时，触发该函数
10    },
11    comment (text) {
12      // 每当解析到注释时，触发该函数
13    }
14  })
```

所以 HTML 解析器在实现上肯定是一个函数，它有两个参数——模板和选项：

```
01  export function parseHTML (html, options) {
02    // 做点什么
03  }
```

我们的模板是一小段一小段去截取与解析的，所以需要一个循环来不断截取，直到全部截取完毕：

```
01  export function parseHTML (html, options) {
02    while (html) {
03      // 做点什么
04    }
05  }
```

在循环中，首先要判断父元素是不是纯文本内容元素，因为不同类型父节点的解析方式将完全不同：

```
01  export function parseHTML (html, options) {
02    while (html) {
03      if (!lastTag || !isPlainTextElement(lastTag)) {
04        // 父元素为正常元素的处理逻辑
05      } else {
06        // 父元素为 script、style、textarea 的处理逻辑
07      }
08    }
09  }
```

在上面的代码中，我们发现这里已经把整体逻辑分成了两部分，一部分是父标签为正常标签的逻辑，另一部分是父标签为 `script`、`style`、`textarea` 这种纯文本内容元素的逻辑。

如果父标签为正常的元素，那么有几种情况需要分别处理，比如需要分辨出当前要解析的一小段模板到底是什么类型。是开始标签？还是结束标签？又或者是文本？

我们把所有需要处理的情况都列出来，有下面几种情况：

- 文本
- 注释
- 条件注释
- DOCTYPE
- 结束标签
- 开始标签

我们会发现，在这些需要处理的类型中，除了文本之外，其他都是以标签形式存在的，而标签是以 `<` 开头的。

所以逻辑就很清晰了，我们先根据 `<` 来判断需要解析的字符是文本还是其他的：

```
01  export function parseHTML (html, options) {
02    while (html) {
03      if (!lastTag || !isPlainTextElement(lastTag)) {
04        let textEnd = html.indexOf('<')
05        if (textEnd === 0) {
06          // 做点什么
07        }
08
```

```
09        let text, rest, next
10        if (textEnd >= 0) {
11          // 解析文本
12        }
13
14        if (textEnd < 0) {
15          text = html
16          html = ''
17        }
18
19        if (options.chars && text) {
20          options.chars(text)
21        }
22      } else {
23        // 父元素为 script、style、textarea 的处理逻辑
24      }
25    }
26  }
```

在上面的代码中，我们可以通过 < 来分辨是否需要进行文本解析。关于文本解析的内容，详见 9.3.7 节。

如果通过 < 分辨出即将解析的这一小部分字符不是文本而是标签类，那么标签类有那么多类型，我们需要进一步分辨具体是哪种类型：

```
01  export function parseHTML (html, options) {
02    while (html) {
03      if (!lastTag || !isPlainTextElement(lastTag)) {
04        let textEnd = html.indexOf('<')
05        if (textEnd === 0) {
06          // 注释
07          if (comment.test(html)) {
08            // 注释的处理逻辑
09            continue
10          }
11
12          // 条件注释
13          if (conditionalComment.test(html)) {
14            // 条件注释的处理逻辑
15            continue
16          }
17
18          // DOCTYPE
19          const doctypeMatch = html.match(doctype)
20          if (doctypeMatch) {
21            // DOCTYPE 的处理逻辑
22            continue
23          }
24
25          // 结束标签
26          const endTagMatch = html.match(endTag)
27          if (endTagMatch) {
28            // 结束标签的处理逻辑
```

```
29            continue
30          }
31
32          // 开始标签
33          const startTagMatch = parseStartTag()
34          if (startTagMatch) {
35            // 开始标签的处理逻辑
36            continue
37          }
38        }
39
40        let text, rest, next
41        if (textEnd >= 0) {
42          // 解析文本
43        }
44
45        if (textEnd < 0) {
46          text = html
47          html = ''
48        }
49
50        if (options.chars && text) {
51          options.chars(text)
52        }
53      } else {
54        // 父元素为 script、style、textarea 的处理逻辑
55      }
56    }
57  }
```

关于不同类型的具体处理方式，前面已经详细介绍过，这里不再重复。

9.4 文本解析器

文本解析器的作用是解析文本。你可能会觉得很奇怪，文本不是在 HTML 解析器中被解析出来了么？准确地说，文本解析器是对 HTML 解析器解析出来的文本进行二次加工。为什么要进行二次加工？

文本其实分两种类型，一种是纯文本，另一种是带变量的文本。例如下面这样的文本是纯文本：

```
01  Hello Berwin
```

而下面这样的是带变量的文本：

```
01  Hello {{name}}
```

在 Vue.js 模板中，我们可以使用变量来填充模板。而 HTML 解析器在解析文本时，并不会区分文本是否是带变量的文本。如果是纯文本，不需要进行任何处理；但如果是带变量的文本，那么需要使用文本解析器进一步解析。因为带变量的文本在使用虚拟 DOM 进行渲染时，需要将变量替换成变量中的值。

我们在 9.2 节中介绍过，每当 HTML 解析器解析到文本时，都会触发 chars 函数，并且从参数中得到解析出的文本。在 chars 函数中，我们需要构建文本类型的 AST，并将它添加到父节点的 children 属性中。

而在构建文本类型的 AST 时，纯文本和带变量的文本是不同的处理方式。如果是带变量的文本，我们需要借助文本解析器对它进行二次加工，其代码如下：

```
01  parseHTML(template, {
02    start (tag, attrs, unary) {
03      // 每当解析到标签的开始位置时，触发该函数
04    },
05    end () {
06      // 每当解析到标签的结束位置时，触发该函数
07    },
08    chars (text) {
09      text = text.trim()
10      if (text) {
11        const children = currentParent.children
12        let expression
13        if (expression = parseText(text)) {
14          children.push({
15            type: 2,
16            expression,
17            text
18          })
19        } else {
20          children.push({
21            type: 3,
22            text
23          })
24        }
25      }
26    },
27    comment (text) {
28      // 每当解析到注释时，触发该函数
29    }
30  })
```

在 chars 函数中，如果执行 parseText 后有返回结果，则说明文本是带变量的文本，并且已经通过文本解析器（parseText）二次加工，此时构建一个带变量的文本类型的 AST 并将其添加到父节点的 children 属性中。否则，就直接构建一个普通的文本节点并将其添加到父节点的 children 属性中。而代码中的 currentParent 是当前节点的父节点，也就是前面介绍的栈中的最后一个节点。

假设 chars 函数被触发后，我们得到的 text 是一个带变量的文本：

```
01  "Hello {{name}}"
```

这个带变量的文本被文本解析器解析之后，得到的 expression 变量是这样的：

```
01  "Hello "+_s(name)
```

上面代码中的 _s 其实是下面这个 toString 函数的别名：

```
01  function toString (val) {
02    return val == null
03      ? ''
04      : typeof val === 'object'
05        ? JSON.stringify(val, null, 2)
06        : String(val)
07  }
```

假设当前上下文中有一个变量 name，其值为 Berwin，那么 expression 中的内容被执行时，它的内容是不是就是 Hello Berwin 了?

我们举个例子：

```
01  var obj = {name: 'Berwin'}
02  with(obj) {
03    function toString (val) {
04      return val == null
05        ? ''
06        : typeof val === 'object'
07          ? JSON.stringify(val, null, 2)
08          : String(val)
09    }
10    console.log("Hello "+toString(name)) // "Hello Berwin"
11  }
```

在上面的代码中，打印出来的结果是"Hello Berwin"。

事实上，最终 AST 会转换成代码字符串放在 with 中执行，这部分内容会在第 11 章中详细介绍。

接着，我们详细介绍如何加工文本，也就是文本解析器的内部实现原理。

在文本解析器中，第一步要做的事情就是使用正则表达式来判断文本是否为带变量的文本，也就是检查文本中是否包含 {{xxx}} 这样的语法。如果是纯文本，则直接返回 undefined；如果是带变量的文本，再进行二次加工。所以我们的代码是这样的：

```
01  function parseText (text) {
02    const tagRE = /\{\{((?:.|\n)+?)\}\}/g
03    if (!tagRE(text)) {
04      return
05    }
06  }
```

在上面的代码中，如果是纯文本，则直接返回。如果是带变量的文本，该如何处理呢?

一个解决思路是使用正则表达式匹配出文本中的变量，先把变量左边的文本添加到数组中，然后把变量改成 _s(x)这样的形式也添加到数组中。如果变量后面还有变量，则重复以上动作，直到所有变量都添加到数组中。如果最后一个变量的后面有文本，就将它添加到数组中。

这时我们其实已经有一个数组，数组元素的顺序和文本的顺序是一致的，此时将这些数组元素用+连起来变成字符串，就可以得到最终想要的效果，如图 9-5 所示。

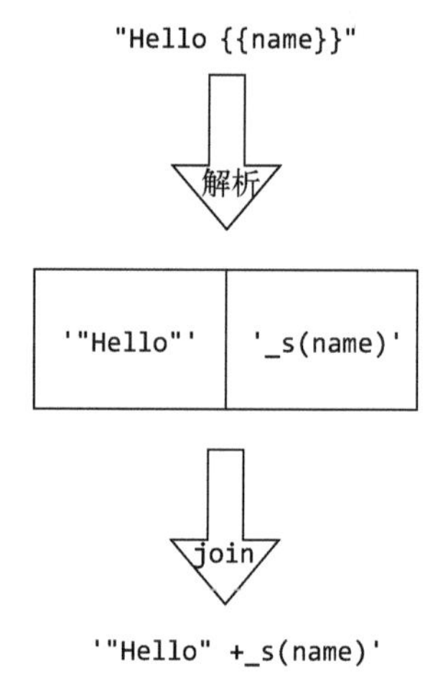

图 9-5　文本解析过程

在图 9-5 中，最上面的字符串表示即将解析的文本，中间两个方块表示数组中的两个元素。最后，使用数组方法 join 将这两个元素合并成一个字符串。

具体实现代码如下：

```
01  function parseText (text) {
02    const tagRE = /\{\{((?:.|\n)+?)\}\}/g
03    if (!tagRE.test(text)) {
04      return
05    }
06
07    const tokens = []
08    let lastIndex = tagRE.lastIndex = 0
09    let match, index
10    while ((match = tagRE.exec(text))) {
11      index = match.index
12      // 先把 {{ 前边的文本添加到 tokens 中
13      if (index > lastIndex) {
14        tokens.push(JSON.stringify(text.slice(lastIndex, index)))
15      }
16      // 把变量改成 _s(x) 这样的形式也添加到数组中
17      tokens.push(`_s(${match[1].trim()})`)
18
19      // 设置 lastIndex 来保证下一轮循环时，正则表达式不再重复匹配已经解析过的文本
20      lastIndex = index + match[0].length
21    }
22
23    // 当所有变量都处理完毕后，如果最后一个变量右边还有文本，就将文本添加到数组中
24    if (lastIndex < text.length) {
25      tokens.push(JSON.stringify(text.slice(lastIndex)))
26    }
27    return tokens.join('+')
28  }
```

这是文本解析器的全部代码，代码并不多，逻辑也不是很复杂。

这段代码有一个很关键的地方在 lastIndex：每处理完一个变量后，会重新设置 lastIndex 的位置，这样可以保证如果后面还有其他变量，那么在下一轮循环时可以从 lastIndex 的位置开始向后匹配，而 lastIndex 之前的文本将不再被匹配。

下面用文本解析器解析不同的文本看看：

```
01  parseText('你好{{name}}')
02  // '"你好 "+_s(name)'
03
04  parseText('你好 Berwin')
05  // undefined
06
07  parseText('你好{{name}}, 你今年已经{{age}}岁啦')
08  // '"你好"+_s(name)+", 你今年已经"+_s(age)+"岁啦"'
```

从上面代码的打印结果可以看到，文本已经被正确解析了。

9.5 总结

解析器的作用是通过模板得到 AST（抽象语法树）。

生成 AST 的过程需要借助 HTML 解析器，当 HTML 解析器触发不同的钩子函数时，我们可以构建出不同的节点。

随后，我们可以通过栈来得到当前正在构建的节点的父节点，然后将构建出的节点添加到父节点的下面。

最终，当 HTML 解析器运行完毕后，我们就可以得到一个完整的带 DOM 层级关系的 AST。

HTML 解析器的内部原理是一小段一小段地截取模板字符串，每截取一小段字符串，就会根据截取出来的字符串类型触发不同的钩子函数，直到模板字符串截空停止运行。

文本分两种类型，不带变量的纯文本和带变量的文本，后者需要使用文本解析器进行二次加工。

第 10 章 优化器

解析器的作用是将 HTML 模板解析成 AST，而优化器的作用是在 AST 中找出静态子树并打上标记。

静态子树指的是那些在 AST 中永远都不会发生变化的节点。例如，一个纯文本节点就是静态子树，而带变量的文本节点就不是静态子树，因为它会随着变量的变化而变化。

标记静态子树有两点好处：

- 每次重新渲染时，不需要为静态子树创建新节点；
- 在虚拟 DOM 中打补丁（patching）的过程可以跳过。

每次重新渲染时，不需要为静态子树创建新节点，是什么意思呢？

前面介绍虚拟 DOM 时，我们说每次重新渲染都会使用最新的状态生成一份全新的 `VNode` 与旧的 `VNode` 进行对比。而在生成 `VNode` 的过程中，如果发现一个节点被标记为静态子树，那么除了首次渲染会生成节点之外，在重新渲染时并不会生成新的子节点树，而是克隆已存在的静态子树。

在虚拟 DOM 中打补丁的过程可以被跳过，又是什么意思？

第 7 章介绍了打补丁的过程，其中 7.4 节详细介绍了如何对比两个节点并更新 DOM 的过程。在 7.4.1 节中，我们介绍了如果两个节点都是静态子树，就不需要进行对比与更新 DOM 的操作，直接跳过。因为静态子树是不可变的，不需要对比就知道它不可能发生变化。此外，直接跳过后续的各种对比可以节省 JavaScript 的运算成本。

优化器的内部实现主要分为两个步骤：

(1) 在 AST 中找出所有静态节点并打上标记；
(2) 在 AST 中找出所有静态根节点并打上标记。

先标记所有静态节点，再标记所有静态根节点。那么，什么是静态节点？像下面这样永远都不会发生变化的节点属于静态节点：

```
01    <p>我是静态节点，我不需要发生变化</p>
```

落实到 AST 中，静态节点指的是 `static` 属性为 `true` 的节点，例如：

```
01  {
02    type: 1,
03    tag: 'p',
04    staticRoot: false,
05    static: true,
06    ……
07  }
```

那么，什么是静态根节点？如果一个节点下面的所有子节点都是静态节点，并且它的父级是动态节点，那么它就是静态根节点。下面模板中的 `ul` 就属于静态根节点：

```
01  <ul>
02    <li>我是静态节点，我不需要发生变化</li>
03    <li>我是静态节点 2，我不需要发生变化</li>
04    <li>我是静态节点 3，我不需要发生变化</li>
05  </ul>
```

落实到 AST 中，静态根节点指的是 `staticRoot` 属性为 `true` 的节点，例如：

```
01  {
02    type: 1,
03    tag: 'ul',
04    staticRoot: true,
05    static: true,
06    ……
07  }
```

举个例子：

```
01  <div id="el">Hello {{name}}</div>
```

如果我们有上面这样一个模板，它转换成 AST 之后是下面的样子：

```
01  {
02    'type': 1,
03    'tag': 'div',
04    'attrsList': [
05      {
06        'name': 'id',
07        'value': 'el'
08      }
09    ],
10    'attrsMap': {
11      'id': 'el'
12    },
13    'children': [
14      {
15        'type':2,
16        'expression':'"Hello "+_s(name)',
17        'text':'Hello {{name}}'
18      }
19    ],
20    'plain': false,
21    'attrs': [
```

10

```
22      {
23        'name': 'id',
24        'value': '"el"'
25      }
26    ]
27  }
```

经过优化器的优化之后，AST 是下面的样子：

```
01  {
02    'type': 1,
03    'tag': 'div',
04    'attrsList': [
05      {
06        'name': 'id',
07        'value': 'el'
08      }
09    ],
10    'attrsMap': {
11      'id': 'el'
12    },
13    'children': [
14      {
15        'type': 2,
16        'expression': '"Hello "+_s(name)',
17        'text': 'Hello {{name}}',
18        'static': false
19      }
20    ],
21    'plain': false,
22    'attrs': [
23      {
24        'name': 'id',
25        'value': '"el"'
26      }
27    ],
28    'static': false,
29    'staticRoot': false
30  }
```

可以看到，AST 中多了 `static` 属性和 `staticRoot` 属性，它们分别用来标记节点是否是静态节点与是否是静态根节点。

由于本例中的模板没有静态节点，所以 AST 中的 `static` 和 `staticRoot` 都是 `false`。

在源码中，代码是这样实现的：

```
01  export function optimize (root) {
02    if (!root) return
03    // 第一步：标记所有静态节点
04    markStatic(root)
05    // 第二步：标记所有静态根节点
06    markStaticRoots(root)
07  }
```

10.1 找出所有静态节点并标记

找出所有静态子节点并不难，我们只需要从根节点开始，先判断根节点是不是静态根节点，再用相同的方式处理子节点，接着用同样的方式去处理子节点的子节点，直到所有节点都被处理之后程序结束，这个过程叫作递归。

下面的代码先使用 isStatic 函数来判断节点是否是静态节点，然后如果节点的类型等于 1，说明节点是元素节点，那么循环该节点的子节点，调用 markStatic 函数用同样的处理逻辑来处理子节点：

```
01  function markStatic (node) {
02    node.static = isStatic(node)
03    if (node.type === 1) {
04      for (let i = 0, l = node.children.length; i < l; i++) {
05        const child = node.children[i]
06        markStatic(child)
07      }
08    }
09  }
```

那么 isStatic 函数是如何判断一个节点是否是静态节点的呢？

源码实现如下：

```
01  function isStatic (node) {
02    if (node.type === 2) { // 带变量的动态文本节点
03      return false
04    }
05    if (node.type === 3) { // 不带变量的纯文本节点
06      return true
07    }
08    return !!(node.pre || (
09      !node.hasBindings && // 没有动态绑定
10      !node.if && !node.for && // 没有 v-if 或 v-for 或 v-else
11      !isBuiltInTag(node.tag) && // 不是内置标签
12      isPlatformReservedTag(node.tag) && // 不是组件
13      !isDirectChildOfTemplateFor(node) &&
14      Object.keys(node).every(isStaticKey)
15    ))
16  }
```

当模板被解析器解析成 AST 时，会根据不同元素类型设置不同的 type 值。type 的取值如表 10-1 所示。

表 10-1 type 的取值及其说明

type 的值	说　明
1	元素节点
2	带变量的动态文本节点
3	不带变量的纯文本节点

上面代码中的逻辑很明显，如果 type 等于 2，说明节点是带变量的文本节点，那它不可能是静态节点，所以返回 false。

如果 type 等于 3,说明节点是不带变量的纯文本节点,那它一定是静态节点,所以返回 true。

当 type 等于 1 时，说明节点是元素节点。当一个节点是元素节点时，想分辨出它是否是静态节点，就会稍微有点复杂。

首先，如果元素节点使用了指令 v-pre，那么可以直接断定它是一个静态节点。

如果元素节点没有使用指令 v-pre，那么它必须同时满足以下条件才会被认为是一个静态节点。

- 不能使用动态绑定语法，也就是说标签上不能有以 v-、@、:开头的属性。
- 不能使用 v-if、v-for 或者 v-else 指令。
- 不能是内置标签，也就是说标签名不能是 slot 或者 component。
- 不能是组件，即标签名必须是保留标签，例如 <div></div> 是保留标签，而 <list></list>不是保留标签。
- 当前节点的父节点不能是带 v-for 指令的 template 标签。
- 节点中不存在动态节点才会有的属性。

说明　*动态绑定语法不包括 v-for、v-if、v-else、v-else-if 和 v-once 等。*

上面第四条提到的保留标签分两种：HTML 保留标签和 SVG 保留标签。

HTML 保留标签有 html、body、base、head、link、meta、style、title、address、article、aside、footer、header、h1、h2、h3、h4、h5、h6、hgroup、nav、section、div、dd、dl、dt、figcaption、figure、picture、hr、img、li、main、ol、p、pre、ul、a、b、abbr、bdi、bdo、br、cite、code、data、dfn、em、i、kbd、mark、q、rp、rt、rtc、ruby、s、samp、small、span、strong、sub、sup、time、u、var、wbr、area、audio、map、track、video、embed、object、param、source、canvas、script、noscript、del、ins、caption、col、colgroup、table、thead、tbody、td、th、tr、button、datalist、fieldset、form、input、label、legend、meter、optgroup、option、output、progress、select、textarea、details、dialog、menu、menuitem、summary、content、element、shadow、template、blockquote、iframe 和 tfoot。

SVG 保留标签有 svg、animate、circle、clippath、cursor、defs、desc、ellipse、filter、font-face、foreignObject、g、glyph、image、line、marker、mask、missing-glyph、path、pattern、polygon、polyline、rect、switch、symbol、text、textpath、tspan、use 和 view。

如果标签名在 HTML 保留标签或 SVG 保留标签中找不到，就说明它是组件。

第六条提到的“节点中不存在动态节点才会有的属性”这里详细解释一下。事实上，如果一个元素节点是静态节点，那么这个节点上的属性其实是有范围的。也就是说，如果这个节点是静态节点，那么它所有的属性都可以在这个范围内找到。这个范围是 type、tag、attrsList、attrsMap、plain、parent、children、attrs、staticClass 和 staticStyle。

如果一个元素节点上的属性在上面这个范围内找不到相同的属性名，就说明这个节点不是静态节点。

我们已经可以判断一个节点是否是静态节点，并且可以通过递归的方式来标记子节点是否是静态节点。

但是这里会遇到一个问题，递归是从上向下依次标记的，如果父节点被标记为静态节点之后，子节点却被标记为动态节点，这时就会发生矛盾。因为静态子树中不应该只有它自己是静态节点，静态子树的所有子节点应该都是静态节点。

因此，我们需要在子节点被打上标记之后重新校对当前节点的标记是否准确，具体的做法是：

```
01  function markStatic (node) {
02    node.static = isStatic(node)
03    if (node.type === 1) {
04      for (let i = 0, l = node.children.length; i < l; i++) {
05        const child = node.children[i]
06        markStatic(child)
07
08        // 新增代码
09        if (!child.static) {
10          node.static = false
11        }
12      }
13    }
14  }
```

在子节点被打完标记之后，我们需要判断它是否是静态节点，如果不是，那么它的父节点也不可能是静态节点，此时需要将父节点的 static 属性设置为 false。

10.2 找出所有静态根节点并标记

找出静态根节点的过程与找出静态节点的过程类似，都是从根节点开始向下一层一层地用递归方式去找。不一样的是，如果一个节点被判定为静态根节点，那么将不会继续向它的子级继续寻找。因为静态子树肯定只有一个根，就是最上面的那个静态节点。

而在 10.1 节中，我们标记静态节点时，有一个逻辑是静态节点的所有子节点也都是静态节点。如果一个静态节点的子节点是动态节点，那么这个节点也是动态节点。因此，我们从上向下找，找到的第一个静态节点一定是静态根节点，而它的所有子节点一定也是静态节点，如图 10-1 所示。

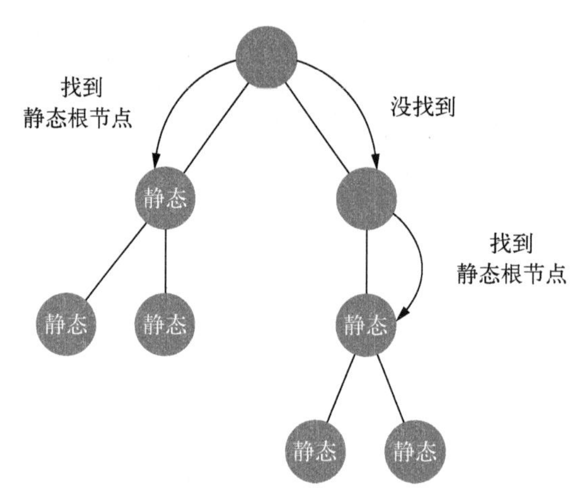

图 10-1　从上向下寻找静态根节点

大部分情况下，我们找到的第一个静态节点会被标记为静态根节点，但是有一种情况，即便它真的是静态根节点，也不会被标记为静态根节点，因为其优化成本大于收益。

这种情况是一个元素节点只有一个文本节点。例如这样的：

```
01    <p>我是静态节点，我不需要发生变化</p>
```

这个 p 元素只有一个文本子节点，此时即便它是静态根节点，也不会被标记。

上面我们介绍的解决思路在代码中的具体实现如下：

```
01    function markStaticRoots (node) {
02      if (node.type === 1) {
03        // 要使节点符合静态根节点的要求，它必须有子节点。
04        // 这个子节点不能是只有一个静态文本的子节点，否则优化成本将超过收益
05        if (node.static && node.children.length && !(
06          node.children.length === 1 &&
07          node.children[0].type === 3
08        )) {
09          node.staticRoot = true
10          return
11        } else {
12          node.staticRoot = false
13        }
14        if (node.children) {
15          for (let i = 0, l = node.children.length; i < l; i++) {
16            markStaticRoots(node.children[i])
17          }
18        }
19      }
20    }
```

上面代码中的逻辑可以分为两部分，一部分是标记当前节点是否是静态根节点，另一部分是标记子节点是否是静态根节点。

第一部分逻辑中的判断条件很明显：如果节点是静态节点，并且有子节点，并且子节点不是只有一个文本类型的节点，那么该节点就是静态根节点，否则就不是静态根节点。

这个条件之所以成立，是因为如果当前节点是静态节点，就充分说明该节点的子节点也是静态节点。同时又排除了两种情况：如果静态节点没有子节点，那么它不是静态根节点；如果静态节点只有一个文本节点，那么它也不是静态根节点。

第二部分的逻辑是处理子节点，这很简单：循环子节点列表，然后将每一个子节点重复执行同一套逻辑即可。但是这里有一个细节，那就是如果当前节点已经被标记为静态根节点，将不会再处理子节点。只有当前节点不是静态根节点时，才会继续向子节点中查找静态根节点。所以，在代码中，`node.staticRoot = true` 的下一行代码是 `return` 语句。

10.3 总结

本章中，我们详细介绍了优化器的作用和原理。

优化器的作用是在 AST 中找出静态子树并打上标记，这样做有两个好处：

- 每次重新渲染时，不需要为静态子树创建新节点；
- 在虚拟 DOM 中打补丁的过程可以跳过。

优化器的内部实现其实主要分为两个步骤：

(1) 在 AST 中找出所有静态节点并打上标记；
(2) 在 AST 中找出所有静态根节点并打上标记。

通过递归的方式从上向下标记静态节点时，如果一个节点被标记为静态节点，但它的子节点却被标记为动态节点，就说明该节点不是静态节点，可以将它改为动态节点。静态节点的特征是它的子节点必须是静态节点。

标记完静态节点之后需要标记静态根节点，其标记方式也是使用递归的方式从上向下寻找，在寻找的过程中遇到的第一个静态节点就为静态根节点，同时不再向下继续查找。

但有两种情况比较特殊：一种是如果一个静态根节点的子节点只有一个文本节点，那么不会将它标记成静态根节点，即便它也属于静态根节点；另一种是如果找到的静态根节点是一个没有子节点的静态节点，那么也不会将它标记为静态根节点。因为这两种情况下，优化成本大于收益。

第 11 章 代码生成器

代码生成器是模板编译的最后一步，它的作用是将 AST 转换成渲染函数中的内容，这个内容可以称为代码字符串。

代码字符串可以被包装在函数中执行，这个函数就是我们通常所说的渲染函数。

渲染函数被执行之后，可以生成一份 VNode，而虚拟 DOM 可以通过这个 VNode 来渲染视图。关于虚拟 DOM 如何使用 VNode 渲染视图，我们在第二篇中已经介绍过。

本章中，我们主要讨论如何使用 AST 生成代码字符串。

假设现在有这样一个简单的模板：

```
01  <div id="el">Hello {{name}}</div>
```

它转换成 AST 并且经过优化器的优化之后是下面的样子：

```
01  {
02    'type': 1,
03    'tag': 'div',
04    'attrsList': [
05      {
06        'name': 'id',
07        'value': 'el'
08      }
09    ],
10    'attrsMap': {
11      'id': 'el'
12    },
13    'children': [
14      {
15        'type': 2,
16        'expression': '"Hello "+_s(name)',
17        'text': 'Hello {{name}}',
18        'static': false
19      }
20    ],
21    'plain': false,
22    'attrs': [
23      {
24        'name': 'id',
25        'value': '"el"'
```

```
26        }
27      ],
28      'static': false,
29      'staticRoot': false
30    }
```

代码生成器可以通过上面这个 AST 来生成代码字符串，生成后的代码字符串是这样的：

```
01    'with(this){return _c("div",{attrs:{"id":"el"}},[_v("Hello "+_s(name))])}'
```

为了方便观察，格式化后是这样的：

```
01    with (this) {
02      return _c(
03        "div",
04        {
05          attrs:{"id": "el"}
06        },
07        [
08          _v("Hello "+_s(name))
09        ]
10      )
11    }
```

仔细观察生成后的代码字符串，我们会发现，这其实是一个嵌套的函数调用。函数 `_c` 的参数中执行了函数 `_v`，而函数 `_v` 的参数中又执行了函数 `_s`。

代码字符串中的 `_c` 其实是 `createElement` 的别名。`createElement` 是虚拟 DOM 中所提供的方法，它的作用是创建虚拟节点，有三个参数，分别是：

- 标签名
- 一个包含模板相关属性的数据对象
- 子节点列表

调用 `createElement` 方法，我们可以得到一个 `VNode`。

这也就知道了渲染函数可以生成 `VNode` 的原因：渲染函数其实是执行了 `createElement`，而 `createElement` 可以创建一个 `VNode`。

11.1　通过 AST 生成代码字符串

生成代码字符串是一个递归的过程，从顶向下依次处理每一个 AST 节点。

节点有三种类型，分别对应三种不同的创建方法与别名，如表 11-1 所示。

表 11-1　三种节点对应的创建方法与别名

类　型	创建方法	别　名
元素节点	`createElement`	`_c`
文本节点	`createTextVNode`	`_v`
注释节点	`createEmptyVNode`	`_e`

在递归的过程中，每处理一个 AST 节点，就会生成一个与节点类型相对应的代码字符串。

如果节点是元素节点，那么代码字符串是这样的：

```
01  _c(<tagname>, <data>, <children>)
```

元素节点通常有子节点，当处理它的子节点时，创建出来的代码字符串会放在上面例子中 `<children>`的位置。

例如：

```
01  <div id="el">
02    <div>
03      <p>Hello {{name}}</p>
04    </div>
05  </div>
```

上面这样简单的模板，它的 AST 如图 11-1 所示。

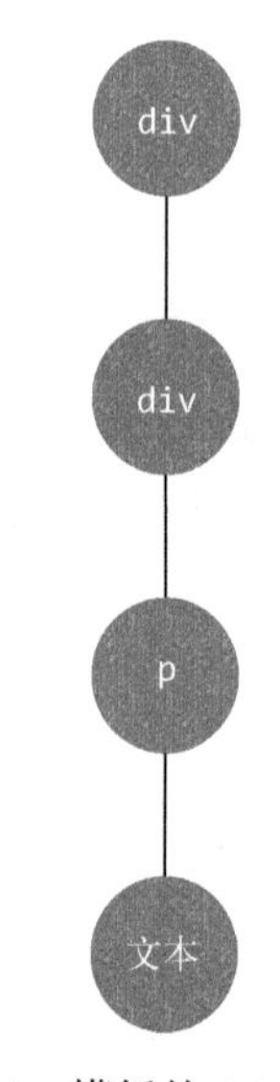

图 11-1　模板的 AST 示意图

使用 AST 生成代码字符串时，最先生成根节点 `div`。

生成后是这样的：

```
01  _c('div', {attrs: {"id": "el"}})
```

然后继续生成它的子节点，生成出来的子节点字符串会放在 `_c` 函数第三个参数的位置，如图 11-2 所示。

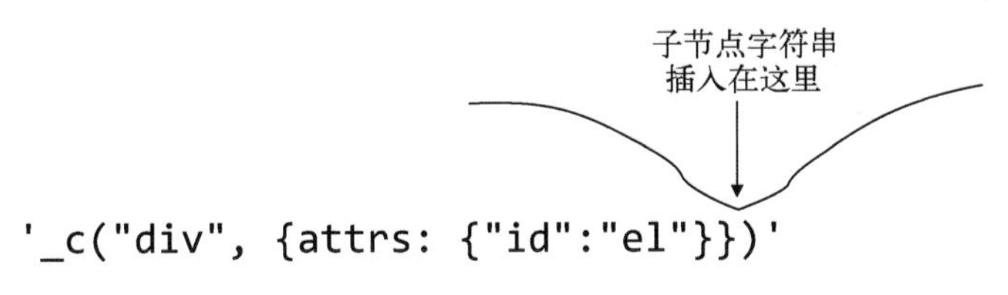

图 11-2　子节点字符串插入的位置

在前面的例子中，根节点 div 下面又是一个 div 节点，所以会再次生成一个 div 节点放在图 11-2 所示的位置。生成后的代码字符串如下：

```
01    _c('div',{attrs:{"id":"el"}},[_c('div')])
```

可以看到，在 _c 的第三个参数位置，多了一个数组，里面又有一个 _c。这段代码的结构如图 11-3 所示。

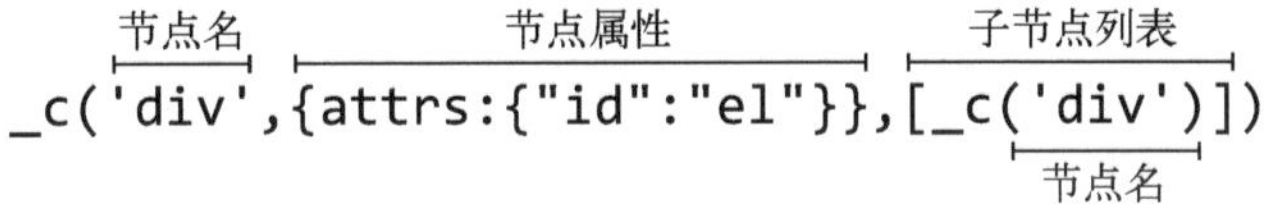

节点名　节点属性　子节点列表

_c('div',{attrs:{"id":"el"}},[_c('div')])

节点名

图 11-3　代码字符串的结构图

在模板中，第二个 div 节点下面是一个 p 节点，所以会生成一个 p 节点的代码字符串，如下：

```
01    _c('p')
```

这段代码字符串会放在如图 11-4 所示的位置。

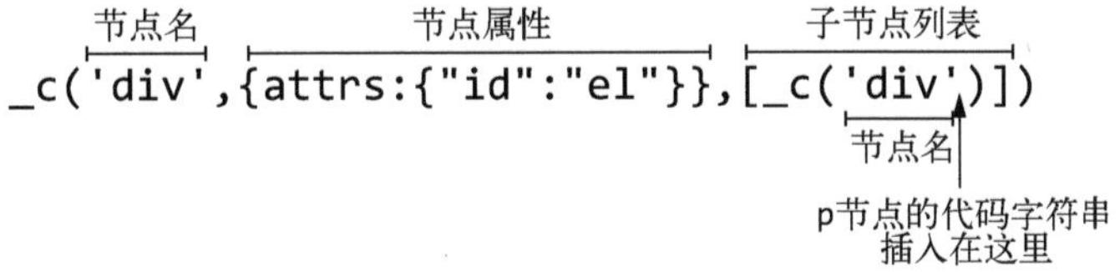

节点名　节点属性　子节点列表

_c('div',{attrs:{"id":"el"}},[_c('div')])

节点名

p节点的代码字符串
插入在这里

图 11-4　代码字符串即将插入的位置

当这一小段 p 节点的代码字符串被插入到整体代码字符串中之后，是下面这个样子：

```
01    _c('div',{attrs:{"id":"el"}},[_c('div',[_c('p')])])
```

这段代码字符串的结构如图 11-5 所示。

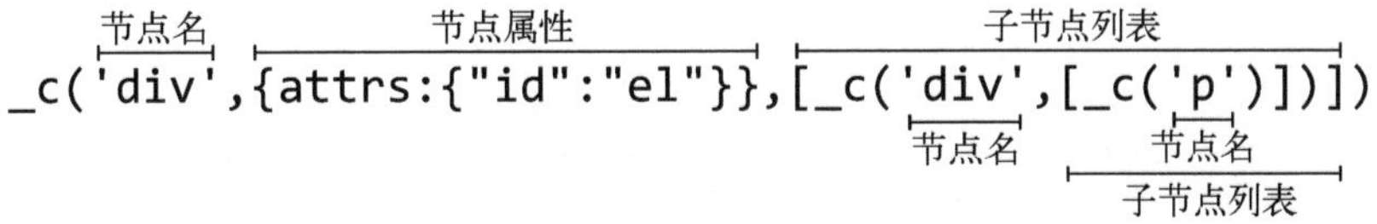

节点名　节点属性　子节点列表

_c('div',{attrs:{"id":"el"}},[_c('div',[_c('p')])])

节点名　节点名

子节点列表

图 11-5　代码字符串的结构图 2

p 节点下面是一个带变量的文本，生成的代码字符串如下：

```
01    _v("Hello "+_s(name))
```

同样，它会插入到 p 节点的子节点列表的位置，如图 11-6 所示。

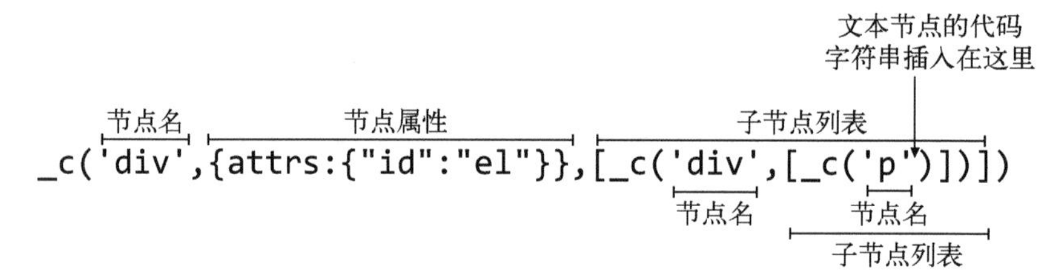

图 11-6　文本节点即将插入的位置

插入之后的代码字符串如下：

```
01    _c('div',{attrs:{"id":"el"}},[_c('div',[_c('p',[_v("Hello "+_s(name))])])])
```

它的结构如图 11-7 所示。

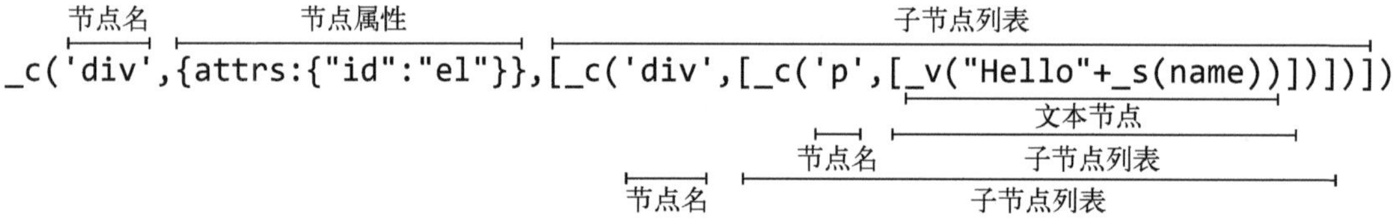

节点名　节点属性　子节点列表

_c('div',{attrs:{"id":"el"}},[_c('div',[_c('p',[_v("Hello"+_s(name))])])])

文本节点

节点名　子节点列表

节点名　子节点列表

图 11-7　代码字符串的结构图 3

当递归结束时，我们就可以得到一个完整的代码字符串。这段代码字符串会被包裹在 with 语句中，其伪代码如下：

```
01    `with(this){return ${code}}`
```

在代码中，code 是我们通过递归得到的完整的代码字符串。代码生成器的作用就是生成上面伪代码中所展示的一段字符串。

那么，代码生成器是如何生成这些字符串的呢？

11.2　代码生成器的原理

节点有不同的类型，例如元素节点、文本节点和注释节点。

不同类型节点的生成方式是不一样的，下面我们分别介绍如何生成每个类型的节点。

11.2.1　元素节点

生成元素节点，其实就是生成一个 _c 的函数调用字符串，相关代码如下：

```
01  function genElement (el, state) {
02    // 如果el.plain是true，则说明节点没有属性
03    const data = el.plain ? undefined : genData(el, state)
04
05    const children = genChildren(el, state)
06    code = `_c('${el.tag}'${
07      data ? `,${data}` : '' // data
08    }${
09      children ? `,${children}` : '' // children
10    })`
11    return code
12  }
```

代码中 el 的 plain 属性是在编译时发现的。如果节点没有属性，就会把 plain 设置为 true。这里我们可以通过 plain 来判断是否需要获取节点的属性数据。

代码中的主要逻辑是用 genData 和 genChildren 分别获取 data 和 children，然后将它们分别拼到字符串中指定的位置，最后把拼好的 "_c(tagName, data, children)" 返回，这样一个元素节点的代码字符串就生成好了。

data 和 children 也是字符串，那么它们是如何生成的呢？

我们先看 data 是如何生成的：

```
01  function genData (el: ASTElement, state: CodegenState): string {
02    let data = '{'
03    // key
04    if (el.key) {
05      data += `key:${el.key},`
06    }
07    // ref
08    if (el.ref) {
09      data += `ref:${el.ref},`
10    }
11    // pre
12    if (el.pre) {
13      data += `pre:true,`
14    }
15    // 类似的还有很多种情况
16    data = data.replace(/,$/, '') + '}'
17    return data
18  }
```

其实也是拼字符串。先给 data 赋值一个 '{'，然后发现节点存在哪些属性数据，就将这些数据拼接到 data 中，最后拼接一个 '}'，此时一个完整的 data 就拼好了。

生成子节点列表字符串的逻辑也是拼字符串。通过循环子节点列表，根据不同的子节点类型生成不同的节点字符串并将其拼接到一起，具体实现如下：

```
01  function genChildren (el, state) {
02    const children = el.children
03    if (children.length) {
04      return `[${children.map(c => genNode(c, state)).join(',')}]`
05    }
```

```
06   }
07
08   function genNode (node, state) {
09     if (node.type === 1) {
10       return genElement(node, state)
11     } if (node.type === 3 && node.isComment) {
12       return genComment(node)
13     } else {
14       return genText(node)
15     }
16   }
```

从代码中可以看到，通过循环子节点列表，然后分别调用不同节点类型的生成方法来生成字符串，最后将其拼接到一起并返回。

这其实是一个递归逻辑。如果子节点存在子节点，那么会重复这个过程来生成子节点的子节点。

从代码中可以看到，生成子节点时，会根据其类型的不同调用不同的生成方法。到目前为止，我们只介绍了元素节点生成字符串的原理。接下来，我们将介绍如何生成文本节点的字符串以及注释节点的字符串。

11.2.2　文本节点

生成文本节点很简单，我们只需要把文本放在 _v 这个函数的参数中即可：

```
01   function genText (text) {
02     return `_v(${text.type === 2
03       ? text.expression
04       : JSON.stringify(text.text)
05     })`
06   }
```

在上面的代码中，我们会把文本放在 _v 的参数中。这里会判断文本的类型：如果是动态文本，则使用 expression；如果是静态文本，则使用 text。

你可能会问，为什么 text 需要使用 JSON.stringify 方法？

这是因为 expression 中的文本是这样的：

```
01   '"Hello "+_s(name)'
```

而 text 中的文本是这样的：

```
01   "Hello Berwin"
```

而我们希望静态文本是这样的：

```
01   '"Hello Berwin"'
```

所以静态文本需要使用 JSON.stringify 方法。因为 JSON.stringify 可以给文本包装一层字符串，例如：

```
01   JSON.stringify('Hello') // "'Hello'"
```

11.2.3 注释节点

注释节点与文本节点相同，只需要把文本放在 _e 的参数中即可，其代码如下：

```
01  function genComment (comment) {
02    return `_e(${JSON.stringify(comment.text)})`
03  }
```

在上面的代码中，我们把注释拼接到函数 _e 的参数中。

11.3 总结

本章中，我们介绍了代码生成器的作用及其内部原理，了解了代码生成器其实就是字符串拼接的过程。通过递归 AST 来生成字符串，最先生成根节点，然后在子节点字符串生成后，将其拼接在根节点的参数中，子节点的子节点拼接在子节点的参数中，这样一层一层地拼接，直到最后拼接成完整的字符串。

同时还介绍了三种类型的节点，分别是元素节点、文本节点与注释节点。而不同类型的节点生成字符串的方式是不同的。

最后，我们介绍了当字符串拼接好后，会将字符串拼在 with 中返回给调用者。

第四篇

整体流程

前几篇介绍的是 Vue.js 在实现一些功能时所要用到的技术，其内容偏底层。

在本篇中，我们更多的是介绍距离用户比较近的内容，例如使用 Vue.js 开发项目时常用的 API、模板中的各种指令、组件里经常使用的生命周期钩子以及使用事件进行父子组件间的通信。此外，我们还会定义一些 Vue.js 插件和过滤器。

本篇中，我们主要讲解常用功能的内部原理，同时还会介绍 Vue.js 的架构设计和代码结构，也会讨论如何组建 Vue.js 这样的开源项目的代码等内容。

在开发一些很复杂的功能时，在某些特定的场景下，本篇所介绍的内容一定会对我们有帮助。

如果熟悉所使用功能的内部实现，那么当业务功能出现 bug 时，我们就可以快速、精准地定位问题所在，知道问题是由 Vue.js 的某些特性导致的，还是代码逻辑有问题。并且在开发复杂功能时，我们可以清楚地知道 Vue.js 能提供的能力的边界在哪里，这样就可以最大限度地发挥它的价值。

第 12 章

架构设计与项目结构

本章将介绍 Vuc.js 的架构设计和项目结构，我们会从宏观的角度了解它内部的运行原理，同时了解其代码是如何组建起来的。

12.1 目录结构

Vue.js 的目录结构如下：

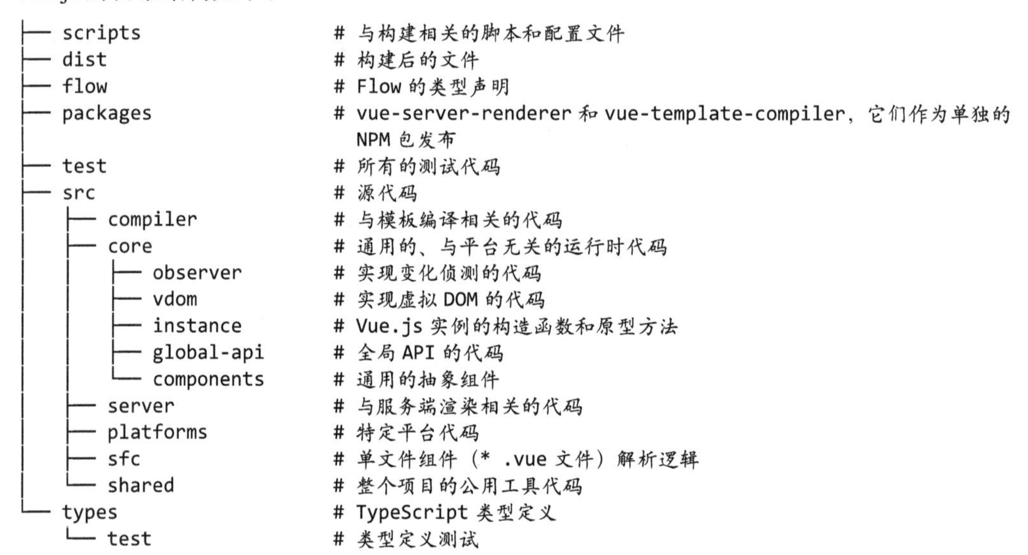

```
├── scripts               # 与构建相关的脚本和配置文件
├── dist                  # 构建后的文件
├── flow                  # Flow 的类型声明
├── packages              # vue-server-renderer 和 vue-template-compiler，它们作为单独的
│                           NPM 包发布
├── test                  # 所有的测试代码
├── src                   # 源代码
│   ├── compiler          # 与模板编译相关的代码
│   ├── core              # 通用的、与平台无关的运行时代码
│   │   ├── observer      # 实现变化侦测的代码
│   │   ├── vdom          # 实现虚拟 DOM 的代码
│   │   ├── instance      # Vue.js 实例的构造函数和原型方法
│   │   ├── global-api    # 全局 API 的代码
│   │   └── components    # 通用的抽象组件
│   ├── server            # 与服务端渲染相关的代码
│   ├── platforms         # 特定平台代码
│   ├── sfc               # 单文件组件（* .vue 文件）解析逻辑
│   └── shared            # 整个项目的公用工具代码
└── types                 # TypeScript 类型定义
    └── test              # 类型定义测试
```

packages 目录中包含的 vue-server-renderer 和 vue-template-compiler 会作为单独的 NPM 包发布，自动从源码中生成，并且始终与 Vue.js 具有相同的版本。

src/compiler 目录下的代码逻辑与我们在第 8 章中介绍的内容一致。

src/core 目录下是 Vue.js 的核心代码，这部分逻辑是与平台无关的，也就是说，它们可以在任何 JavaScript 环境下运行，比如浏览器、Node.js 或者嵌入在原生应用中。

src/platforms 目录中包含特定平台的代码，跨平台相关的代码也会放在这里。

dist 存放构建后的文件，在这个目录下你会找到很多不同的 Vue.js 构建版本，表 12-1 列出了它们之间的区别。

表 12-1 不同的 Vue.js 构建版本的区别

	UMD	CommonJS	ES Module
完整版	vue.js	vue.common.js	vue.esm.js
只包含运行时版本	vue.runtime.js	vue.runtime.common.js	vue.runtime.esm.js
完整版（生产环境）	vue.min.js	-	-
只包含运行时版本（生产环境）	vue.runtime.min.js	-	-

下面简单介绍一下表 12-1。

- **完整版**：构建后的文件同时包含**编译器**和**运行时**。
- **编译器**：负责将模板字符串编译成 JavaScript 渲染函数，这部分内容在第三篇中介绍过。
- **运行时**：负责创建 Vue.js 实例，渲染视图和使用虚拟 DOM 实现重新渲染，基本上包含除编译器外的所有部分。
- **UMD**：UMD 版本的文件可以通过 `<script>` 标签直接在浏览器中使用。jsDelivr CDN 提供的可以在线引入 Vue.js 的地址（https://cdn.jsdelivr.net/npm/vue），就是运行时+编译器的 UMD 版本。
- **CommonJS**：CommonJS 版本用来配合较旧的打包工具，比如 Browserify 或 webpack 1，这些打包工具的默认文件（pkg.main）只包含运行时的 CommonJS 版本（vue.runtime.common.js）。
- **ES Module**：ES Module 版本用来配合现代打包工具，比如 webpack 2 或 Rollup，这些打包工具的默认文件（pkg.module）只包含运行时的 ES Module 版本（vue.runtime.esm.js）。

1. 运行时 + 编译器与只包含运行时

如果需要在客户端编译模板（比如传入一个字符串给 `template` 选项，或挂载到一个元素上并以其 DOM 内部的 HTML 作为模板），那么需要用到编译器，因此需要完整版：

```
01  // 需要编译器
02  new Vue({
03    template: '<div>{{ hi }}</div>'
04  })
05
06  // 不需要编译器
07  new Vue({
08    render (h) {
09      return h('div', this.hi)
10    }
11  })
```

当使用 `vue-loader` 或 `vueify` 的时候，*.vue 文件内部的模板会在构建时预编译成 JavaScript。所以，最终打包完成的文件实际上是不需要编译器的，只需要引入运行时版本即可。

由于运行时版本的体积比完整版要小 30%左右，所以应该尽可能使用运行时版本。如果仍然希望使用完整版，则需要在打包工具里配置一个别名。

12

对于 webpack，需要这么处理：

```
01  module.exports = {
02    // ……
03    resolve: {
04      alias: {
05        'vue$': 'vue/dist/vue.esm.js' // 'vue/dist/vue.common.js' for webpack 1
06      }
07    }
08  }
```

对于 Rollup，需要这么处理：

```
01  const alias = require('rollup-plugin-alias')
02
03  rollup({
04    // ……
05    plugins: [
06      alias({
07        'vue': 'vue/dist/vue.esm.js'
08      })
09    ]
10  })
```

对于 Browserify，需要添加到项目的 package.json 中：

```
01  {
02    // ……
03    "browser": {
04      "vue": "vue/dist/vue.common.js"
05    }
06  }
```

2. 开发环境与生产环境模式

对于 UMD 版本来说，开发环境和生产环境二者的模式是硬编码的：开发环境下使用未压缩的代码，生产环境下使用压缩后的代码。

CommonJS 和 ES Module 版本用于打包工具，因此 Vue.js 不提供压缩后的版本，需要自行将最终的包进行压缩。此外，这两个版本同时保留原始的 process.env.NODE_ENV 检测，来决定它们应该在什么模式下运行。我们应该使用适当的打包工具配置来替换这些环境变量，以便控制 Vue.js 所运行的模式。把 process.env.NODE_ENV 替换为字符串字面量，同时让 UglifyJS 之类的压缩工具完全删除仅供开发环境的代码块，从而减少最终文件的大小。

在 webpack 中，我们使用 DefinePlugin：

```
01  var webpack = require('webpack')
02
03  module.exports = {
04    // ……
05    plugins: [
06      // ……
07      new webpack.DefinePlugin({
08        'process.env': {
09          NODE_ENV: JSON.stringify('production')
```

```
10          }
11        })
12      ]
13    }
```

在 Rollup 中，我们使用 rollup-plugin-replace：

```
01  const replace = require('rollup-plugin-replace')
02
03  rollup({
04    // ……
05    plugins: [
06      replace({
07        'process.env.NODE_ENV': JSON.stringify('production')
08      })
09    ]
10  }).then(...)
```

在 Browserify 中，应用一次全局的 envify 转换：

```
01  $ NODE_ENV=production browserify -g envify -e main.js | uglifyjs -c -m > build.js
```

12.2　架构设计

上一节中我们介绍了 Vue.js 的目录结构，本节中我们将介绍它的架构设计，了解如何组织像 Vue.js 这样的开源项目代码。

图 12-1 给出了 Vue.js 的整体结构，我们可以看到它整体分为三个部分：核心代码、跨平台相关和公用工具函数（这部分是一些辅助函数，不再单独介绍）。同时，其架构是分层的，最底层是一个普通的构造函数，最上层是一个入口，也就是将一个完整的构造函数导出给用户使用。

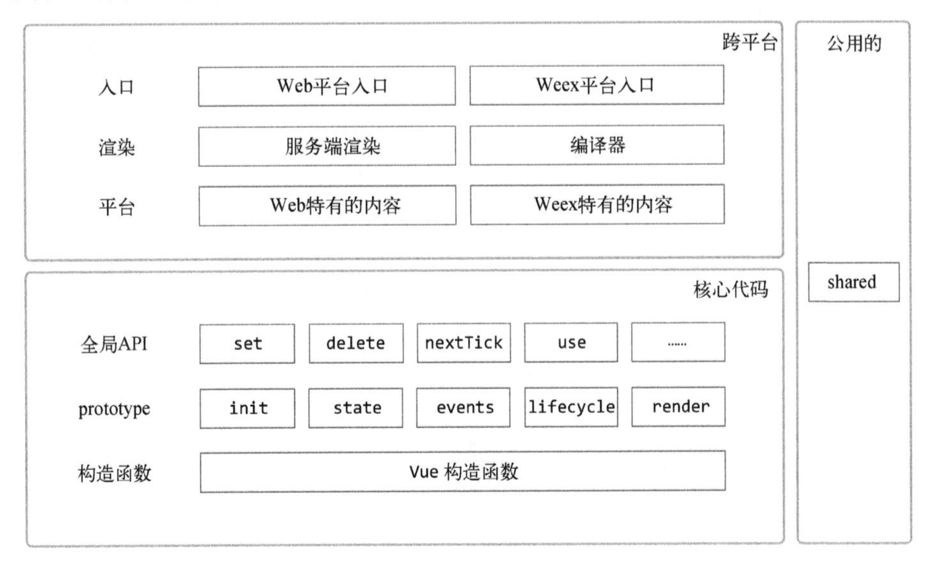

图 12-1　程序结构

在最底层和最顶层中间，我们需要逐渐添加一些方法和属性，而构造函数上一层的一些方法会最终添加到构造函数的 `prototype` 属性中，再上一层的方法最终会添加到构造函数上，这些方法叫作全局 API（Global API），例如 `Vue.use`。也就是说，先在构造函数的 `prototype` 属性中添加方法后，再向构造函数自身添加全局 API。再往上一层是与跨平台相关的内容。在构建时，首先会选择一个平台，然后将特定于这个平台的代码加载到构建文件中。再上一层是渲染层，其中包含两部分内容：服务端渲染相关的内容和编译器相关的内容。同时，这一层的内容是可选的，构建时会根据构建的目标文件来选择是否需要将编译器加载进来。事实上，这一层并不权威，因为服务端渲染相关的代码只存在于 Web 平台下，而且这两个平台有各自的编译器配置。这里之所以把它们放到渲染层，是因为它们都是与渲染相关的内容。

上一节中我们介绍了 dist 目录下很多不同的 Vue.js 构建版本，这些版本中有的只包含运行时，有的是完整版的。如果构建只包含运行时代码的版本，就不会将渲染层中编译器部分的代码加载进来。

最顶层是入口，也可以叫作出口。对于构建工具和 Vue.js 的使用者来说，这是入口；对于 Vue.js 自身来说，这是出口。在构建文件时，不同平台的构建文件会选择不同的入口进行构建操作。

从整体结构上看，下面三层的代码是与平台无关的核心代码，上面三层是与平台相关的代码。因此，整个程序结构还可以用另一种表现形式来展现，如图 12-2 所示。

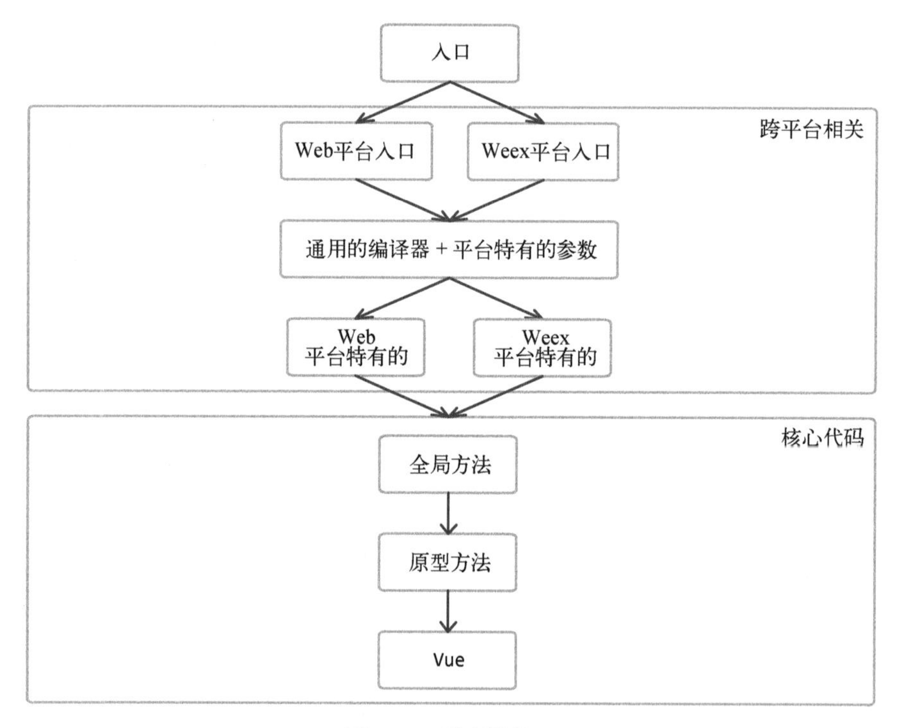

图 12-2　程序结构 2

从图 12-2 可以看到，不同平台有不同的入口，有一些特定于平台的代码会加载到这部分，而底层的核心代码是通用的，可以在任何平台下运行。

这里以构建 Web 平台下运行的文件为例，如果我们构建的是完整版本，那么会选择 Web 平台的入口文件开始构建，这个入口文件最终会导出一个 `Vue` 构造函数。在导出之前，会向 `Vue` 构造函数中面添加一些方法，其流程是：先向 `Vue` 构造函数的 `prototype` 属性上添加一些方法，然后向 `Vue` 构造函数自身添加一些全局 API，接着将平台特有的代码导入进来，最后将编译器导入进来。最终将所有代码同 `Vue` 构造函数一起导出去。

12.3 总结

本章从全局的角度介绍了 Vue.js 内部的各个功能是如何组织在一起的，其中依次介绍了它的目录结构和架构设计。在目录结构中，我们详细说明了每个目录的作用，并详细介绍了 dist 目录下不同构建文件之间的区别。

在架构设计中，我们介绍了 Vue.js 在大体上可以分三部分：核心代码、跨平台相关与公用工具函数。核心代码包含原型方法和全局 API，它们可以在各个平台下运行，而跨平台相关的部分更多的是渲染相关的功能，不同平台下的渲染 API 是不同的。以 Web 平台为例，Web 页面中的渲染操作就是操作 DOM，所以在跨平台的 Web 环境下对 DOM 操作的 API 进行了封装，这个封装主要与虚拟 DOM 对接，而虚拟 DOM 中所使用的各种节点操作其实是调用跨平台层封装的 API 接口。而 Weex 平台对节点的操作与 Web 平台并不相同。

第 13 章

实例方法与全局 API 的实现原理

上一章介绍了 Vue.js 内部的整体结构，知道了它会向构造函数添加一些属性和方法。本章中，我们将详细介绍它的实例方法和全局 API 的实现原理。

在 Vue.js 内部，有这样一段代码：

```
01   import { initMixin } from './init'
02   import { stateMixin } from './state'
03   import { renderMixin } from './render'
04   import { eventsMixin } from './events'
05   import { lifecycleMixin } from './lifecycle'
06   import { warn } from '../util/index'
07
08   function Vue (options) {
09     if (process.env.NODE_ENV !== 'production' &&
10       !(this instanceof Vue)
11     ) {
12       warn('Vue is a constructor and should be called with the `new` keyword')
13     }
14     this._init(options)
15   }
16
17   initMixin(Vue)
18   stateMixin(Vue)
19   eventsMixin(Vue)
20   lifecycleMixin(Vue)
21   renderMixin(Vue)
22
23   export default Vue
```

其中定义了 Vue 构造函数，然后分别调用了 initMixin、stateMixin、eventsMixin、lifecycleMixin 和 renderMixin 这 5 个函数，并将 Vue 构造函数当作参数传给了这 5 个函数。

这 5 个函数的作用就是向 Vue 的原型中挂载方法。以函数 initMixin 为例，它的实现方式是这样的：

```
01   export function initMixin (Vue) {
02     Vue.prototype._init = function (options) {
```

```
03        // 做些什么
04      }
05    }
```

可以看到，当函数 initMixin 被调用时，会向 Vue 构造函数的 prototype 属性添加 _init 方法。执行 new Vue()时，会调用 _init 方法，该方法实现了一系列初始化操作，包括整个生命周期的流程以及响应式系统流程的启动等。关于 _init 的初始化流程，我们会在第 14 章中详细介绍。

其他 4 个函数也是如此，只是它们会在 Vue 构造函数的 prototype 属性上挂载不同的方法而已。

13.1 数据相关的实例方法

与数据相关的实例方法有 3 个，分别是 vm.$watch、vm.$set 和 vm.$delete，它们是在 stateMixin 中挂载到 Vue 的原型上的，代码如下：

```
01  import {
02    set,
03    del
04  } from '../observer/index'
05
06  export function stateMixin (Vue) {
07    Vue.prototype.$set = set
08    Vue.prototype.$delete = del
09    Vue.prototype.$watch = function (expOrFn, cb, options) {}
10  }
```

可以看到，当 stateMixin 被调用时，会向 Vue 构造函数的 prototype 属性挂载上面说的 3 个与数据相关的实例方法。

关于这 3 个方法的内部原理，我们已经在第 4 章中详细介绍过，这里不再赘述。

13.2 事件相关的实例方法

与事件相关的实例方法有 4 个，分别是：vm.$on、vm.$once、vm.$off 和 vm.$emit。这 4 个方法是在 eventsMixin 中挂载到 Vue 构造函数的 prototype 属性中的，其代码如下：

```
01  export function eventsMixin (Vue) {
02    Vue.prototype.$on = function (event, fn) {
03      // 做点什么
04    }
05
06    Vue.prototype.$once = function (event, fn) {
07      // 做点什么
08    }
09
10    Vue.prototype.$off = function (event, fn) {
11      // 做点什么
```

```
12      }
13
14      Vue.prototype.$emit = function (event) {
15        // 做点什么
16      }
17    }
```

可以看到，当 eventsMixin 被调用时，会向 Vue 构造函数的 prototype 属性添加 4 个实例方法。这 4 个方法在用 Vue.js 开发应用时经常用到，下面我们将详细介绍它们的实现原理。

13.2.1　vm.$on

这里我们先简单回顾一下 vm.$on 的用法：

```
01    vm.$on(event, callback)
```

- **参数**：
  - {string | Array<string>} event
  - {Function} callback
- **用法**：监听当前实例上的自定义事件，事件可以由 vm.$emit 触发。回调函数会接收所有传入事件所触发的函数的额外参数。
- **示例**：

```
01    vm.$on('test', function (msg) {
02      console.log(msg)
03    })
04    vm.$emit('test', 'hi')
05    // => "hi"
```

下面我们将详细介绍它的内部原理。

事件的实现方式并不难，只需要在注册事件时将回调函数收集起来，在触发事件时将收集起来的回调函数依次调用即可。Vue.js 的实现方式也是如此，其代码如下：

```
01    Vue.prototype.$on = function (event, fn) {
02      const vm = this
03      if (Array.isArray(event)) {
04        for (let i = 0, l = event.length; i < l; i++) {
05          this.$on(event[i], fn)
06        }
07      } else {
08        (vm._events[event] || (vm._events[event] = [])).push(fn)
09      }
10      return vm
11    }
```

在上面的代码中，当 event 参数为数组时，需要遍历数组，将其中的每一项递归调用 vm.$on，使回调可以被注册到数组中每项事件名所指定的事件列表中。当 event 参数不为数组时，就向事件列表中添加回调。通俗地讲，就是将回调注册到事件列表中。

vm._events 是一个对象，用来存储事件。在代码中，我们使用事件名（event）从 vm._events 中取出事件列表，如果列表不存在，则使用空数组初始化，然后再将回调函数添加到事件列表中。

这样事件就注册好了，我们可能会有一个疑惑，vm._events 是哪儿来的？事实上，在执行 new Vue()时，Vue 会执行 this._init 方法进行一系列初始化操作，其中就会在 Vue.js 的实例上创建一个 _events 属性，用来存储事件。其代码如下：

```
01  vm._events = Object.create(null)
```

13.2.2　vm.$off

同理，我们还是先简单回顾它的用法：

```
01  vm.$off([event, callback])
```

- **参数**：
  - {string | Array<string>} event
  - {Function} callback
- **用法**：移除自定义事件监听器。
  - 如果没有提供参数，则移除所有的事件监听器。
  - 如果只提供了事件，则移除该事件所有的监听器。
  - 如果同时提供了事件与回调，则只移除这个回调的监听器。

通过用法介绍，我们知道 vm.$off 的作用是移除自定义事件，并且有几种情况需要处理。

首先，我们需要处理没有提供参数的情况，此时需要移除所有事件的监听器，其代码如下：

```
01  Vue.prototype.$off = function (event, fn) {
02    const vm = this
03    // 移除所有事件的监听器
04    if (!arguments.length) {
05      vm._events = Object.create(null)
06      return vm
07    }
08    return vm
09  }
```

可以看到，这里有一个判断条件，当 arguments.length 为 0 时，说明没有任何参数，这时需要移除所有的事件监听器，因此我们重置了 vm._events 属性。前面介绍过 vm._events 属性存储了所有事件，所以将 vm._events 重置为初始状态就等同于将所有事件都移除了。

由于 vm.$off 的第一个参数 event 支持数组，所以接下来需要处理 event 参数为数组的情况，其处理逻辑很简单，只需要将数组遍历一遍，然后数组中的每一项依次调用 vm.$off 即可。其代码如下：

```
01  Vue.prototype.$off = function (event, fn) {
02    const vm = this
```

```
03    // 移除所有事件监听器
04    if (!arguments.length) {
05      vm._events = Object.create(null)
06      return vm
07    }
08
09    // 新增代码
10    // event 支持数组
11    if (Array.isArray(event)) {
12      for (let i = 0, l = event.length; i < l; i++) {
13        this.$off(event[i], fn)
14      }
15      return vm
16    }
17    return vm
18  }
```

在上面的代码中，当 event 参数为数组时，遍历它并依次调用 this.$off。代码中的 this.$off 和 vm.$off 是同一个方法，vm 是 this 的别名。

接下来，我们需要处理第二种条件：如果只提供了事件名，则移除该事件所有的监听器。实现这个功能并不复杂，我们只需要从 this._events 中将 event 重置为空即可。其代码如下：

```
01  Vue.prototype.$off = function (event, fn) {
02    const vm = this
03    // 移除所有事件监听器
04    if (!arguments.length) {
05      vm._events = Object.create(null)
06      return vm
07    }
08
09    // event 支持数组
10    if (Array.isArray(event)) {
11      for (let i = 0, l = event.length; i < l; i++) {
12        this.$off(event[i], fn)
13      }
14      return vm
15    }
16
17    // 新增代码
18    const cbs = vm._events[event]
19    if (!cbs) {
20      return vm
21    }
22    // 移除该事件的所有监听器
23    if (arguments.length === 1) {
24      vm._events[event] = null
25      return vm
26    }
27    return vm
28  }
```

在上面的代码中，首先进行一个安全监测。如果这个事件没有被监听，也就是说 vm._events

中找不到任何监听器，那么什么都不需要做，直接退出程序即可。

然后判断是否只有一个参数，如果是，将事件名在 vm._events 中的所有事件都移除。要移除该事件的所有监听器，只需要将 vm._events 上以该事件名为属性的值设置为 null 即可。

接下来处理最后一种情况：如果同时提供了事件与回调，那么只移除这个回调的监听器。实现这个功能并不复杂，只需要使用参数中提供的事件名从 vm._events 上取出事件列表，然后从列表中找到与参数中提供的回调函数相同的那个函数，并将它从列表中移除。其代码如下：

```
01  Vue.prototype.$off = function (event, fn) {
02    const vm = this
03    // 移除所有事件监听器
04    if (!arguments.length) {
05      vm._events = Object.create(null)
06      return vm
07    }
08
09    // event 支持数组
10    if (Array.isArray(event)) {
11      for (let i = 0, l = event.length; i < l; i++) {
12        this.$off(event[i], fn)
13      }
14      return vm
15    }
16
17    const cbs = vm._events[event]
18    if (!cbs) {
19      return vm
20    }
21    // 移除该事件的所有监听器
22    if (arguments.length === 1) {
23      vm._events[event] = null
24      return vm
25    }
26
27    // 新增代码
28    // 只移除与 fn 相同的监听器
29    if (fn) {
30      const cbs = vm._events[event]
31      let cb
32      let i = cbs.length
33      while (i--) {
34        cb = cbs[i]
35        if (cb === fn || cb.fn === fn) {
36          cbs.splice(i, 1)
37          break
38        }
39      }
40    }
41    return vm
42  }
```

这里我们先判断是否有 fn 参数，有则说明用户同时提供了 event 和 fn 这两个参数。然后从 vm._events 中取出事件监听器列表并遍历它，如果列表中的某一项与 fn 相同，或者某一项的 fn 属性与 fn 相同，说明已经找到了需要删除的监听器（也就是回调函数），这时使用 splice 方法将它从列表中移除即可。当循环结束后，列表中所有与用户在参数中提供的 fn 相同的监听器都会被移除。

这里有一个细节需要注意，在代码中遍历列表是从后向前循环，这样在列表中移除当前位置的监听器时，不会影响列表中未遍历到的监听器的位置。如果是从前向后遍历，那么当从列表中移除一个监听器时，后面的监听器会自动向前移动一个位置，这会导致下一轮循环时跳过一个元素。

13.2.3　vm.$once

这里还是先简单回顾一下 vm.$once 的用法：

```
01  vm.$once(event, callback)
```

- **参数**：
  - {string | Array<string>} event
  - {Function} callback
- **用法**：监听一个自定义事件，但是只触发一次，在第一次触发之后移除监听器。

通过上面的介绍，我们知道 vm.$once 和 vm.$on 的区别是 vm.$once 只能被触发一次，所以实现这个功能的一个思路是：在 vm.$once 中调用 vm.$on 来实现监听自定义事件的功能，当自定义事件触发后会执行拦截器，将监听器从事件列表中移除。

具体实现如下：

```
01  Vue.prototype.$once = function (event, fn) {
02    const vm = this
03    function on () {
04      vm.$off(event, on)
05      fn.apply(vm, arguments)
06    }
07    on.fn = fn
08    vm.$on(event, on)
09    return vm
10  }
```

可以看到，我们在 vm.$once 中使用 vm.$on 来监听事件。首先，将函数 on 注册到事件中。当自定义事件被触发时，会先执行函数 on（在这个函数中，会使用 vm.$off(event, on)将自定义事件移除），然后手动执行函数 fn，并将参数 arguments 传递给函数 fn，这就可以实现 vm.$once 的功能。

但是要注意 on.fn = fn 这行代码。前面我们介绍 vm.$off 时提到，在移除监听器时，需要将用户提供的监听器函数与列表中的监听器函数进行对比，相同部分会被移除，这导致当我们使用拦截器代替监听器注入到事件列表中时，拦截器和用户提供的函数是不相同的，此时用户使用 vm.$off 来移除事件监听器，移除操作会失效。

这个问题的解决方案是将用户提供的原始监听器保存到拦截器的 fn 属性中，当 vm.$off 方法遍历事件监听器列表时，同时会检查监听器和监听器的 fn 属性是否与用户提供的监听器函数相同，只要有一个相同，就说明需要被移除的监听器被找到了，将被找到的拦截器从事件监听器列表中移除即可。

在 vm.$off 中，我们会检查监听器（cb）和监听器的 fn 属性是否与用户提供的 fn 相同。有这样的判断逻辑：

```
01  if (cb === fn || cb.fn === fn) {
02    // 做些什么
03  }
```

13.2.4　vm.$emit

先简单回顾一下 vm.$emit 的用法：

```
01  vm.$emit( event, [...args] )
```

- **参数**：
  - {string} event
  - [...args]
- **用法**：触发当前实例上的事件。附加参数都会传给监听器回调。

vm.$emit 的作用是触发事件。前面我们介绍过，所有的事件监听器回调函数都会存储在 vm._events 中，所以触发事件的实现思路是使用事件名从 vm._events 中取出对应的事件监听器回调函数列表，然后依次执行列表中的监听器回调并将参数传递给监听器回调。其代码如下：

```
01  Vue.prototype.$emit = function (event) {
02    const vm = this
03    let cbs = vm._events[event]
04    if (cbs) {
05      const args = toArray(arguments, 1)
06      for (let i = 0, l = cbs.length; i < l; i++) {
07        try {
08          cbs[i].apply(vm, args)
09        } catch (e) {
10          handleError(e, vm, `event handler for "${event}"`)
11        }
12      }
13    }
14    return vm
15  }
```

这里我们使用 event 从 vm._events 中取出事件监听器回调函数列表，并将其赋值给变量 cbs。如果 cbs 存在，则循环它，依次调用每一个监听器回调并将所有参数传给监听器回调。

toArray 的作用是将类似于数组的数据转换成真正的数组，它的第二个参数是起始位置。也就是说，args 是一个数组，里面包含除第一个参数之外的所有参数。

同时我们会看到代码中使用 try...catch 语句来捕获事件监听器回调的错误。当监听器回调发生错误时，会触发 handleError 函数，在控制台打印出错误提示。同时，如果在 Vue.config.errorHandler 配置了错误处理函数，它将会被触发。

13.3 生命周期相关的实例方法

与生命周期相关的实例方法有 4 个，分别是 vm.$mount、vm.$forceUpdate、vm.$nextTick 和 vm.$destroy。其中有两个方法是从 lifecycleMixin 中挂载到 Vue 构造函数的 prototype 属性上的，分别是 vm.$forceUpdate 和 vm.$destroy。lifecycleMixin 的代码如下：

```
01  export function lifecycleMixin (Vue) {
02    Vue.prototype.$forceUpdate = function () {
03      // 做点什么
04    }
05
06    Vue.prototype.$destroy = function () {
07      // 做点什么
08    }
09  }
```

vm.$nextTick 方法是从 renderMixin 中挂载到 Vue 构造函数的 prototype 属性上的。renderMixin 的代码如下：

```
01  export function renderMixin (Vue) {
02    Vue.prototype.$nextTick = function (fn) {
03      // 做点什么
04    }
05  }
```

而 vm.$mount 方法则是在跨平台的代码中挂载到 Vue 构造函数的 prototype 属性上的。

13.3.1 vm.$forceUpdate

vm.$forceUpdate()的作用是迫使 Vue.js 实例重新渲染。注意它仅仅影响实例本身以及插入插槽内容的子组件，而不是所有子组件。

我们只需要执行实例 watcher 的 update 方法，就可以让实例重新渲染。Vue.js 的每一个实例都有一个 watcher。第 5 章介绍虚拟 DOM 时提到，当状态发生变化时，会通知到组件级别，然后组件内部使用虚拟 DOM 进行更详细的重新渲染操作。事实上，组件就是 Vue.js 实例，所以组件级别的 watcher 和 Vue.js 实例上的 watcher 说的是同一个 watcher。

手动执行实例 watcher 的 update 方法，就可以使 Vue.js 实例重新渲染。vm.$forceUpdate 的具体实现如下：

```
01  Vue.prototype.$forceUpdate = function () {
02    const vm = this
03    if (vm._watcher) {
04      vm._watcher.update()
05    }
06  }
```

vm._watcher 就是 Vue.js 实例的 watcher，每当组件内依赖的数据发生变化时，都会自动触发 Vue.js 实例中 _watcher 的 update 方法。

关于 watcher 的 update 方法，详见 2.6 节。

重新渲染的实现原理并不难，Vue.js 的自动渲染通过变化侦测来侦测数据，即当数据发生变化时，Vue.js 实例重新渲染。而 vm.$forceUpdate 是手动通知 Vue.js 实例重新渲染。

13.3.2 vm.$destroy

vm.$destroy 的作用是完全销毁一个实例，它会清理该实例与其他实例的连接，并解绑其全部指令及监听器，同时会触发 beforeDestroy 和 destroyed 的钩子函数。

这个方法并不是很常用，大部分场景下并不需要销毁组件，只需要使用 v-if 或者 v-for 等指令以数据驱动的方式控制子组件的生命周期即可。

下面我们将一步步了解 vm.$destroy 的实现原理。

首先，我们需要在 Vue 的 prototype 属性上新增一个实例方法，其代码如下：

```
01  Vue.prototype.$destroy = function () {
02    // 做些什么
03  }
```

接下来，我们将开始实现销毁组件的逻辑。首先，需要在销毁组件之前触发 beforeDestroy 钩子函数。其代码如下：

```
01  Vue.prototype.$destroy = function () {
02    const vm = this
03    if (vm._isBeingDestroyed) {
04      return
05    }
06    callHook(vm, 'beforeDestroy')
07    vm._isBeingDestroyed = true
08  }
```

为了防止 vm.$destroy 被反复执行，我们首先对属性 _isBeingDestroyed 进行判断，如果它为 true，说明 Vue.js 实例正在被销毁，直接使用 return 语句退出函数执行逻辑。因为销毁只需要销毁一次即可，不需要反复销毁。

然后调用 callHook 函数触发 beforeDestroy 的钩子函数。关于 callHook 的作用和实现原理，我们会在 14.2 节中单独介绍。这里我们只需要知道调用 callHook 会触发参数中提供的钩子函数即可。

接下来，我们将介绍销毁实例的逻辑。

首先，需要清理当前组件与父组件之间的连接。组件就是 Vue.js 的实例，所以要清理当前组件与父组件之间的连接，只需要将当前组件实例从父组件实例的 `$children` 属性中删除即可。

说明　Vue.js 实例的 `$children` 属性存储了所有子组件。

具体实现代码如下：

```
01  // 删除自己与父级之间的连接
02  const parent = vm.$parent
03  if (parent && !parent._isBeingDestroyed && !vm.$options.abstract) {
04    remove(parent.$children, vm)
05  }
```

上面代码中的判断条件是：如果当前实例有父级，同时父级没有被销毁且不是抽象组件，那么将自己从父级的子级列表中删除，也就是将自己的实例从父级的 `$children` 属性中删除。

你可能会有疑问，一个组件可以同时被多个组件引入。也就是说，一个子组件可以同时放在很多父组件下面，那么为什么代码中只从一个父组件的 `$children` 列表中移除了子组件？

事实上，子组件在不同父组件中是不同的 Vue.js 实例，所以一个子组件实例的父级只有一个，销毁操作也只需要从父级的子组件列表中销毁当前这个 Vue.js 实例。

可以看到，代码中使用 `remove` 方法将 `vm` 从 `parent.$children` 中删除了。其中 `remove` 方法的实现原理如下：

```
01  export function remove (arr, item) {
02    if (arr.length) {
03      const index = arr.indexOf(item)
04      if (index > -1) {
05        return arr.splice(index, 1)
06      }
07    }
08  }
```

从上面的代码可以看到，`remove` 方法的实现原理非常优雅，它不是使用循环方法从列表中找到相同的元素之后再删除，而是直接通过 `indexOf` 方法得到元素在数组中的下标，然后直接使用这个下标结合 `splice` 方法将元素从数组中删除。

父子组件间的链接断掉之后，我们需要销毁实例上的所有 `watcher`，也就是说需要将实例上所有的依赖追踪断掉。

前面介绍过，状态会收集一些依赖，当状态发生变化时会向这些依赖发送通知，而被收集的依赖就是 `watcher` 实例。因此，当 Vue.js 实例被销毁时，应该将实例所监听的状态都取消掉，也就是从状态的依赖列表中将 `watcher` 移除。

在 4.1.2 节中，我们介绍了 watcher 的 teardown 方法，它的作用是从所有依赖项的 Dep 列表中将自己移除。也就是说，只要执行这个方法，就可以断掉这个 watcher 所监听的所有状态。

因此，我们首先需要断掉 Vue.js 实例自身的 watcher 实例监听的所有状态，代码如下：

```
01  // 从watcher 监听的所有状态的依赖列表中移除 watcher
02  if (vm._watcher) {
03    vm._watcher.teardown()
04  }
```

这里执行了组件自身的 watcher 实例的 teardown 方法，从所有依赖项的订阅列表中删除 watcher 实例。删除之后，当状态发生变化时，watcher 实例就不会再得到通知。

你可能会奇怪 vm._watcher 是从哪里来的。当执行 new Vue() 时，会执行一系列初始化操作并渲染组件到视图上，其中就包括 vm._watcher 的处理。从 Vue.js 2.0 开始，变化侦测的粒度调整为中等粒度，它只会发送通知到组件级别，然后组件使用虚拟 DOM 进行重新渲染。组件其实就是 Vue.js 实例，怎么通知到组件级别呢？事实上，在 Vue.js 实例上，有一个 watcher，也就是 vm._watcher，它会监听这个组件中用到的所有状态，即这个组件内用到的所有状态的依赖列表中都会收集到 vm._watcher 中。当这些状态发生变化时，也都会通知 vm._watcher，然后这个 watcher 再调用虚拟 DOM 进行重新渲染。

因此，在销毁 Vue.js 实例的 watcher 实例所监听的所有状态时，只需要执行 vm._watcher.teardown() 即可。

当然，只从状态的依赖列表中删除 Vue.js 实例上的 watcher 实例是不够的。我们知道，Vue.js 提供了 vm.$watch 方法，它允许用户监听某个状态。因此，还需要销毁用户使用 vm.$watch 所创建的 watcher 实例。

从状态的依赖列表中销毁用户创建的 watcher 实例和销毁 Vue 实例上的 watcher 实例相同，只需要执行 watcher 的 teardown 方法，**但问题是如何知道用户创建了多少个 watcher？**

Vue.js 的解决方案是当执行 new Vue() 时，在初始化的流程中，在 this 上添加一个 _watchers 属性：

```
01  vm._watchers = []
```

然后每当创建 watcher 实例时，都会将 watcher 实例添加到 vm._watchers 中。

也就是说，在 Watcher 中有这样一行代码：

```
01  export default class Watcher {
02    constructor (vm, expOrFn, cb) {
03      // 每当创建 watcher 实例时，都将 watcher 实例添加到 vm._watchers 中
04      vm._watchers.push(this)
05      ……
06    }
07
08    ……
09  }
```

13

因此，每当用户使用 vm.$watch 时，都会在 vm._watchers 中添加一个 watcher 实例，通过 vm._watchers 就可以得到所有 watcher 实例。我们只需要遍历 vm._watchers 并依次执行每一项 watcher 实例的 teardown 方法，就可以将 watcher 实例从它所监听的状态的依赖列表中移除。

具体的实现代码如下：

```
01  let i = vm._watchers.length
02  while (i--) {
03    vm._watchers[i].teardown()
04  }
```

代码中的逻辑与前面介绍的相同，循环 vm._watchers，并依次执行每个 watcher 的 teardown 方法。

接下来，向 Vue.js 实例添加 _isDestroyed 属性来表示 Vue.js 实例已经被销毁，代码如下：

```
01  vm._isDestroyed = true
```

有趣的是，当 vm.$destroy 执行时，Vue.js 不会将已经渲染到页面中的 DOM 节点移除，但会将模板中的所有指令解绑。代码如下：

```
01  vm.__patch__(vm._vnode, null)
```

接下来触发 destroyed 钩子函数，代码如下：

```
01  // 触发 destroyed 钩子函数
02  callHook(vm, 'destroyed')
```

最后移除实例上的所有事件监听器。在 13.2.2 节中我们介绍 vm.$off 时提到，如果该方法不传递任何参数，则移除所有的事件监听器。因此，这里只需要执行 vm.$off 方法，就可以移除所有事件监听器。其代码如下：

```
01  vm.$off()
```

最后完整的代码如下：

```
01  Vue.prototype.$destroy = function () {
02    const vm = this
03    if (vm._isBeingDestroyed) {
04      return
05    }
06    callHook(vm, 'beforeDestroy')
07    vm._isBeingDestroyed = true
08
09    // 删除自己与父级之间的连接
10    const parent = vm.$parent
11    if (parent && !parent._isBeingDestroyed && !vm.$options.abstract) {
12      remove(parent.$children, vm)
13    }
14    // 从 watcher 监听的所有状态的依赖列表中移除 watcher
15    if (vm._watcher) {
16      vm._watcher.teardown()
17    }
18    let i = vm._watchers.length
```

```
19      while (i--) {
20        vm._watchers[i].teardown()
21      }
22      vm._isDestroyed = true
23      // 在 vnode 树上触发 destroy 钩子函数解绑指令
24      vm.__patch__(vm._vnode, null)
25      // 触发 destroyed 钩子函数
26      callHook(vm, 'destroyed')
27      // 移除所有的事件监听器
28      vm.$off()
29    }
```

13.3.3　vm.$nextTick

nextTick 接收一个回调函数作为参数，它的作用是将回调延迟到下次 DOM 更新周期之后执行。它与全局方法 Vue.nextTick 一样，不同的是回调的 this 自动绑定到调用它的实例上。如果没有提供回调且在支持 Promise 的环境中，则返回一个 Promise。

我们在开发项目时会遇到一种场景：当更新了状态（数据）后，需要对新 DOM 做一些操作，但是这时我们其实获取不到更新后的 DOM，因为还没有重新渲染。这个时候我们需要使用 nextTick 方法。

示例如下：

```
01  new Vue({
02    // ……
03    methods: {
04      // ……
05      example: function () {
06        // 修改数据
07        this.message = 'changed'
08        // DOM 还没有更新
09        this.$nextTick(function () {
10          // DOM 现在更新了
11          // this 绑定到当前实例
12          this.doSomethingElse()
13        })
14      }
15    }
16  })
```

有一个问题：下次 DOM 更新周期之后执行，具体是指什么时候呢？要搞清楚这个问题，需要先弄明白什么是“下次 DOM 更新周期”。

在 Vue.js 中，当状态发生变化时，watcher 会得到通知，然后触发虚拟 DOM 的渲染流程。而 watcher 触发渲染这个操作并不是同步的，而是异步的。Vue.js 中有一个队列，每当需要渲染时，会将 watcher 推送到这个队列中，在下一次事件循环中再让 watcher 触发渲染的流程。

1. 为什么 Vue.js 使用异步更新队列

我们知道 Vue.js 2.0 开始使用虚拟 DOM 进行渲染，变化侦测的通知只发送到组件，组件内用到的所有状态的变化都会通知到同一个 watcher，然后虚拟 DOM 会对整个组件进行“比对（diff）”并更改 DOM。也就是说，如果在同一轮事件循环中有两个数据发生了变化，那么组件的 watcher 会收到两份通知，从而进行两次渲染。事实上，并不需要渲染两次，虚拟 DOM 会对整个组件进行渲染，所以只需要等所有状态都修改完毕后，一次性将整个组件的 DOM 渲染到最新即可。

要解决这个问题，Vue.js 的实现方式是将收到通知的 watcher 实例添加到队列中缓存起来，并且在添加到队列之前检查其中是否已经存在相同的 watcher，只有不存在时，才将 watcher 实例添加到队列中。然后在下一次事件循环（event loop）中，Vue.js 会让队列中的 watcher 触发渲染流程并清空队列。这样就可以保证即便在同一事件循环中有两个状态发生改变，watcher 最后也只执行一次渲染流程。

2. 什么是事件循环

我们都知道 JavaScript 是一门单线程且非阻塞的脚本语言，这意味着 JavaScript 代码在执行的任何时候都只有一个主线程来处理所有任务。而非阻塞是指当代码需要处理异步任务时，主线程会挂起（pending）这个任务，当异步任务处理完毕后，主线程再根据一定规则去执行相应回调。

事实上，当任务处理完毕后，JavaScript 会将这个事件加入一个队列中，我们称这个队列为**事件队列**。被放入事件队列中的事件不会立刻执行其回调，而是等待当前执行栈中的所有任务执行完毕后，主线程会去查找事件队列中是否有任务。

异步任务有两种类型：微任务（microtask）和宏任务（macrotask）。不同类型的任务会被分配到不同的任务队列中。

当执行栈中的所有任务都执行完毕后，会去检查微任务队列中是否有事件存在，如果存在，则会依次执行微任务队列中事件对应的回调，直到为空。然后去宏任务队列中取出一个事件，把对应的回调加入当前执行栈，当执行栈中的所有任务都执行完毕后，检查微任务队列中是否有事件存在。无限重复此过程，就形成了一个无限循环，这个循环就叫作**事件循环**。

属于微任务的事件包括但不限于以下几种：

- Promise.then
- MutationObserver
- Object.observe
- process.nextTick

属于宏任务的事件包括但不限于以下几种：

- setTimeout
- setInterval
- setImmediate

- ❑ MessageChannel
- ❑ requestAnimationFrame
- ❑ I/O
- ❑ UI 交互事件

3. 什么是执行栈

当我们执行一个方法时，JavaScript 会生成一个与这个方法对应的执行环境（context），又叫执行上下文。这个执行环境中有这个方法的私有作用域、上层作用域的指向、方法的参数、私有作用域中定义的变量以及 `this` 对象。这个执行环境会被添加到一个栈中，这个栈就是执行栈。

如果在这个方法的代码中执行到了一行函数调用语句，那么 JavaScript 会生成这个函数的执行环境并将其添加到执行栈中，然后进入这个执行环境继续执行其中的代码。执行完毕并返回结果后，JavaScript 会退出执行环境并把这个执行环境从栈中销毁，回到上一个方法的执行环境。这个过程反复进行，直到执行栈中的代码全部执行完毕。这个执行环境的栈就是执行栈。

回到前面的问题，“下次 DOM 更新周期”的意思其实是下次微任务执行时更新 DOM。而 `vm.$nextTick` 其实是将回调添加到微任务中。只有在特殊情况下才会降级成宏任务，默认会添加到微任务中。

因此，如果使用 `vm.$nextTick` 来获取更新后的 DOM，则需要注意顺序的问题。因为不论是更新 DOM 的回调还是使用 `vm.$nextTick` 注册的回调，都是向微任务队列中添加任务，所以哪个任务先添加到队列中，就先执行哪个任务。

注意　事实上，更新 DOM 的回调也是使用 `vm.$nextTick` 来注册到微任务中的。

如果想在 `vm.$nextTick` 中获取更新后的 DOM，则一定要在更改数据的后面使用 `vm.$nextTick` 注册回调，如下所示：

```
01  new Vue({
02    // ……
03    methods: {
04      // ……
05      example: function () {
06        // 先修改数据
07        this.message = 'changed'
08        // 然后使用 nextTick 注册回调
09        this.$nextTick(function () {
10          // DOM 现在更新了
11        })
12      }
13    }
14  })
```

如果是先使用 `vm.$nextTick` 注册回调，然后修改数据，则在微任务队列中先执行使用

vm.$nextTick 注册的回调，然后执行更新 DOM 的回调。所以在回调中得不到最新的 DOM，因为此时 DOM 还没有更新。如下所示：

```
01  new Vue({
02    // ……
03    methods: {
04      // ……
05      example: function () {
06        // 先使用 nextTick 注册回调
07        this.$nextTick(function () {
08          // DOM 没有更新
09        })
10        // 然后修改数据
11        this.message = 'changed'
12      }
13    }
14  })
```

通过上面的介绍我们知道，在事件循环中，必须当微任务队列中的事件都执行完之后，才会从宏任务队列中取出一个事件执行下一轮，所以添加到微任务队列中的任务的执行时机优先于向宏任务队列中添加的任务。

修改数据会默认将更新 DOM 的回调添加到微任务队列中，代码如下：

```
01  new Vue({
02    // ……
03    methods: {
04      // ……
05      example: function () {
06        // 先使用 setTimeout 向宏任务中注册回调
07        setTimeout(_ => {
08          // DOM 现在更新了
09        }, 0)
10        // 然后修改数据向微任务中注册回调
11        this.message = 'changed'
12      }
13    }
14  })
```

setTimeout 属于宏任务，使用它注册的回调会加入到宏任务中。宏任务的执行要比微任务晚，所以即便是先注册，也是先更新 DOM 后执行 setTimeout 中设置的回调。

帮助大家彻底理解了 vm.$nextTick 的作用后，我们将详细介绍其实现原理。

首先，我们知道 vm.$nextTick 和全局方法 Vue.nextTick 是相同的，所以 nextTick 的具体实现并不是在 Vue 原型上的 $nextTick 方法中，而是抽象成了 nextTick 方法供两个方法共用。代码如下：

```
01  import { nextTick } from '../util/index'
02
03  Vue.prototype.$nextTick = function (fn) {
04    return nextTick(fn, this)
05  }
```

可以看到，Vue 原型上的 $nextTick 方法只是调用了 nextTick 方法，具体实现其实在 nextTick 中。

接下来，我们将详细介绍 nextTick 方法的实现方式。

由于 vm.$nextTick 会将回调添加到任务队列中延迟执行，所以在回调执行前，如果反复调用 vm.$nextTick，Vue.js 并不会反复将回调添加到任务队列中，只会向任务队列中添加一个任务。此外，Vue.js 内部有一个列表用来存储 vm.$nextTick 参数中提供的回调。在一轮事件循环中，vm.$nextTick 只会向任务队列添加一个任务，多次使用 vm.$nextTick 只会将回调添加到回调列表中缓存起来。当任务触发时，依次执行列表中的所有回调并清空列表。其代码如下：

```
01  const callbacks = []
02  let pending = false
03
04  function flushCallbacks () {
05    pending = false
06    const copies = callbacks.slice(0)
07    callbacks.length = 0
08    for (let i = 0; i < copies.length; i++) {
09      copies[i]()
10    }
11  }
12
13  let microTimerFunc
14  const p = Promise.resolve()
15  microTimerFunc = () => {
16    p.then(flushCallbacks)
17  }
18
19  export function nextTick (cb, ctx) {
20    callbacks.push(() => {
21      if (cb) {
22        cb.call(ctx)
23      }
24    })
25    if (!pending) {
26      pending = true
27      microTimerFunc()
28    }
29  }
30
31  // 测试一下
32  nextTick(function () {
33    console.log(this.name) // Berwin
34  }, {name: 'Berwin'})
```

在上面代码中，我们通过数组 callbacks 来存储用户注册的回调，声明了变量 pending 来标记是否已经向任务队列中添加了一个任务。每当向任务队列中插入任务时，将 pending 设置为 true，每当任务被执行时将 pending 设置为 false，这样就可以通过 pending 的值来判断是否需要向任务队列中添加任务。

上面我们还声明了函数 flushCallbacks，它就是我们所说的被注册的那个任务。当这个函数被触发时，会将 callbacks 中的所有函数依次执行，然后清空 callbacks，并将 pending 设置为 false。也就是说，一轮事件循环中 flushCallbacks 只会执行一次。

接下来声明了 microTimerFunc 函数，它的作用是使用 Promise.then 将 flushCallbacks 添加到微任务队列中。

上面的准备工作完成后，当我们执行 nextTick 函数注册回调时，首先将回调函数添加到 callbacks 中，然后使用 pending 判断是否需要向任务队列中新增任务。

下面我们从执行的角度回顾 nextTick 的流程。首先，当 nextTick 被调用时，会将回调函数添加到 callbacks 中。如果此时是本轮事件循环第一次使用 nextTick，那么需要向任务队列中添加任务。因此，我们使用 microTimerFunc 函数封装 Promise.then 的作用就是将任务添加到微任务队列中。如果不是本轮事件循环中第一次调用 nextTick，也就是说，此时任务队列中已经被添加了一个执行回调列表的任务，那么我们就不需要执行 microTimerFunc 向任务队列中添加重复的任务，因为被添加到任务队列中的任务只需要执行一次，就可以将本轮事件循环中使用 nextTick 方法注册的回调都依次执行一遍。图 13-1 给出了 nextTick 的内部注册流程和执行流程。

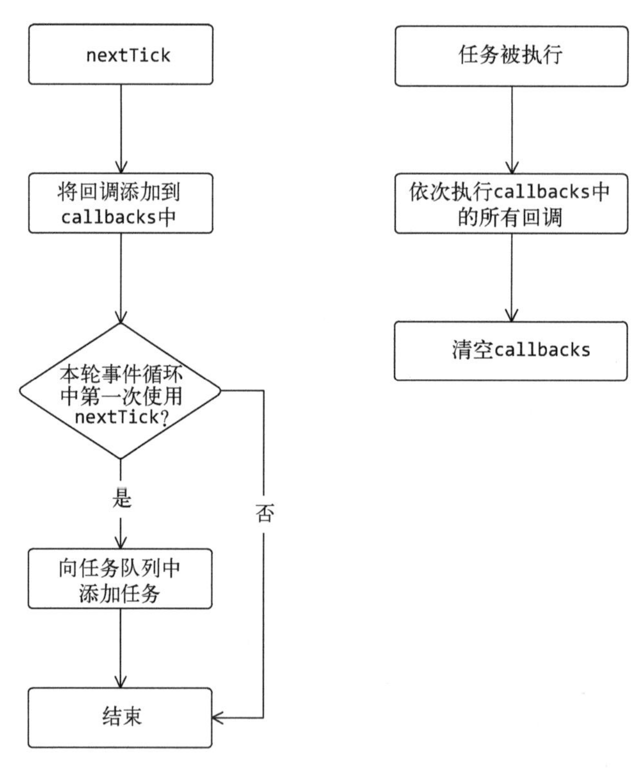

图 13-1　nextTick 内部运行流程

在 Vue.js 2.4 版本之前，`nextTick` 方法在任何地方都使用微任务，但是微任务的优先级太高，在某些场景下可能会出现问题。所以 Vue.js 提供了在特殊场合下可以强制使用宏任务的方法。具体实现如下：

```
01  const callbacks = []
02  let pending = false
03
04  function flushCallbacks () {
05    pending = false
06    const copies = callbacks.slice(0)
07    callbacks.length = 0
08    for (let i = 0; i < copies.length; i++) {
09      copies[i]()
10    }
11  }
12
13  let microTimerFunc
14  let macroTimerFunc = function () {...}
15
16  // 新增代码
17  let useMacroTask = false
18
19  const p = Promise.resolve()
20  microTimerFunc = () => {
21    p.then(flushCallbacks)
22  }
23
24  // 新增代码
25  export function withMacroTask (fn) {
26    return fn._withTask || (fn._withTask = function () {
27      useMacroTask = true
28      const res = fn.apply(null, arguments)
29      useMacroTask = false
30      return res
31    })
32  }
33
34  export function nextTick (cb, ctx) {
35    callbacks.push(() => {
36      if (cb) {
37        cb.call(ctx)
38      }
39    })
40    if (!pending) {
41      pending = true
42      // 修改代码
43      if (useMacroTask) {
44        macroTimerFunc()
45      } else {
46        microTimerFunc()
47      }
48    }
49  }
```

在上述代码中，新增了 withMacroTask 函数，它的作用是给回调函数做一层包装，保证在整个回调函数执行过程中，如果修改了状态（数据），那么更新 DOM 的操作会被推到宏任务队列中。也就是说，更新 DOM 的执行时间会晚于回调函数的执行时间。

下面用点击事件举例。假设点击事件的回调使用了 withMacroTask 进行包装，那么在点击事件被触发时，如果回调中修改了数据，那么这个修改数据的操作所触发的更新 DOM 的操作会被添加到宏任务队列中。因为我们在 nextTick 中新增了判断语句，当 useMacroTask 为 true 时，则使用 macroTimerFunc 注册事件。

因此，withMacroTask 的实现逻辑很简单，先将变量 useMacroTask 设置为 true，然后执行回调，如果这时候回调中修改了数据（触发了更新 DOM 的操作），而 useMacroTask 是 true，那么更新 DOM 的操作会被推送到宏任务队列中。当回调执行完毕后，将 useMacroTask 恢复为 false。

说明　更新 DOM 的回调也是使用 nextTick 将任务添加到任务队列中。

简单来说就是，被 withMacroTask 包裹的函数所使用的所有 vm.$nextTick 方法都会将回调添加到宏任务队列中，其中包括状态被修改后触发的更新 DOM 的回调和用户自己使用 vm.$nextTick 注册的回调等。

接下来，我们将介绍 macroTimerFunc 是如何将回调添加到宏任务队列中的。

前面我们介绍过几种属于宏任务的事件，Vue.js 优先使用 setImmediate，但是它存在兼容性问题，只能在 IE 中使用，所以使用 MessageChannel 作为备选方案。如果浏览器也不支持 MessageChannel，那么最后会使用 setTimeout 来将回调添加到宏任务队列中。

实现方式如下：

```
01  if (typeof setImmediate !== 'undefined' && isNative(setImmediate)) {
02    macroTimerFunc = () => {
03      setImmediate(flushCallbacks)
04    }
05  } else if (typeof MessageChannel !== 'undefined' && (
06    isNative(MessageChannel) ||
07    MessageChannel.toString() === '[object MessageChannelConstructor]'
08  )) {
09    const channel = new MessageChannel()
10    const port = channel.port2
11    channel.port1.onmessage = flushCallbacks
12    macroTimerFunc = () => {
13      port.postMessage(1)
14    }
15  } else {
16    macroTimerFunc = () => {
17      setTimeout(flushCallbacks, 0)
18    }
19  }
```

可以看到，macroTimerFunc 被执行时，会将 flushCallbacks 添加到宏任务队列中。

前面提到 microTimerFunc 的实现原理是使用 Promise.then，但并不是所有浏览器都支持 Promise，当不支持时，会降级成 macroTimerFunc。其实现方式如下：

```
01  if (typeof Promise !== 'undefined' && isNative(Promise)) {
02    const p = Promise.resolve()
03    microTimerFunc = () => {
04      p.then(flushCallbacks)
05    }
06  } else {
07    microTimerFunc = macroTimerFunc
08  }
```

首先判断浏览器是否支持 Promise，然后进行相应的处理即可。

官方文档中有这样一句话：如果没有提供回调且在支持 Promise 的环境中，则返回一个 Promise。也就是说，可以这样使用 vm.$nextTick：

```
01  this.$nextTick()
02    .then(function () {
03      // DOM 更新了
04    })
```

要实现这个功能，我们只需要在 nextTick 中进行判断，如果没有提供回调且当前环境支持 Promise，那么返回 Promise，并且在 callbacks 中添加一个函数，当这个函数执行时，执行 Promise 的 resolve 即可，代码如下：

```
01  export function nextTick (cb, ctx) {
02    // 新增代码
03    let _resolve
04    callbacks.push(() => {
05      if (cb) {
06        cb.call(ctx)
07      } else if (_resolve) { // 新增代码
08        _resolve(ctx)
09      }
10    })
11    if (!pending) {
12      pending = true
13      if (useMacroTask) {
14        macroTimerFunc()
15      } else {
16        microTimerFunc()
17      }
18    }
19    // 新增代码
20    if (!cb && typeof Promise !== 'undefined') {
21      return new Promise(resolve => {
22        _resolve = resolve
23      })
24    }
25  }
```

在上面的代码中，先在函数作用域中声明了变量 _resolve，然后进行相应的处理。

最终完整的代码如下：

```
01  const callbacks = []
02  let pending = false
03
04  function flushCallbacks () {
05    pending = false
06    const copies = callbacks.slice(0)
07    callbacks.length = 0
08    for (let i = 0; i < copies.length; i++) {
09      copies[i]()
10    }
11  }
12
13  let microTimerFunc
14  let macroTimerFunc
15  let useMacroTask = false
16
17  if (typeof setImmediate !== 'undefined' && isNative(setImmediate)) {
18    macroTimerFunc = () => {
19      setImmediate(flushCallbacks)
20    }
21  } else if (typeof MessageChannel !== 'undefined' && (
22    isNative(MessageChannel) ||
23    MessageChannel.toString() === '[object MessageChannelConstructor]'
24  )) {
25    const channel = new MessageChannel()
26    const port = channel.port2
27    channel.port1.onmessage = flushCallbacks
28    macroTimerFunc = () => {
29      port.postMessage(1)
30    }
31  } else {
32    macroTimerFunc = () => {
33      setTimeout(flushCallbacks, 0)
34    }
35  }
36
37  if (typeof Promise !== 'undefined' && isNative(Promise)) {
38    const p = Promise.resolve()
39    microTimerFunc = () => {
40      p.then(flushCallbacks)
41    }
42  } else {
43    microTimerFunc = macroTimerFunc
44  }
45
46  export function withMacroTask (fn) {
47    return fn._withTask || (fn._withTask = function () {
48      useMacroTask = true
49      const res = fn.apply(null, arguments)
50      useMacroTask = false
```

```
51        return res
52      })
53    }
54
55    export function nextTick (cb, ctx) {
56      let _resolve
57      callbacks.push(() => {
58        if (cb) {
59          cb.call(ctx)
60        } else if (_resolve) {
61          _resolve(ctx)
62        }
63      })
64      if (!pending) {
65        pending = true
66        if (useMacroTask) {
67          macroTimerFunc()
68        } else {
69          microTimerFunc()
70        }
71      }
72      if (!cb && typeof Promise !== 'undefined') {
73        return new Promise(resolve => {
74          _resolve = resolve
75        })
76      }
77    }
```

13.3.4 vm.$mount

我们并不常用这个方法，其原因是如果在实例化 Vue.js 时设置了 el 选项，会自动把 Vue.js 实例挂载到 DOM 元素上。但理解这个方法却非常重要，因为无论我们在实例化 Vue.js 时是否设置了 el 选项，想让 Vue.js 实例具有关联的 DOM 元素，只有使用 vm.$mount 方法这一种途径。

在详细介绍 vm.$mount 的内部原理之前，我们先来回顾下它的使用方式：

```
01    vm.$mount( [elementOrSelector] )
```

下面简要介绍一下这个方法。

- **参数**：{Element | string} [elementOrSelector]。
- **返回值**：vm，即实例自身。
- **用法**：如果 Vue.js 实例在实例化时没有收到 el 选项，则它处于“未挂载”状态，没有关联的 DOM 元素。我们可以使用 vm.$mount 手动挂载一个未挂载的实例。如果没有提供 elementOrSelector 参数，模板将被渲染为文档之外的元素，并且必须使用原生 DOM 的 API 把它插入文档中。这个方法返回实例自身，因而可以链式调用其他实例方法。
- **示例**：

```
01    var MyComponent = Vue.extend({
02      template: '<div>Hello!</div>'
```

13

```
03  })
04
05  // 创建并挂载到#app（会替换#app）
06  new MyComponent().$mount('#app')
07
08  // 创建并挂载到#app（会替换#app）
09  new MyComponent({ el: '#app' })
10
11  // 或者，在文档之外渲染并且随后挂载
12  var component = new MyComponent().$mount()
13  document.getElementById('app').appendChild(component.$el)
```

在第 12 章中，我们介绍了 Vue.js 有很多不同的构建版本。事实上，在不同的构建版本中，`vm.$mount` 的表现都不一样。其差异主要体现在完整版（vue.js）和只包含运行时版本（vue.runtime.js）之间。

完整版和只包含运行时版本之间的差异在于是否有编译器，而是否有编译器的差异主要在于 `vm.$mount` 方法的表现形式。在只包含运行时的构建版本中，`vm.$mount` 的作用如前面介绍的那样。而在完整的构建版本中，`vm.$mount` 的作用会稍有不同，它首先会检查 `template` 或 `el` 选项所提供的模板是否已经转换成渲染函数（`render` 函数）。如果没有，则立即进入编译过程，将模板编译成渲染函数，完成之后再进入挂载与渲染的流程中。

只包含运行时版本的 `vm.$mount` 没有编译步骤，它会默认实例上已经存在渲染函数，如果不存在，则会设置一个。并且，这个渲染函数在执行时会返回一个空节点的 `VNode`，以保证执行时不会因为函数不存在而报错。同时，如果是在开发环境下运行，Vue.js 会触发警告，提示我们当前使用的是只包含运行时版本，会让我们提供渲染函数，或者去使用完整的构建版本。

所以从原理的角度来讲，完整版和只包含运行时版本之间是包含关系，完整版包含只包含运行时版本，如图 13-2 所示。

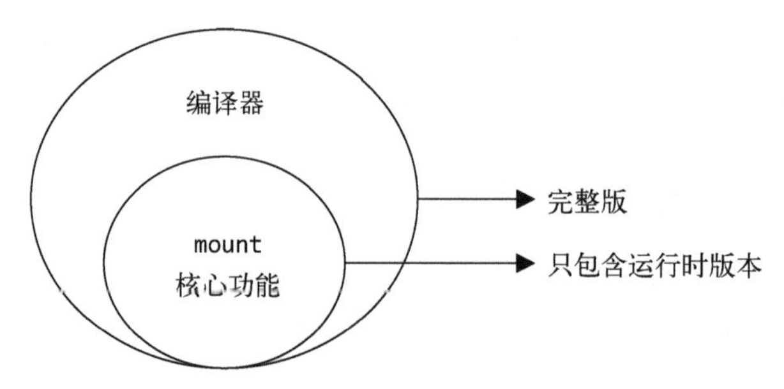

图 13-2　完整版与只包含运行时版本之间的差异

1. 完整版 vm.$mount 的实现原理

由于完整版的 `vm.$mount` 方法包含只包含运行时版本的 `vm.$mount` 方法，所以本节中只介绍它们之间存在差异的这部分内容。

首先，来看完整版 `vm.$mount` 的实现代码：

```
01  const mount = Vue.prototype.$mount
02  Vue.prototype.$mount = function (el) {
03    // 做些什么
04    return mount.call(this, el)
05  }
```

在上面的代码中，我们将 Vue 原型上的 $mount 方法保存在 mount 中，以便后续使用。然后 Vue 原型上的 $mount 方法被一个新的方法覆盖了。新方法中会调用原始的方法，这种做法通常被称为**函数劫持**。

通过函数劫持，可以在原始功能之上新增一些其他功能。在上面的代码中，vm.$mount 的原始方法就是 mount 的核心功能，而在完整版中需要将编译功能新增到核心功能上去。

由于 el 参数支持元素类型或者字符串类型的选择器,所以第一步是通过 el 获取 DOM 元素。代码如下：

```
01  const mount = Vue.prototype.$mount
02  Vue.prototype.$mount = function (el) {
03    el = el && query(el)
04    return mount.call(this, el)
05  }
```

这里我们使用 query 获取 DOM 元素，其实现方式如下：

```
01  function query (el) {
02    if (typeof el === 'string') {
03      const selected = document.querySelector(el)
04      if (!selected) {
05        return document.createElement('div')
06      }
07      return selected
08    } else {
09      return el
10    }
11  }
```

上面的代码对 el 进行类型判断,如果是字符串,则使用 document.querySelector 获取 DOM 元素，如果获取不到，则创建一个空的 div 元素。如果 el 的类型不是字符串，那么认为它是元素类型，直接返回 el（如果执行 vm.$mount 方法时没有传递 el 参数，则返回 undefined）。

接下来，将实现完整版 vm.$mount 中最主要的功能：编译器。

首先判断 Vue.js 实例中是否存在渲染函数，只有不存在时，才会将模板编译成渲染函数。其代码如下：

```
01  const mount = Vue.prototype.$mount
02  Vue.prototype.$mount = function (el) {
03    el = el && query(el)
04
05    const options = this.$options
06    if (!options.render) {
07      // 将模板编译成渲染函数并赋值给 options.render
```

```
08     }
09
10     return mount.call(this, el)
11   }
```

在上面的代码中，你一定会对 `this.$options` 感到陌生。这是因为我们还没有介绍初始化相关的流程，这些内容将在第 14 章中介绍。

在实例化 Vue.js 时，会有一个初始化流程，其中会向 Vue.js 实例上新增一些方法，这里的 `this.$options` 就是其中之一，它可以访问到实例化 Vue.js 时用户设置的一些参数，例如 `template` 和 `render`。

通过这个条件会发现，如果在实例化 Vue.js 时给出了 `render` 选项，那么 `template` 其实是无效的，因为不会进入模板编译的流程，而是直接使用 `render` 选项中提供的渲染函数。

关于这一点，Vue.js 在官方文档的 `template` 选项中也给出了相应的提示。如果没有 `render` 选项，那么需要获取模板并将模板编译成渲染函数（`render` 函数）赋值给 `render` 选项。

我们先介绍获取模板相关的逻辑，代码如下：

```
01   const mount = Vue.prototype.$mount
02   Vue.prototype.$mount = function (el) {
03     el = el && query(el)
04
05     const options = this.$options
06     if (!options.render) {
07       // 新增获取模板相关逻辑
08       let template = options.template
09       if (template) {
10         // 做些什么
11       } else if (el) {
12         template = getOuterHTML(el)
13       }
14     }
15
16     return mount.call(this, el)
17   }
```

上面代码中新增了获取模板相关的逻辑。从选项中取出 `template` 选项，也就是取出用户实例化 Vue.js 时设置的模板。如果没取到，说明用户没有设置 `template` 选项，那么使用 `getOuterHTML` 方法从用户提供的 `el` 选项中获取模板。`getOuterHTML` 方法的实现如下：

```
01   function getOuterHTML (el) {
02     if (el.outerHTML) {
03       return el.outerHTML
04     } else {
05       const container = document.createElement('div')
06       container.appendChild(el.cloneNode(true))
07       return container.innerHTML
08     }
09   }
```

可以看出，getOuterHTML 方法会返回参数中提供的 DOM 元素的 HTML 字符串。

结合前面的代码，整体逻辑是，如果用户没有通过 template 选项设置模板，那么会从 el 选项中获取 HTML 字符串当作模板。如果用户提供了 template 选项，那么需要对它进一步解析，因为这个选项支持很多种使用方式。template 选项可以直接设置成字符串模板，也可以设置为以#开头的选择符，还可以设置成 DOM 元素。

为了从不同的格式中将模板解析出来，需新增如下代码：

```
01  const mount = Vue.prototype.$mount
02  Vue.prototype.$mount = function (el) {
03    el = el && query(el)
04
05    const options = this.$options
06    if (!options.render) {
07      let template = options.template
08      if (template) {
09        // 新增解析模板逻辑
10        if (typeof template === 'string') {
11          if (template.charAt(0) === '#') {
12            template = idToTemplate(template)
13          }
14        } else if (template.nodeType) {
15          template = template.innerHTML
16        } else {
17          if (process.env.NODE_ENV !== 'production') {
18            warn('invalid template option:' + template, this)
19          }
20          return this
21        }
22      } else if (el) {
23        template = getOuterHTML(el)
24      }
25    }
26
27    return mount.call(this, el)
28  }
```

如果 template 是字符串并且以#开头，则它将被用作选择符。通过选择符获取 DOM 元素后，会使用 innerHTML 作为模板。

在上述代码中，我们使用 idToTemplate 方法从选择符中获取模板，它的实现方式如下：

```
01  function idToTemplate (id) {
02    const el = query(id)
03    return el && el.innerHTML
04  }
```

可以看到，idToTemplate 方法使用选择符获取 DOM 元素之后，将它的 innerHTML 作为模板。

如果 template 是字符串，但不是以#开头，就说明 template 是用户设置的模板，不需要进行任何处理，直接使用即可。

如果 template 选项的类型不是字符串，则判断它是否是一个 DOM 元素：如果是，则使用 DOM 元素的 innerHTML 作为模板；如果不是，只需要判断它是否具备 nodeType 属性即可。

如果 template 选项既不是字符串，也不是 DOM 元素，那么 Vue.js 会触发警告，提示用户 template 选项是无效的。

当获取模板之后，下一步要做的事情是将模板编译成渲染函数，新增如下代码：

```
01  const mount = Vue.prototype.$mount
02  Vue.prototype.$mount = function (el) {
03    el = el && query(el)
04
05    const options = this.$options
06    if (!options.render) {
07      let template = options.template
08      if (template) {
09        if (typeof template === 'string') {
10          if (template.charAt(0) === '#') {
11            template = idToTemplate(template)
12          }
13        } else if (template.nodeType) {
14          template = template.innerHTML
15        } else {
16          if (process.env.NODE_ENV !== 'production') {
17            warn('invalid template option:' + template, this)
18          }
19          return this
20        }
21      } else if (el) {
22        template = getOuterHTML(el)
23      }
24
25      // 新增编译相关逻辑
26      if (template) {
27        const { render } = compileToFunctions(
28          template,
29          {...},
30          this
31        )
32        options.render = render
33      }
34    }
35
36    return mount.call(this, el)
37  }
```

代码中新增了编译相关的逻辑，通过执行 compileToFunctions 函数可以将模板编译成渲染函数并设置到 this.$options 上。

关于模板编译的内容，我们在第三篇中详细介绍过，但当时并没有过多介绍代码字符串如何转换成渲染函数（render 函数），现在我们详细说明一下。

将模板编译成代码字符串并将代码字符串转换成渲染函数的过程是在 compileToFunctions 函数中完成的，该函数的内部实现如下：

```
01  function compileToFunctions (template, options, vm) {
02    options = extend({}, options)
03
04    // 检查缓存
05    const key = options.delimiters
06      ? String(options.delimiters) + template
07      : template
08    if (cache[key]) {
09      return cache[key]
10    }
11
12    // 编译
13    const compiled = compile(template, options)
14
15    // 将代码字符串转换为函数
16    const res = {}
17    res.render = createFunction(compiled.render)
18
19    return (cache[key] = res)
20  }
21
22  function createFunction (code) {
23    return new Function(code)
24  }
```

首先，将 options 属性混合到空对象中，其目的是让 options 成为可选参数。

接下来，检查缓存中是否已经存在编译后的模板。如果模板已经被编译，就会直接返回缓存中的结果，不会重复编译，保证不做无用功来提升性能。

然后调用 compile 函数来编译模板。这部分内容就是第三篇中介绍的，将模板编译成代码字符串并存储在 compiled 中的 render 属性中，此时该属性中保存的内容类似下面这样：

```
01  'with(this){return _c("div",{attrs:{"id":"el"}},[_v("Hello "+_s(name))])}'
```

接下来，调用 createFunction 函数将代码字符串转换为函数。其实现原理相当简单，使用 new Function(code)就可以完成。

在代码字符串被 new Function(code)转换成函数之后，当调用函数时，代码字符串会被执行。例如：

```
01  const code = 'console.log("Hello Berwin")'
02  const render = new Function(code)
03  render() // Hello Berwin
```

最后，将渲染函数返回给调用方。

回到前面，当通过 compileToFunctions 函数得到渲染函数之后，将渲染函数设置到 this.$options 上。

13

2. 只包含运行时版本的 vm.$mount 的实现原理

只包含运行时版本的 vm.$mount 方法包含了 vm.$mount 方法的核心功能，实现如下：

```
01  Vue.prototype.$mount = function (el) {
02    el = el && inBrowser ? query(el) : undefined
03    return mountComponent(this, el)
04  }
```

可以看到，$mount 方法将 ID 转换为 DOM 元素后，使用 mountComponent 函数将 Vue.js 实例挂载到 DOM 元素上。事实上，将实例挂载到 DOM 元素上指的是将模板渲染到指定的 DOM 元素中，而且是持续性的，以后当数据（状态）发生变化时，依然可以渲染到指定的 DOM 元素中。

实现这个功能需要开启 watcher。watcher 将持续观察模板中用到的所有数据（状态），当这些数据（状态）被修改时它将得到通知，从而进行渲染操作。这个过程会持续到实例被销毁。

接下来，我们来看一下 mountComponent 函数的具体实现：

```
01  export function mountComponent (vm, el) {
02    if (!vm.$options.render) {
03      vm.$options.render = createEmptyVNode
04      if (process.env.NODE_ENV !== 'production') {
05        // 在开发环境发出警告
06      }
07    }
08  }
```

首先，mountComponent 方法会判断实例上是否存在渲染函数。如果不存在，则设置一个默认的渲染函数 createEmptyVNode，该渲染函数执行后，会返回一个注释类型的 VNode 节点。在 6.3.1 节中介绍 VNode 时，我们见过这个渲染函数，当时说它可以创建注释节点。事实上，如果在 mountComponent 方法中发现实例上没有渲染函数，则会将 el 参数指定页面中的元素节点替换成一个注释节点，并且在开发环境下在浏览器的控制台中给出警告。

Vue.js 实例在不同的阶段会触发不同的生命周期钩子，在挂载实例之前会触发 beforeMount 钩子函数。代码如下：

```
01  export function mountComponent (vm, el) {
02    if (!vm.$options.render) {
03      vm.$options.render = createEmptyVNode
04      if (process.env.NODE_ENV !== 'production') {
05        // 在开发环境下发出警告
06      }
07    }
08    // 触发生命周期钩子
09    callHook(vm, 'beforeMount')
10  }
```

关于 callHook 的实现原理，我们将在第 14 章中单独介绍，这里只需要知道调用它并设置一个名字，就可以触发对应的生命周期钩子。

钩子函数触发后，将执行真正的挂载操作。挂载操作与渲染类似，不同的是渲染指的是渲染一次，而挂载指的是持续性渲染。挂载之后，每当状态发生变化时，都会进行渲染操作。具体实现如下：

```
01  export function mountComponent (vm, el) {
02    if (!vm.$options.render) {
03      vm.$options.render = createEmptyVNode
04      if (process.env.NODE_ENV !== 'production') {
05        // 在开发环境下发出警告
06      }
07    }
08    // 触发生命周期钩子
09    callHook(vm, 'beforeMount')
10
11    // 挂载
12    vm._watcher = new Watcher(vm, () => {
13      vm._update(vm._render())
14    }, noop)
15
16    // 触发生命周期钩子
17    callHook(vm, 'mounted')
18    return vm
19  }
```

代码中的 watcher 在第一篇中详细介绍过，这里主要有两个方法是我们不熟悉的，分别是 _update 和 _render：前者的作用是调用虚拟 DOM 中的 patch 方法来执行节点的比对与渲染操作，而后者的作用是执行渲染函数，得到一份最新的 VNode 节点树。

所以在这段代码中，vm._update(vm._render()) 的作用是先调用渲染函数得到一份最新的 VNode 节点树，然后通过 _update 方法对最新的 VNode 和上一次渲染用到的旧 VNode 进行对比并更新 DOM 节点。简单来说，就是执行了渲染操作。

挂载是持续性的，而持续性的关键就在于 new Watcher 这行代码。我们在第 4 章中介绍过，Watcher 的第二个参数支持函数，并且当它是函数时，会发生很神奇的事情，会同时观察函数中所读取的所有 Vue.js 实例上的响应式数据。

下面我们来回顾一下 watcher 观察数据的过程。

状态通过 Observer 转换成响应式之后，每当触发 getter 时，会从全局的某个属性中获取 watcher 实例并将它添加到数据的依赖列表中。watcher 在读取数据之前，会先将自己设置到全局的某个属性中。而数据被读取会触发 getter，所以会将 watcher 收集到依赖列表中。收集好依赖后，当数据发生变化时，会向依赖列表中的 watcher 发送通知。

由于 Watcher 的第二个参数支持函数，所以当 watcher 执行函数时，函数中所读取的数据都将会触发 getter 去全局找到 watcher 并将其收集到函数的依赖列表中。也就是说，**函数中读取的所有数据都将被 watcher 观察。这些数据中的任何一个发生变化时，watcher 都将得到通知。**

得出了这个结论后，有什么用呢？当数据发生变化时，watcher 会一次又一次地执行函数进入渲染流程，如此反复，这个过程会持续到实例被销毁。

挂载完毕后，会触发 mounted 钩子函数。

13.4　全局 API 的实现原理

现在我们已经了解了 Vue.js 实例方法的内部原理，接下来将介绍全局 API 的内部原理。

13.4.1　Vue.extend

其用法如下：

```
01  Vue.extend( options )
```

- **参数**：{Object} options
- **用法**：使用基础 Vue 构造器创建一个“子类”，其参数是一个包含“组件选项”的对象。

  data 选项是特例，在 Vue.extend()中，它必须是函数：

```
01  <div id="mount-point"></div>
02  // 创建构造器
03  var Profile = Vue.extend({
04    template: '<p>{{firstName}} {{lastName}} aka {{alias}}</p>',
05    data: function () {
06      return {
07        firstName: 'Walter',
08        lastName: 'White',
09        alias: 'Heisenberg'
10      }
11    }
12  })
13  // 创建 Profile 实例，并挂载到一个元素上
14  new Profile().$mount('#mount-point')
```

  结果如下：

```
01  <p>Walter White aka Heisenberg</p>
```

全局 API 和实例方法不同，后者是在 Vue 的原型上挂载方法，也就是在 Vue.prototype 上挂载方法，而前者是直接在 Vue 上挂载方法。代码如下所示：

```
01  Vue.extend = function (extendOptions) {
02    // 做点什么
03  }
```

在上面的代码中，我们直接在 Vue.js 上添加了 extend 方法。

Vue.extend 的作用是创建一个子类，所以可以创建一个子类，然后让它继承 Vue 身上的一些功能。

首先需要创建一个子类，其代码如下：

```
01  let cid = 1
02
03  Vue.extend = function (extendOptions) {
04    extendOptions = extendOptions || {}
05    const Super = this
06    const SuperId = Super.cid
07    const cachedCtors = extendOptions._Ctor || (extendOptions._Ctor = {})
08    if (cachedCtors[SuperId]) {
09      return cachedCtors[SuperId]
10    }
11    const name = extendOptions.name || Super.options.name
12    if (process.env.NODE_ENV !== 'production') {
13      if (!/^[a-zA-Z][\w-]*$/.test(name)) {
14        warn(
15          'Invalid component name: "' + name + '". Component names ' +
16          'can only contain alphanumeric characters and the hyphen, ' +
17          'and must start with a letter.'
18        )
19      }
20    }
21    const Sub = function VueComponent (options) {
22      this._init(options)
23    }
24
25    // 缓存构造函数
26    cachedCtors[SuperId] = Sub
27    return Sub
28  }
```

为了性能考虑，我们在 Vue.extend 方法内首先增加了缓存策略。反复调用 Vue.extend 其实应该返回同一个结果。只要返回结果是固定的，就可以将计算结果缓存，再次调用 extend 方法时，只需要从缓存中取出结果即可。

代码中使用父类的 id 作为缓存的 key，将子类缓存在 cachedCtors 中。

此外，还可以看到对 name 的校验，如果发现 name 选项不合格，会在开发环境下发出警告。

最后，在代码中创建子类并将它返回，这一步并没有继承的逻辑，此时子类是不能用的，它还不具备 Vue 的能力。接下来，我们将介绍子类是如何继承 Vue 的能力的。

13

首先，将父类的原型继承到子类中：

```
01  // 新增继承原型
02  Sub.prototype = Object.create(Super.prototype)
03  Sub.prototype.constructor = Sub
04  Sub.cid = cid++
```

这里新增了原型继承的逻辑，并且为子类添加了 cid，它表示每个类的唯一标识。

接下来，将父类的 options 选项继承到子类中，代码如下：

```
01  // 新增
02  Sub.options = mergeOptions(
03    Super.options,
```

```
04     extendOptions
05   )
06   Sub['super'] = Super
```

这里合并了父类选项与子类选项的逻辑，并将父类保存到子类的 super 属性中。而 mergeOptions 方法会将两个选项合并为一个新对象。

接下来，如果选项中存在 props 属性，则初始化它，代码如下：

```
01   // 新增
02   if (Sub.options.props) {
03     initProps(Sub)
04   }
```

初始化 props 的作用是将 key 代理到 _props 中。例如，vm.name 实际上可以访问到的是 Sub.prototype._props.name。实现原理如下：

```
01   function initProps (Comp) {
02     const props = Comp.options.props
03     for (const key in props) {
04       proxy(Comp.prototype, `_props`, key)
05     }
06   }
07
08   function proxy (target, sourceKey, key) {
09     sharedPropertyDefinition.get = function proxyGetter () {
10       return this[sourceKey][key]
11     }
12     sharedPropertyDefinition.set = function proxySetter (val) {
13       this[sourceKey][key] = val
14     }
15     Object.defineProperty(target, key, sharedPropertyDefinition)
16   }
```

此后，如果选项中存在 computed，则对它进行初始化。代码如下：

```
01   // 新增
02   if (Sub.options.computed) {
03     initComputed(Sub)
04   }
```

初始化 computed 的逻辑并不难，只是将 computed 对象遍历一遍，并将里面的每一项都定义一遍即可，代码如下：

```
01   function initComputed (Comp) {
02     const computed = Comp.options.computed
03     for (const key in computed) {
04       defineComputed(Comp.prototype, key, computed[key])
05     }
06   }
```

这里通过 defineComputed 方法对 computed 对象中的每一项进行定义。关于如何定义 computed，我们会在后面介绍其原理时详细说明。

接下来，要将父类中存在的属性依次复制到子类中，代码如下：

```
01  // 新增
02  Sub.extend = Super.extend
03  Sub.mixin = Super.mixin
04  Sub.use = Super.use
05
06  // ASSET_TYPES = ['component', 'directive', 'filter']
07  ASSET_TYPES.forEach(function (type) {
08    Sub[type] = Super[type]
09  })
10
11  if (name) {
12    Sub.options.components[name] = Sub
13  }
14
15  Sub.superOptions = Super.options
16  Sub.extendOptions = extendOptions
17  Sub.sealedOptions = extend({}, Sub.options)
```

这里复制到子类中的方法包括 extend、mixin、use、component、directive 和 filter。同时，在子类上新增了 superOptions、extendOptions 和 sealedOptions 属性。

完整的代码如下：

```
01  let cid = 1
02
03  Vue.extend = function (extendOptions) {
04    extendOptions = extendOptions || {}
05    const Super = this
06    const SuperId = Super.cid
07    const cachedCtors = extendOptions._Ctor || (extendOptions._Ctor = {})
08    if (cachedCtors[SuperId]) {
09      return cachedCtors[SuperId]
10    }
11    const name = extendOptions.name || Super.options.name
12    if (process.env.NODE_ENV !== 'production') {
13      if (!/^[a-zA-Z][\w-]*$/.test(name)) {
14        warn(
15          'Invalid component name: "' + name + '". Component names ' +
16          'can only contain alphanumeric characters and the hyphen, ' +
17          'and must start with a letter.'
18        )
19      }
20    }
21    const Sub = function VueComponent (options) {
22      this._init(options)
23    }
24    Sub.prototype = Object.create(Super.prototype)
25    Sub.prototype.constructor = Sub
26    Sub.cid = cid++
27
28    Sub.options = mergeOptions(
29      Super.options,
30      extendOptions
31    )
```

13

```
32      Sub['super'] = Super
33
34      if (Sub.options.props) {
35        initProps(Sub)
36      }
37
38      if (Sub.options.computed) {
39        initComputed(Sub)
40      }
41
42      Sub.extend = Super.extend
43      Sub.mixin = Super.mixin
44      Sub.use = Super.use
45
46      // ASSET_TYPES = ['component', 'directive', 'filter']
47      ASSET_TYPES.forEach(function (type) {
48        Sub[type] = Super[type]
49      })
50
51      if (name) {
52        Sub.options.components[name] = Sub
53      }
54
55      Sub.superOptions = Super.options
56      Sub.extendOptions = extendOptions
57      Sub.sealedOptions = extend({}, Sub.options)
58
59      // 缓存构造函数
60      cachedCtors[SuperId] = Sub
61      return Sub
62    }
```

总体来讲，其实就是创建了一个 Sub 函数并继承了父级。如果直接使用 Vue.extend，则 Sub 继承于 Vue 构造函数。

13.4.2 Vue.nextTick

其用法如下：

```
01  Vue.nextTick( [callback, context] )
```

- **参数**：
  - {Function} [callback]
  - {Object} [context]
- **用法**：在下次 DOM 更新循环结束之后执行延迟回调，修改数据之后立即使用这个方法获取更新后的 DOM。
- **示例**：

```
01  // 修改数据
02  vm.msg = 'Hello'
```

```
03 // DOM 还没有更新
04 Vue.nextTick(function () {
05 // DOM 更新了
06 })
07
08 // 作为一个 Promise 使用（这是 Vue.js 2.1.0 版本新增的）
09 Vue.nextTick()
10 .then(function () {
11   // DOM 更新了
12 })
```

Vue.nextTick 的实现原理与我们前面介绍的 vm.$nextTick 一样，代码如下：

```
01 import { nextTick } from '../util/index'
02
03 Vue.nextTick = nextTick
```

在上面的代码中，我们在 Vue.js 上添加了 nextTick 方法，这里不再重复介绍该方法的具体实现。

13.4.3 Vue.set

其用法如下：

```
01 Vue.set( target, key, value )
```

- **参数**：
  - {Object | Array} target
  - {string | number} key
  - {any} value
- **返回值**：设置的值。
- **用法**：设置对象的属性。如果对象是响应式的，确保属性被创建后也是响应式的，同时触发视图更新。这个方法主要用于避开 Vue 不能检测属性被添加的限制。

> **注意** 对象不能是 Vue.js 实例或者 Vue.js 实例的根数据对象。

Vue.set 与 vm.$set 的实现原理相同，代码如下：

```
01 import { set } from '../observer/index'
02 Vue.set = set
```

上面的代码为 Vue 新增了 set 方法，而 set 的具体实现在 4.2 节中已详细介绍过。

13.4.4 Vue.delete

其用法如下：

```
01 Vue.delete( target, key )
```

- **参数**：
  - {Object | Array} target
  - {string | number} key/index
- **用法**：删除对象的属性。如果对象是响应式的，确保删除能触发更新视图。这个方法主要用于避开 Vue.js 不能检测到属性被删除的限制。

Vue.delete 与 vm.$delete 的实现原理相同，代码如下：

```
01  import { del } from '../observer/index'
02  Vue.delete = del
```

上面代码为 Vue 新增了 delete 方法，4.3 节中对 delete 方法进行过详细说明。

13.4.5 Vue.directive

其用法如下：

```
01  Vue.directive( id, [definition] )
```

- **参数**：
  - {string} id
  - {Function | Object} [definition]
- **用法**：注册或获取全局指令。

```
01  // 注册
02  Vue.directive('my-directive', {
03    bind: function () {},
04    inserted: function () {},
05    update: function () {},
06    componentUpdated: function () {},
07    unbind: function () {}
08  })
09
10  // 注册（指令函数）
11  Vue.directive('my-directive', function () {
12    // 这里将会被 bind 和 update 调用
13  })
14
15  // getter 方法，返回已注册的指令
16  var myDirective = Vue.directive('my-directive')
```

除了核心功能默认内置的指令外（v-model 和 v-show），Vue.js 也允许注册自定义指令。虽然代码复用和抽象的主要形式是组件，但是有些情况下，仍然需要对普通 DOM 元素进行底层操作，这时就会用到自定义指令。

这里需要强调 Vue.directive 方法的作用是注册或获取全局指令，而不是让指令生效。其区别是注册指令需要做的事是将指令保存在某个位置，而让指令生效是将指令从某个位置拿出来执行它。

所以注册指令的实现并不难，代码如下：

```
01  // 用于保存指令的位置
02  Vue.options = Object.create(null)
03  Vue.options['directives'] = Object.create(null)
04
05  Vue.directive = function (id, definition) {
06    if (!definition) {
07      return this.options['directives'][id]
08    } else {
09      if (typeof definition === 'function') {
10        definition = { bind: definition, update: definition }
11      }
12      this.options['directives'][id] = definition
13      return definition
14    }
15  }
```

我们在 Vue 构造函数上创建了 options 属性来存放选项，并在选项上新增了 directive 方法用于存放指令。

Vue.directive 方法接收两个参数 id 和 definition，它可以注册或获取指令，这取决于 definition 参数是否存在。如果 definition 参数不存在，则使用 id 从 this.options['directives'] 中读出指令并将它返回；如果 definition 参数存在，则说明是注册操作，那么进而判断 definition 参数的类型是否是函数。

如果是函数，则默认监听 bind 和 update 两个事件，所以代码中将 definition 函数分别赋值给对象中的 bind 和 update 这两个方法，并使用这个对象覆盖 definition；如果 definition 不是函数，则说明它是用户自定义的指令对象，此时不需要做任何操作，直接将用户提供的指令对象保存在 this.options['directives'] 上即可。

13.4.6 Vue.filter

其方法如下：

```
01  Vue.filter( id, [definition] )
```

- **参数**：
  - {string} id
  - {Function | Object} [definition]
- **用法**：注册或获取全局过滤器。

```
01  // 注册
02  Vue.filter('my-filter', function (value) {
03    // 返回处理后的值
04  })
05
06  // getter 方法，返回已注册的过滤器
07  var myFilter = Vue.filter('my-filter')
```

Vue.js 允许自定义过滤器，可被用于一些常见的文本格式化。过滤器可以用在两个地方：**双花括号插值和 `v-bind` 表达式**。过滤器应该被添加在 JavaScript 表达式的尾部，由“管道”符号指示：

```
01  <!-- 在双花括号中 -->
02  {{ message | capitalize }}
03
04  <!-- 在 v-bind 中 -->
05  <div v-bind:id="rawId | formatId"></div>
```

与 `Vue.directive` 类似，`Vue.filter` 的作用仅仅是注册或获取全局过滤器。它们俩的注册过程也很类似，将过滤器保存在 `Vue.options['filters']` 中即可。代码如下：

```
01  Vue.options['filters'] = Object.create(null)
02
03  Vue.filter = function (id, definition) {
04    if (!definition) {
05      return this.options['filters'][id]
06    } else {
07      this.options['filters'][id] = definition
08      return definition
09    }
10  }
```

上面代码在 `Vue.options` 中新增了 `filters` 属性用于存放过滤器，并在 Vue.js 上新增了 `filter` 方法，它接收两个参数：`id` 和 `definition`。`Vue.filter` 方法可以注册或获取过滤器，这取决于 `definition` 参数是否存在，如果不存在，则使用 `id` 从 `this.options['filters']` 中读出过滤器并将它返回；如果 `definition` 参数存在，则说明是注册操作，直接将该参数保存到 `this.options['filters']` 中。

13.4.7　Vue.component

其用法如下：

```
01  Vue.component( id, [definition] )
```

- **参数**：
  - `{string} id`
  - `{Function | Object} [definition]`
- **用法**：注册或获取全局组件。注册组件时，还会自动使用给定的 `id` 设置组件的名称。相关代码如下：

```
01  // 注册组件，传入一个扩展过的构造器
02  Vue.component('my-component', Vue.extend({ /* ... */ }))
03
04  // 注册组件，传入一个选项对象（自动调用 Vue.extend）
05  Vue.component('my-component', { /* ... */ })
06
07  // 获取注册的组件（始终返回构造器）
08  var MyComponent = Vue.component('my-component')
```

我们在使用 Vue.js 开发项目时，会经常与组件打交道。在编写组件库时，也经常会用到 Vue.component 方法。因此，理解组件的注册原理非常重要。

与 Vue.directive 相同，Vue.component 只是注册或获取组件。注册组件的实现原理很简单，只需要将组件保存在某个地方即可，代码如下：

```
01  Vue.options['components'] = Object.create(null)
02
03  Vue.component = function (id, definition) {
04    if (!definition) {
05      return this.options['components'][id]
06    } else {
07      if (isPlainObject(definition)) {
08        definition.name = definition.name || id
09        definition = Vue.extend(definition)
10      }
11      this.options['components'][id] = definition
12      return definition
13    }
14  }
```

这里我们在 Vue.options 中新增了 components 属性用于存放组件，并在 Vue.js 上新增了 component 方法，它接收两个参数：id 和 definition。

Vue.component 方法可以注册或获取过滤器，这取决于 definition 参数是否存在：如果不存在，则使用 id 从 this.options['components'] 中读出组件并将它返回；如果 definition 参数存在，则说明是注册操作，那么需要将组件保存到 this.options['components'] 中。由于 definition 参数支持两种参数，分别是选项对象和构造器，而组件其实是一个构造函数，是使用 Vue.extend 生成的子类，所以需要将参数 definition 统一处理成构造器。

在代码中可以看到一行逻辑是，如果发现 definition 参数是 Object 类型，则调用 Vue.extend 方法将它变成 Vue 的子类，使用 Vue.component 方法注册组件；如果选项对象中没有设置组件名，则自动使用给定的 id 设置组件的名称。所以代码中可以看到这样一行代码：

```
01  definition.name = definition.name || id
```

你会发现 Vue.directive、Vue.filter 和 Vue.component 这三个方法的实现方式非常相似，代码很多都是重复的。但是为了方便理解，这里我将这三个方法分别拆开单独介绍。事实上，在 Vue.js 的源码中，这三个方法是放在一起实现的，具体如下：

```
01  Vue.options = Object.create(null)
02  // ASSET_TYPES = ['component', 'directive', 'filter']
03  ASSET_TYPES.forEach(type => {
04    Vue.options[type + 's'] = Object.create(null)
05  })
06  ASSET_TYPES.forEach(type => {
07    Vue[type] = function (id, definition) {
08      if (!definition) {
09        return this.options[type + 's'][id]
10      } else {
```

```
11        if (type === 'component' && isPlainObject(definition)) {
12          definition.name = definition.name || id
13          definition = Vue.extend(definition)
14        }
15        if (type === 'directive' && typeof definition === 'function') {
16          definition = { bind: definition, update: definition }
17        }
18        this.options[type + 's'][id] = definition
19        return definition
20      }
21    }
22  })
```

13.4.8 Vue.use

其用法如下：

```
01  Vue.use( plugin )
```

- **参数**：
  - `{Object | Function} plugin`
- **用法**：安装 Vue.js 插件。如果插件是一个对象，必须提供 `install` 方法。如果插件是一个函数，它会被作为 `install` 方法。调用 `install` 方法时，会将 `Vue` 作为参数传入。`install` 方法被同一个插件多次调用时，插件也只会被安装一次。

`Vue.use` 的作用是注册插件，此时只需要调用 `install` 方法并将 `Vue` 作为参数传入即可。但在细节上其实有两部分逻辑需要处理：一部分是插件的类型，可以是 `install` 方法，也可以是一个包含 `install` 方法的对象；另一部分逻辑是插件只能被安装一次，保证插件列表中不能有重复的插件。其代码如下：

```
01  Vue.use = function (plugin) {
02    const installedPlugins = (this._installedPlugins || (this._installedPlugins = []))
03    if (installedPlugins.indexOf(plugin) > -1) {
04      return this
05    }
06
07    // 其他参数
08    const args = toArray(arguments, 1)
09    args.unshift(this)
10    if (typeof plugin.install === 'function') {
11      plugin.install.apply(plugin, args)
12    } else if (typeof plugin === 'function') {
13      plugin.apply(null, args)
14    }
15    installedPlugins.push(plugin)
16    return this
17  }
```

这里我们在 Vue.js 上新增了 `use` 方法，并接收一个参数 `plugin`。在该方法中，首先判断插件是不是已经被注册过，如果被注册过，则直接终止方法执行，此时只需要使用 `indexOf` 方法即可。

接下来，使用 toArray 方法得到 arguments。除了第一个参数之外，剩余的所有参数将得到的列表赋值给 args，然后将 Vue 添加到 args 列表的最前面。这样做的目的是保证 install 方法被执行时第一个参数是 Vue，其余参数是注册插件时传入的参数。

由于 plugin 参数支持对象和函数类型，所以通过判断 plugin.install 和 plugin 哪个是函数，即可得知用户使用哪种方式注册的插件，然后执行用户编写的插件并将 args 作为参数传入。

最后，将插件添加到 installedPlugins 中，保证相同的插件不会反复被注册。

13.4.9 Vue.mixin

其用法如下：

```
01  Vue.mixin( mixin )
```

- **参数**：
  - {Object} mixin
- **用法**：全局注册一个混入（mixin），影响注册之后创建的每个 Vue.js 实例。插件作者可以使用混入向组件注入自定义行为（例如：监听生命周期钩子）。不推荐在应用代码中使用。该方法的代码如下：

```
01  // 为自定义的选项 myOption 注入一个处理器
02  Vue.mixin({
03    created: function () {
04      var myOption = this.$options.myOption
05      if (myOption) {
06        console.log(myOption)
07      }
08    }
09  })
10
11  new Vue({
12    myOption: 'hello!'
13  })
14  // => "hello!"
```

Vue.mixin 方法注册后，会影响之后创建的每个 Vue.js 实例，因为该方法会更改 Vue.options 属性。

其实现原理并不复杂，只是将用户传入的对象与 Vue.js 自身的 options 属性合并在一起，代码如下：

```
01  import { mergeOptions } from '../util/index'
02
03  export function initMixin (Vue) {
04    Vue.mixin = function (mixin) {
05      this.options = mergeOptions(this.options, mixin)
06      return this
07    }
08  }
```

其中，mergeOptions 方法会将用户传入的 mixin 与 this.options 合并成一个新对象，然后将这个生成的新对象覆盖 this.options 属性，这里的 this.options 其实就是 Vue.options。

因为 mixin 方法修改了 Vue.options 属性，而之后创建的每个实例都会用到该属性，所以会影响创建的每个实例。但也正是因为有影响，所以 mixin 在某些场景下才堪称神器。

13.4.10 Vue.compile

其用法如下：

```
01  Vue.compile( template )
```

- **参数**：
  - {string} template
- **用法**：编译模板字符串并返回包含渲染函数的对象。**只在完整版中才有效**。其代码如下：

```
01  var res = Vue.compile('<div><span>{{ msg }}</span></div>')
02
03  new Vue({
04    data: {
05      msg: 'hello'
06    },
07    render: res.render
08  })
```

并不是所有 Vue.js 的构建版本都存在 Vue.compile 方法。与 vm.$mount 类似，Vue.compile 方法只存在于完整版中。前面我们介绍过只有完整版包含编译器，所以 Vue.compile 方法只存在于完整版也并不奇怪。

Vue.compile 方法只需要调用编译器就可以实现功能，其代码如下：

```
01  Vue.compile = compileToFunctions
```

其中 compileToFunctions 方法可以将模板编译成渲染函数。在 13.3.4 节中，我们介绍过此方法的实现原理，这里不再重复介绍。

13.4.11 Vue.version

下面简要介绍一下该方法。

- **细节**：提供字符串形式的 Vue.js 安装版本号。这对社区的插件和组件来说非常有用，你可以根据不同的版本号采取不同的策略。
- **用法**：

```
01  var version = Number(Vue.version.split('.')[0])
02
03  if (version === 2) {
04    // Vue.js v2.x.x
05  } else if (version === 1) {
```

```
06      // Vue.js v1.x.x
07    } else {
08      // 不支持的 Vue.js 版本
09    }
```

其中，Vue.version 是一个属性。在构建文件的过程中，我们会读取 package.json 文件中的 version，并将读取出的版本号设置到 Vue.version 上。

具体实现步骤是：Vue.js 在构建文件的配置中定义了 __VERSION__ 常量，使用 rollup-plugin-replace 插件在构建的过程中将代码中的常量 __VERSION__ 替换成 package.json 文件中的版本号。

rollup-plugin-replace 插件的作用是在构建过程中替换字符串。所以在代码中只需要将 __VERSION__ 赋值给 Vue.version 就可以在构建时将 package.json 文件中的版本号赋值给 Vue.version。

```
01  Vue.version = '__VERSION__'
```

在构建完成后，它将类似下面这样：

```
01  Vue.version = '2.5.2'
```

13.5 总结

本章中，我们详细介绍了 Vue.js 的实例方法和全局 API 的实现原理。它们的区别在于：实例方法是 Vue.prototype 上的方法，而全局 API 是 Vue.js 上的方法。

实例方法又分为数据、事件和生命周期这三个类型。

在介绍实例方法以及全局 API 的实现原理的同时，我们还介绍了扩展知识，例如在介绍 vm.$nextTick 时我们介绍了 JavaScript 事件循环机制，以及微任务和宏任务之间的区别等。

第 14 章 生命周期

每个 Vue.js 实例在创建时都要经过一系列初始化，例如设置数据监听、编译模板、将实例挂载到 DOM 并在数据变化时更新 DOM 等。同时，也会运行一些叫作**生命周期钩子**的函数，这给了我们在不同阶段添加自定义代码的机会。

本章详细介绍 Vue.js 的生命周期原理，我们将一起探索 Vue.js 实例被创建时都经历了什么。

14.1 生命周期图示

图 14-1 给出了 Vue.js 实例的生命周期，可以分为 4 个阶段：初始化阶段、模板编译阶段、挂载阶段、卸载阶段。

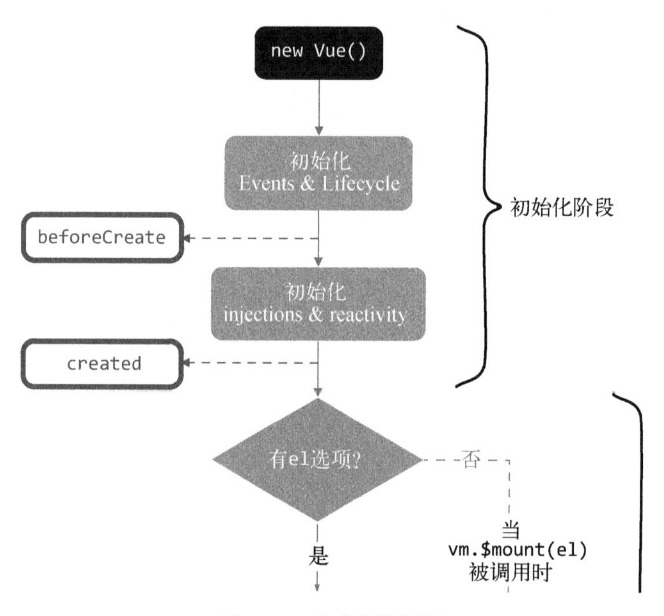

图 14-1 生命周期图示

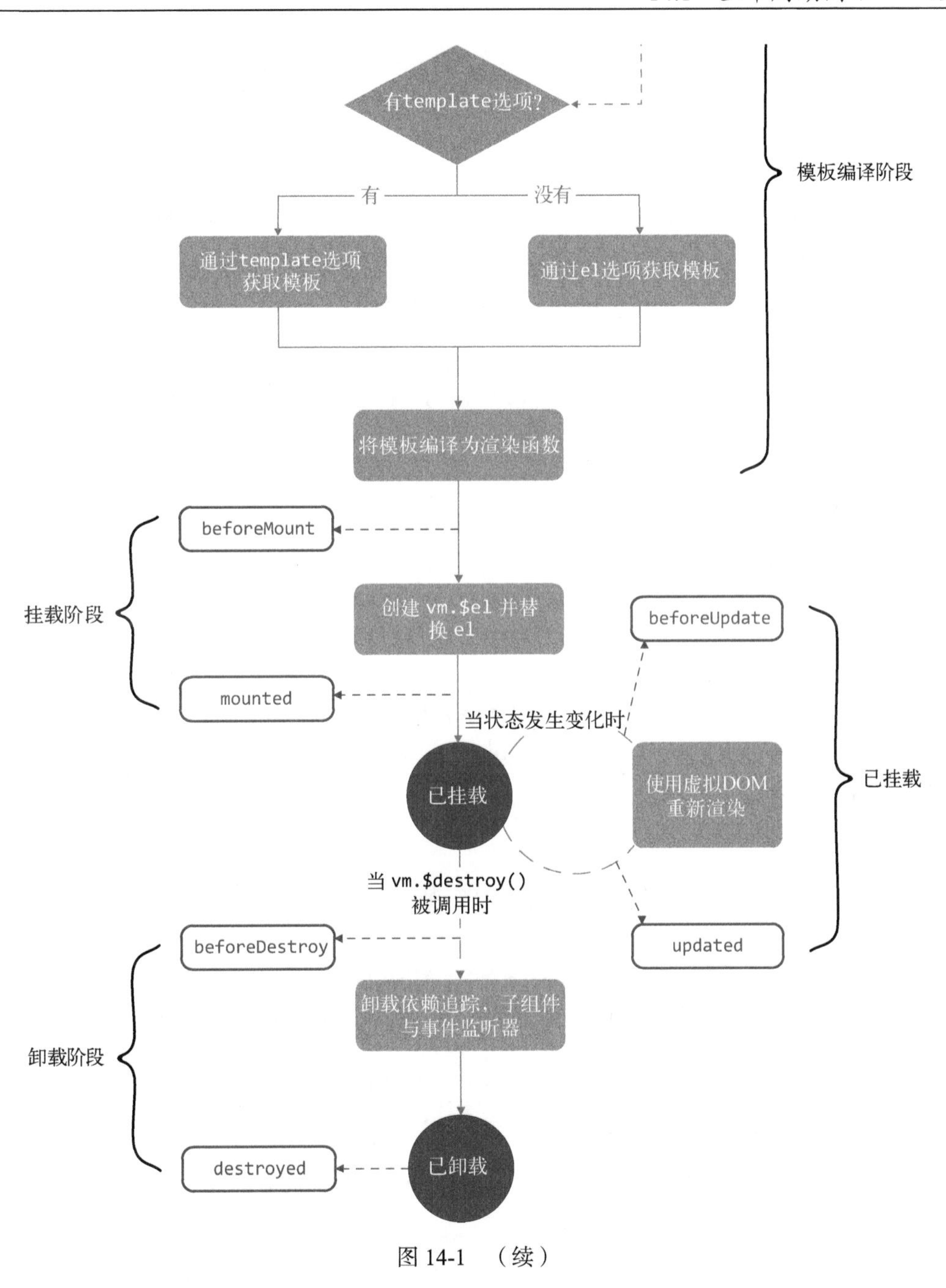

图 14-1 （续）

14.1.1 初始化阶段

如图 14-1 所示，`new Vue()`到 `created` 之间的阶段叫作初始化阶段。

这个阶段的主要目的是在 Vue.js 实例上初始化一些属性、事件以及响应式数据，如 props、methods、data、computed、watch、provide 和 inject 等。

14.1.2　模板编译阶段

如图 14-1 所示，在 created 钩子函数与 beforeMount 钩子函数之间的阶段是模板编译阶段。

这个阶段的主要目的是将模板编译为渲染函数，只存在于完整版中。如果在只包含运行时的构建版本中执行 new Vue()，则不会存在这个阶段。相关内容在 13.3.4 节中介绍 vm.$mount 的实现原理时有过详细介绍。

第 12 章介绍过，当使用 vue-loader 或 vueify 时，*.vue 文件内部的模板会在构建时预编译成 JavaScript，所以最终打好的包里是不需要编译器的，用运行时版本即可。由于模板这时已经预编译成了渲染函数，所以在生命周期中并不存在模板编译阶段，初始化阶段的下一个生命周期直接是挂载阶段。

14.1.3　挂载阶段

如图 14-1 所示，beforeMount 钩子函数到 mounted 钩子函数之间是挂载阶段。

在这个阶段，Vue.js 会将其实例挂载到 DOM 元素上，通俗地讲，就是将模板渲染到指定的 DOM 元素中。在挂载的过程中，Vue.js 会开启 Watcher 来持续追踪依赖的变化。

在已挂载状态下，Vue.js 仍会持续追踪状态的变化。当数据（状态）发生变化时，Watcher 会通知虚拟 DOM 重新渲染视图，并且会在渲染视图前触发 beforeUpdate 钩子函数，渲染完毕后触发 updated 钩子函数。

我们在 13.3.4 节中介绍只包含运行时版本 vm.$mount 的实现原理时详细说明了挂载阶段的内部实现原理。

通常，在运行时的大部分时间下，Vue.js 处于已挂载状态，每当状态发生变化时，Vue.js 都会通知组件使用虚拟 DOM 重新渲染，也就是我们常说的响应式。这个状态会持续到组件被销毁。

14.1.4　卸载阶段

如图 14-1 所示，应用调用 vm.$destroy 方法后，Vue.js 的生命周期会进入卸载阶段。

在这个阶段，Vue.js 会将自身从父组件中删除，取消实例上所有依赖的追踪并且移除所有的事件监听器。

14.1.5　小结

在本节中，我们通过图 14-1 介绍了 Vue.js 在实例化后的各个阶段，不难发现，其生命周期可以在整体上分为两部分：第一部分是初始化阶段、模板编译阶段与挂载阶段，第二部分是卸载阶段。

14.2 从源码角度了解生命周期

在上一节的最后，我们介绍过 Vue.js 的生命周期大体可以分为两部分。事实上，卸载阶段的内部原理就是 vm.$destroy 方法的内部原理，这在 13.3.2 节中已经详细介绍过，这里不再重复介绍。本节主要介绍初始化阶段的内部原理，模板编译阶段和挂载阶段的原理参见其他章节。

new Vue()被调用时发生了什么

想要了解 new Vue()被调用时发生了什么，我们需要知道在 Vue 构造函数中实现了哪些逻辑。前面介绍过，当 new Vue()被调用时，会首先进行一些初始化操作，然后进入模板编译阶段，最后进入挂载阶段。

具体实现是这样的：

```
01  function Vue (options) {
02    if (process.env.NODE_ENV !== 'production' &&
        !(this instanceof Vue)
03    ) {
04      warn('Vue is a constructor and should be called with the `new` keyword')
05    }
06    this._init(options)
07  }
08
09  export default Vue
```

从上面的代码中可以看出，构造函数中的逻辑很简单。首先进行安全检查，在非生产环境下，如果没有使用 new 来调用 Vue，则会在控制台抛出错误警告我们：Vue 是构造函数，应该使用 new 关键字来调用。

然后调用 this._init(options)来执行生命周期的初始化流程。也就是说，生命周期的初始化流程在 this._init 中实现。

那么，this._init 是在哪里定义的，它的内部原理是怎样的呢？

1. _init 方法的定义

在第 13 章的开头，我们简单介绍了 _init 是如何被挂载到 Vue.js 的原型上的。Vue.js 通过调用 initMixin 方法将 _init 挂载到 Vue 构造函数的原型上，其代码如下：


```
01  import { initMixin } from './init'
02
03  function Vue (options) {
04    if (process.env.NODE_ENV !== 'production' &&
05      !(this instanceof Vue)
06    ) {
07      warn('Vue is a constructor and should be called with the `new` keyword')
08    }
09    this._init(options)
10  }
11
```

```
12  initMixin(Vue)
13
14  export default Vue
```

将 init.js 文件导出的 initMixin 函数引入后，通过调用 initMixin 函数向 Vue 构造函数的原型中挂载一些方法。initMixin 方法的实现代码如下：

```
01  export function initMixin (Vue) {
02    Vue.prototype._init = function (options) {
03      // 做些什么
04    }
05  }
```

可以看到，只是在 Vue 构造函数的 prototype 属性上添加了一个 _init 方法。也就是说，_init 方法的定义与我们在第 13 章中介绍的 Vue.js 实例方法的挂载方式是相同的。

2. _init 方法的内部原理

当 new Vue()执行后，触发的一系列初始化流程都是在 _init 方法中启动的。_init 的实现如下：

```
01  Vue.prototype._init = function (options) {
02    vm.$options = mergeOptions(
03      resolveConstructorOptions(vm.constructor),
04      options || {},
05      vm
06    )
07
08    initLifecycle(vm)
09    initEvents(vm)
10    initRender(vm)
11    callHook(vm, 'beforeCreate')
12    initInjections(vm) // 在 data/props 前初始化 inject
13    initState(vm)
14    initProvide(vm) // 在 data/props 后初始化 provide
15    callHook(vm, 'created')
16
17    // 如果用户在实例化 Vue.js 时传递了 el 选项，则自动开启模板编译阶段与挂载阶段
18    // 如果没有传递 el 选项，则不进入下一个生命周期流程
19    // 用户需要执行 vm.$mount 方法，手动开启模板编译阶段与挂载阶段
20
21    if (vm.$options.el) {
22      vm.$mount(vm.$options.el)
23    }
24  }
```

可以看到，Vue.js 会在初始化流程的不同时期通过 callHook 函数触发生命周期钩子。

值得注意的是，在执行初始化流程之前，实例上挂载了 $options 属性。这部分代码的目的是将用户传递的 options 选项与当前构造函数的 options 属性及其父级实例构造函数的 options 属性，合并生成一个新的 options 并赋值给 $options 属性。resolveConstructorOptions 函数的作用就是获取当前实例中构造函数的 options 选项及其所有父级的构造函数的 options。之所以会有父级，是因为当前 Vue.js 实例可能是一个子组件，它的父组件就是它的父级。我们不需

要关心 resolveConstructorOptions 的具体实现，只需要知道它的作用即可。

上面的代码也体现了，在生命周期钩子 beforeCreate 被触发之前执行了 initLifecycle、initEvents 和 initRender，这与图 14-1 的表达一致。在初始化的过程中，首先初始化事件与属性，然后触发生命周期钩子 beforeCreate。随后初始化 provide/inject 和状态，这里的状态指的是 props、methods、data、computed 以及 watch。接着触发生命周期钩子 created。最后，判断用户是否在参数中提供了 el 选项，如果是，则调用 vm.$mount 方法，进入后面的生命周期阶段。

图 14-2 给出了 _init 方法的内部流程图，我们会在后面的章节中依次介绍每一项初始化的详细实现原理。

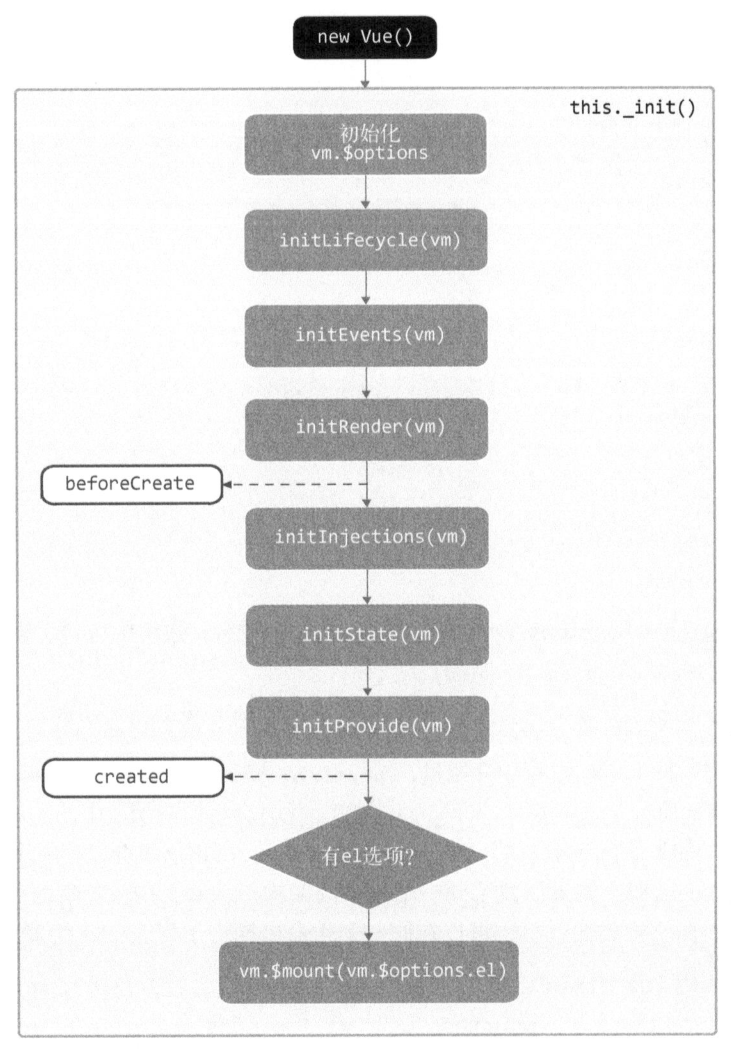

图 14-2　_init 方法的内部流程图

3. callHook 函数的内部原理

Vue.js 通过 callHook 函数来触发生命周期钩子，本节将详细介绍其实现原理。

首先，我们需要理解 callHook 所实现的功能。callHook 的作用是触发用户设置的生命周期钩子，而用户设置的生命周期钩子会在执行 new Vue()时通过参数传递给 Vue.js。也就是说，可以在 Vue.js 的构造函数中通过 options 参数得到用户设置的生命周期钩子。

用户传入的 options 参数最终会与构造函数的 options 属性合并生成新的 options 并赋值到 vm.$options 属性中，所以我们可以通过 vm.$options 得到用户设置的生命周期函数。例如：通过 vm.$options.created 得到用户设置的 created 钩子函数。

值得注意的是，Vue.js 在合并 options 的过程中会找出 options 中所有 key 是钩子函数的名字，并将它转换成数组。

下面列出了所有生命周期钩子的函数名：

- beforeCreate
- created
- beforeMount
- mounted
- beforeUpdate
- updated
- beforeDestroy
- destroyed
- activated
- deactivated
- errorCaptured

也就是说，通过 vm.$options.created 获取的是一个数组，数组中包含了钩子函数，例如：

```
01  console.log(vm.$options.created) // [fn]
```

我们可能会不理解为什么要这样做，为什么要把生命周期钩子转换成数组？

这个问题说来话长。在第 13 章中介绍过，Vue.mixin 方法会将选项写入 Vue.options 中，因此它会影响之后创建的所有 Vue.js 实例，而 Vue.js 在初始化时会将构造函数中的 options 和用户传入的 options 选项合并成一个新的选项并赋值给 vm.$options，所以这里会发生一个现象：Vue.mixin 和用户在实例化 Vue.js 时，如果设置了同一个生命周期钩子，那么在触发生命周期时，需要同时触发这两个函数。而转换成数组后，可以在同一个生命周期钩子列表中保存多个生命周期钩子。

举个例子：使用 Vue.mixin 设置生命周期钩子 mounted 之后，在执行 new Vue()时，会在参数中也设置一个生命周期钩子 mounted，这时 vm.$options.mounted 是一个数组，里面包含两个生命周期钩子。

那么我们就可以知道，callHook 的实现只需要从 vm.$options 中获取生命周期钩子列表，遍历列表，执行每一个生命周期钩子，就可以触发钩子函数。代码如下：

```
01  export function callHook (vm, hook) {
02    const handlers = vm.$options[hook]
03    if (handlers) {
04      for (let i = 0, j = handlers.length; i < j; i++) {
05        try {
06          handlers[i].call(vm)
07        } catch (e) {
08          handleError(e, vm, `${hook} hook`)
09        }
10      }
11    }
12  }
```

上面的代码给出了 callHook 的实现原理，它接收 vm 和 hook 两个参数，其中前者是 Vue.js 实例的 this，后者是生命周期钩子的名称。

在上述代码中，我们使用 hook 从 vm.$options 中获取钩子函数列表后赋值给 handlers，随后遍历 handlers，执行每一个钩子函数。

这里使用 try...catch 语句捕获钩子函数内发生的错误，并使用 handleError 处理错误。handleError 会依次执行父组件的 errorCaptured 钩子函数与全局的 config.errorHandler，这也是为什么生命周期钩子 errorCaptured 可以捕获子孙组件的错误。关于 handleError 与生命周期钩子 errorCaptured，我们会在随后的内容中详细介绍。

14.3 errorCaptured 与错误处理

errorCaptured 钩子函数的作用是捕获来自子孙组件的错误，此钩子函数会收到三个参数：错误对象、发生错误的组件实例以及一个包含错误来源信息的字符串。然后此钩子函数可以返回 false，阻止该错误继续向上传播。

其传播规则如下。

- 默认情况下，如果全局的 config.errorHandler 被定义，那么所有的错误都会发送给它，这样这些错误可以在单个位置报告给分析服务。
- 如果一个组件继承的链路或其父级从属链路中存在多个 errorCaptured 钩子，则它们将会被相同的错误逐个唤起。
- 如果 errorCaptured 钩子函数自身抛出了一个错误，则这个新错误和原本被捕获的错误都会发送给全局的 config.errorHandler。
- 一个 errorCaptured 钩子函数能够返回 false 来阻止错误继续向上传播。这本质上是说“这个错误已经被搞定，应该被忽略”。它会阻止其他被这个错误唤起的 errorCaptured 钩子函数和全局的 config.errorHandler。

了解了 errorCaptured 钩子函数的作用后，我们将详细讨论它是如何被触发的。

事实上，errorCaptured 钩子函数与 Vue.js 的错误处理有着千丝万缕的关系。Vue.js 会捕获所有**用户代码抛出的错误**，然后会使用一个名叫 handleError 的函数来处理这些错误。

用户编写的所有函数都是 Vue.js 调用的，例如用户在代码中注册的事件、生命周期钩子、渲染函数、函数类型的 data 属性、vm.$watch 的第一个参数（函数类型）、nextTick 和指令等。

而 Vue.js 在调用这些函数时，会使用 try...catch 语句来捕获有可能发生的错误。当错误发生并且被 try...catch 语句捕获后，Vue.js 会使用 handleError 函数来处理错误，该函数会依次触发父组件链路上的每一个父组件中定义的 errorCaptured 钩子函数。如果全局的 config.errorHandler 被定义，那么所有的错误也会同时发送给 config.errorHandler。也就是说，错误的传播规则是在 handleError 函数中实现的。

handleError 函数的实现原理并不复杂。根据前面的传播规则，我们先实现第一个需求：将所有错误发送给 config.errorHandler。相关代码如下：

```
01  export function handleError (err, vm, info) {
02    // 这里的config.errorHandler就是Vue.config.errorHandler
03    if (config.errorHandler) {
04      try {
05        return config.errorHandler.call(null, err, vm, info)
06      } catch (e) {
07        logError(e)
08      }
09    }
10    logError(err)
11  }
12
13  function logError (err) {
14    console.error(err)
15  }
```

可以看到，这里先判断 Vue.config.errorHandler 是否存在，如果存在，则调用它，并将错误对象、发生错误的组件实例以及一个包含错误来源信息的字符串通过参数的方式传递给它，并且使用 try...catch 语句捕获错误。如果全局错误处理的函数也发生报错，则在控制台打印其中抛出的错误。不论用户是否使用 Vue.config.errorHandler 捕获错误，Vue.js 都会将错误信息打印在控制台。

接下来实现第二个功能：如果一个组件继承的链路或其父级从属链路中存在多个 errorCaptured 钩子函数，则它们将会被相同的错误逐个唤起。

在实现第二个功能之前，我们先调整一下代码的架构：

```
01  export function handleError (err, vm, info) {
02    globalHandleError(err, vm, info)
03  }
04
05  function globalHandleError (err, vm, info) {
```

```
06      // 这里的 config.errorHandler 就是 Vue.config.errorHandler
07      if (config.errorHandler) {
08        try {
09          return config.errorHandler.call(null, err, vm, info)
10        } catch (e) {
11          logError(e)
12        }
13      }
14      logError(err)
15    }
16
17    function logError (err) {
18      console.error(err)
19    }
```

这里新增了 globalHandleError 函数，并将全局错误处理相关的代码放到这个函数中。

下面我们实现第二个功能：

```
01  export function handleError (err, vm, info) {
02    if (vm) {
03      let cur = vm
04      while ((cur = cur.$parent)) {
05        const hooks = cur.$options.errorCaptured
06        if (hooks) {
07          for (let i = 0; i < hooks.length; i++) {
08            hooks[i].call(cur, err, vm, info)
09          }
10        }
11      }
12    }
13    globalHandleError(err, vm, info)
14  }
```

在上述代码中，我们通过 while 语句自底向上不停地循环获取父组件，直到根组件。

在循环中，我们通过 cur.$options.errorCaptured 属性读出 errorCaptured 钩子函数列表，遍历钩子函数列表并依次执行列表中的每一个 errorCaptured 钩子函数。

也就是说，自底向上的每一层都会读出当前层组件的 errorCaptured 钩子函数列表，并依次执行列表中的每一个钩子函数。当组件循环到根组件时，从属链路中的多个 errorCaptured 钩子函数就都被触发完了。此时，我们就不难理解为什么 errorCaptured 可以捕获来自子孙组件抛出的错误了。

接下来，我们实现第三个功能：如果 errorCaptured 钩子函数自身抛出了一个错误，那么这个新错误和原本被捕获的错误都会发送给全局的 config.errorHandler。

实现这个功能并不困难，我们只需稍微加工一下代码即可：

```
01  export function handleError (err, vm, info) {
02    if (vm) {
03      let cur = vm
04      while ((cur = cur.$parent)) {
```

```
05          const hooks = cur.$options.errorCaptured
06          if (hooks) {
07            for (let i = 0; i < hooks.length; i++) {
08              try {
09                hooks[i].call(cur, err, vm, info)
10              } catch (e) {
11                globalHandleError(e, cur, 'errorCaptured hook')
12              }
13            }
14          }
15        }
16      }
17      globalHandleError(err, vm, info)
18    }
```

可以看到，只需要使用 `try...catch` 语句捕获钩子函数可能发出的错误，并通过执行 `globalHandleError` 将捕获到的错误发送给全局错误处理函数 `config.errorHandler` 即可。因为这个错误是钩子函数自身抛出的新错误，所以不影响自底向上执行钩子函数的流程。而原有的错误则会在自底向上这个循环结束后，将错误传递给全局错误处理钩子函数，就像代码中所写的那样。

接下来实现最后一个功能：一个 `errorCaptured` 钩子函数能够返回 `false` 来阻止错误继续向上传播。它会阻止其他被这个错误唤起的 `errorCaptured` 钩子函数和全局的 `config.errorHandler`。

实现这个功能同样很简单，只需要稍微加工一下代码即可：

```
01    export function handleError (err, vm, info) {
02      if (vm) {
03        let cur = vm
04        while ((cur = cur.$parent)) {
05          const hooks = cur.$options.errorCaptured
06          if (hooks) {
07            for (let i = 0; i < hooks.length; i++) {
08              try {
09                const capture = hooks[i].call(cur, err, vm, info) === false
10                if (capture) return
11              } catch (e) {
12                globalHandleError(e, cur, 'errorCaptured hook')
13              }
14            }
15          }
16        }
17      }
18      globalHandleError(err, vm, info)
19    }
```

从代码中可以看到，改动并不是很大，但是很巧妙。这里使用 `capture` 保存钩子函数执行后的返回值，如果返回值 `false`，则使用 `return` 语句停止程序继续执行。其巧妙的地方在于代码中的逻辑是先自底向上传递错误，之后再执行 `globalHandleError` 将错误发送给全局错误处理钩子函数。所以只要在自底向上这个循环中的某一层执行了 return 语句，程序就会立即停止执行，从而实现功能。因为一旦钩子函数返回了 false，handleError 函数将会执行 return 语句终止程序执行，所以错误向上传递和全局的 config.errorHandler 都会被停止。

14.4 初始化实例属性

在 Vue.js 的整个生命周期中，初始化实例属性是第一步。需要实例化的属性既有 Vue.js 内部需要用到的属性（例如 13.3.2 节中提到的 vm._watcher），也有提供给外部使用的属性（例如 vm.$parent）。

注意 以 $ 开头的属性是提供给用户使用的外部属性，以 _ 开头的属性是提供给内部使用的内部属性。

Vue.js 通过 initLifecycle 函数向实例中挂载属性，该函数接收 Vue.js 实例作为参数。所以在函数中，我们只需要向 Vue.js 实例设置属性即可达到向 Vue.js 实例挂载属性的目的。代码如下：

```
01  export function initLifecycle (vm) {
02    const options = vm.$options
03
04    // 找出第一个非抽象父类
05    let parent = options.parent
06    if (parent && !options.abstract) {
07      while (parent.$options.abstract && parent.$parent) {
08        parent = parent.$parent
09      }
10      parent.$children.push(vm)
11    }
12
13    vm.$parent = parent
14    vm.$root = parent ? parent.$root : vm
15
16    vm.$children = []
17    vm.$refs = {}
18
19    vm._watcher = null
20    vm._isDestroyed = false
21    vm._isBeingDestroyed = false
22  }
```

可以看到，其逻辑并不复杂，只是在 Vue.js 实例上设置一些属性并提供一个默认值。

稍微有点复杂的是 vm.$parent 属性，它需要找到第一个非抽象类型的父级，所以代码中会进行判断：如果当前组件不是抽象组件并且存在父级，那么需要通过 while 来自底向上循环；如果父级是抽象类，那么继续向上，直到遇到第一个非抽象类的父级时，将它赋值给 vm.$parent 属性。

另一个值得注意的是 vm.$children 属性，它会包含当前实例的直接子组件。该属性的值是从子组件中主动添加到父组件中的。上面代码中的 parent.$children.push(vm)，就是将当前实例添加到父组件实例的 $children 属性中。

最后一个值得注意的属性是 vm.$root，它表示当前组件树的根 Vue.js 实例。这个属性的实现原理很巧妙，也很好理解。如果当前组件没有父组件，那么它自己其实就是根组件，它的 $root 属性是它自己，而它的子组件的 vm.$root 属性是沿用父级的 $root，所以其直接子组件的 $root 属性还是它，其孙组件的 $root 属性沿用其直接子组件中的 $root 属性，以此类推。因此，我们会发现这其实是自顶向下将根组件的 $root 依次传递给每一个子组件的过程。

注意　在真实的 Vue.js 源码中，内部属性有更多。因为本书介绍的内容没有使用那么多属性，所以为了方便理解，上面代码中并没有给出所有属性。

14.5　初始化事件

初始化事件是指将父组件在模板中使用的 v-on 注册的事件添加到子组件的事件系统（Vue.js 的事件系统）中。

我们都知道，在 Vue.js 中，父组件可以在使用子组件的地方用 v-on 来监听子组件触发的事件。例如：

```
01  <div id="counter-event-example">
02    <p>{{ total }}</p>
03    <button-counter v-on:increment="incrementTotal"></button-counter>
04    <button-counter v-on:increment="incrementTotal"></button-counter>
05  </div>
06  Vue.component('button-counter', {
07    template: '<button v-on:click="incrementCounter">{{ counter }}</button>',
08    data: function () {
09      return {
10        counter: 0
11      }
12    },
13    methods: {
14      incrementCounter: function () {
15        this.counter += 1
16        this.$emit('increment')
17      }
18    },
19  })
20
21  new Vue({
22    el: '#counter-event-example',
23    data: {
24      total: 0
```

```
25     },
26     methods: {
27       incrementTotal: function () {
28         this.total += 1
29       }
30     }
31   })
```

父组件的模板里使用 v-on 监听子组件中触发的 increment 事件，并在子组件中使用 this.$emit 触发该事件。

你可能会有疑问，为什么不使用注册模板中的浏览器事件？

对于这个问题，我们需要先简单介绍一下模板编译和虚拟 DOM。在模板编译阶段，可以得到某个标签上的所有属性，其中就包括使用 v-on 或@注册的事件。在模板编译阶段，我们会将整个模板编译成渲染函数，而渲染函数其实就是一些嵌套在一起的创建元素节点的函数。创建元素节点的函数是这样的：_c(tagName, data, children)。当渲染流程启动时，渲染函数会被执行并生成一份 VNode，随后虚拟 DOM 会使用 VNode 进行对比与渲染。在这个过程中会创建一些元素，但此时会判断当前这个标签究竟是真的标签还是一个组件：如果是组件标签，那么会将子组件实例化并给它传递一些参数，其中就包括父组件在模板中使用 v-on 注册在子组件标签上的事件；如果是平台标签，则创建元素并插入到 DOM 中，同时会将标签上使用 v-on 注册的事件注册到浏览器事件中。

简单来说，如果 v-on 写在组件标签上，那么这个事件会注册到子组件 Vue.js 事件系统中；如果是写在平台标签上，例如 div，那么事件会被注册到浏览器事件中。

我们会发现，子组件在初始化时，也就是初始化 Vue.js 实例时，有可能会接收父组件向子组件注册的事件。而子组件自身在模板中注册的事件，只有在渲染的时候才会根据虚拟 DOM 的对比结果来确定是注册事件还是解绑事件。

所以在实例初始化阶段，被初始化的事件指的是父组件在模板中使用 v-on 监听子组件内触发的事件。

如图 14-2 所示，Vue.js 通过 initEvents 函数来执行初始化事件相关的逻辑，其代码如下：

```
01  export function initEvents (vm) {
02    vm._events = Object.create(null)
03    // 初始化父组件附加的事件
04    const listeners = vm.$options._parentListeners
05    if (listeners) {
06      updateComponentListeners(vm, listeners)
07    }
08  }
```

首先在 vm 上新增 _events 属性并将它初始化为空对象，用来存储事件。事实上，所有使用 vm.$on 注册的事件监听器都会保存到 vm._events 属性中。

在模板编译阶段，当模板解析到组件标签时，会实例化子组件，同时将标签上注册的事件解析成 object 并通过参数传递给子组件。所以当子组件被实例化时，可以在参数中获取父组件向自己注册的事件，这些事件最终会被保存在 vm.$options._parentListeners 中。

用前面的例子中举例，vm.$options._parentListeners 是下面的样子：

```
01    {increment: function () {}}
```

通过前面的代码可以看到，如果 vm.$options._parentListeners 不为空，则调用 updateComponentListeners 方法，将父组件向子组件注册的事件注册到子组件实例中。

updateComponentListeners 的逻辑很简单，只需要循环 vm.$options._parentListeners 并使用 vm.$on 把事件都注册到 this._events 中即可。updateComponentListeners 函数的源码如下：

```
01    let target
02
03    function add (event, fn, once) {
04      if (once) {
05        target.$once(event, fn)
06      } else {
07        target.$on(event, fn)
08      }
09    }
10
11    function remove (event, fn) {
12      target.$off(event, fn)
13    }
14
15    export function updateComponentListeners (vm, listeners, oldListeners) {
16      target = vm
17      updateListeners(listeners, oldListeners || {}, add, remove, vm)
18    }
```

其中封装了 add 和 remove 这两个函数，用来新增和删除事件。此外，还通过 updateListeners 函数对比 listeners 和 oldListeners 的不同，并调用参数中提供的 add 和 remove 进行相应的注册事件和卸载事件的操作。它的实现思路并不复杂：如果 listeners 对象中存在某个 key（也就是事件名）在 oldListeners 中不存在，那么说明这个事件是需要新增的事件；反过来，如果 oldListeners 中存在某些 key（事件名）在 listeners 中不存在，那么说明这个事件是需要从事件系统中移除的。

updateListeners 函数的实现如下：

```
01    export function updateListeners (on, oldOn, add, remove, vm) {
02      let name, cur, old, event
03      for (name in on) {
04        cur = on[name]
05        old = oldOn[name]
06        event = normalizeEvent(name)
07        if (isUndef(cur)) {
08          process.env.NODE_ENV !== 'production' && warn(
09            `Invalid handler for event "${event.name}": got ` + String(cur),
```

```
10            vm
11          )
12        } else if (isUndef(old)) {
13          if (isUndef(cur.fns)) {
14            cur = on[name] = createFnInvoker(cur)
15          }
16          add(event.name, cur, event.once, event.capture, event.passive)
17        } else if (cur !== old) {
18          old.fns = cur
19          on[name] = old
20        }
21      }
22      for (name in oldOn) {
23        if (isUndef(on[name])) {
24          event = normalizeEvent(name)
25          remove(event.name, oldOn[name], event.capture)
26        }
27      }
28    }
```

该函数接收 5 个参数，分别是 on、oldOn、add、remove 和 vm。其主要逻辑是比对 on 和 oldOn 来分辨哪些事件需要执行 add 注册事件，哪些事件需要执行 remove 删除事件。

上面代码大致可以分为两部分，第一部分是循环 on，第二部分是循环 oldOn。第一部分的主要作用是判断哪些事件在 oldOn 中不存在，调用 add 注册这些事件。第二部分的作用是循环 oldOn，判断哪些事件在 on 中不存在，调用 remove 移除这些事件。

在循环 on 的过程中，有如下三个判断。

- 判断事件名对应的值是否是 undefined 或 null，如果是，则在控制台触发警告。
- 判断该事件名在 oldOn 中是否存在，如果不存在，则调用 add 注册事件。
- 如果事件名在 on 和 oldOn 中都存在，但是它们并不相同，则将事件回调替换成 on 中的回调，并且把 on 中的回调引用指向真实的事件系统中注册的事件，也就是 oldOn 中对应的事件。

注意 代码中的 isUndef 函数用于判断传入的参数是否为 undefined 或 null。

此外，代码中还有 normalizeEvent 函数，它的作用是什么呢？

Vue.js 的模板中支持事件修饰符，例如 capture、once 和 passive 等，如果我们在模板中注册事件时使用了事件修饰符，那么在模板编译阶段解析标签上的属性时，会将这些修饰符改成对应的符号加在事件名的前面，例如 <child v-on:increment.once="a"></child>。此时 vm.$options._parentListeners 是下面的样子：

```
01  {~increment: function () {}}
```

可以看到，事件名的前面新增了一个~符号，这说明该事件的事件修饰符是 once，我们通过这样的方式来分辨当前事件是否使用了事件修饰符。而 normalizeEvent 函数的作用是将事件修饰符解析出来，其代码如下：

```
01  const normalizeEvent = name => {
02    const passive = name.charAt(0) === '&'
03    name = passive ? name.slice(1) : name
04    const once = name.charAt(0) === '~'
05    name = once ? name.slice(1) : name
06    const capture = name.charAt(0) === '!'
07    name = capture ? name.slice(1) : name
08    return {
09      name,
10      once,
11      capture,
12      passive
13    }
14  })
```

可以看到，如果事件有修饰符，则会将它截取出来。最终输出的对象中保存了事件名以及一些事件修饰符，这些修饰符为 true 说明事件使用了此事件修饰符。

14.6 初始化 inject

inject 和 provide 通常是成对出现的，我们使用 Vue.js 开发应用时很少用到它们。这里先简单介绍它们的作用。

14.6.1 provide/inject 的使用方式

说明　provide 和 inject 主要为高阶插件/组件库提供用例，并不推荐直接用于程序代码中。

inject 和 provide 选项需要一起使用，它们允许祖先组件向其所有子孙后代注入依赖，并在其上下游关系成立的时间里始终生效（不论组件层次有多深）。如果你熟悉 React，会发现这与它的上下文特性很相似。

provide 选项应该是一个对象或返回一个对象的函数。该对象包含可注入其子孙的属性，你可以使用 ES2015 Symbol 作为 key，但是这只在原生支持 Symbol 和 Reflect.ownKeys 的环境下可工作。

inject 选项应该是一个字符串数组或对象，其中对象的 key 是本地的绑定名，value 是一个 key（字符串或 Symbol）或对象，用来在可用的注入内容中搜索。

如果是对象，那么它有如下两个属性。

- name：它是在可用的注入内容中用来搜索的 key（字符串或 Symbol）。
- default：它是在降级情况下使用的 value。

说明　可用的注入内容指的是祖先组件通过 provide 注入了内容，子孙组件可以通过 inject 获取祖先组件注入的内容。

示例如下：

```
01  var Provider = {
02    provide: {
03      foo: 'bar'
04    },
05    // ……
06  }
07
08  var Child = {
09    inject: ['foo'],
10    created () {
11      console.log(this.foo) // => "bar"
12    }
13    // ……
14  }
```

如果使用 ES2015 Symbol 作为 key，则 provide 函数和 inject 对象如下所示：

```
01  const s = Symbol()
02
03  const Provider = {
04    provide () {
05      return {
06        [s]: 'foo'
07      }
08    }
09  }
10
11  const Child = {
12    inject: { s },
13    // ……
14  }
```

并且可以在 data/props 中访问注入的值。例如，使用一个注入的值作为 props 的默认值：

```
01  const Child = {
02    inject: ['foo'],
03    props: {
04      bar: {
05        default () {
06          return this.foo
07        }
08      }
09    }
10  }
```

或者使用一个注入的值作为数据入口：

```
01  const Child = {
02    inject: ['foo'],
03    data () {
04      return {
05        bar: this.foo
06      }
07    }
08  }
```

在 Vue.js 2.5.0+ 版本中，可以通过设置 inject 的默认值使其变成可选项：

```
01  const Child = {
02    inject: {
03      foo: { default: 'foo' }
04    }
05  }
```

如果它需要从一个不同名字的属性注入，则使用 from 来表示其源属性：

```
01  const Child = {
02    inject: {
03      foo: {
04        from: 'bar',
05        default: 'foo'
06      }
07    }
08  }
```

上面代码表示祖先组件注入的名字是 bar，子组件将内容注入到 foo 中，在子组件中可以通过 this.foo 来访问内容。

inject 的默认值与 props 的默认值类似，我们需要对非原始值使用一个工厂方法：

```
01  const Child = {
02    inject: {
03      foo: {
04        from: 'bar',
05        default: () => [1, 2, 3]
06      }
07    }
08  }
```

14.6.2　inject 的内部原理

我相信你现在已经大概了解了 inject 和 provide 的作用，接下来将详细介绍 inject 的内部实现原理。

虽然 inject 和 provide 是成对出现的，但是二者在内部的实现是分开处理的，先处理 inject 后处理 provide。从图 14-2 中也可以看出，inject 在 data/props 之前初始化，而 provide 在 data/props 后面初始化。这样做的目的是让用户可以在 data/props 中使用 inject 所注入的内容。也就是说，可以让 data/props 依赖 inject，所以需要将初始化 inject 放在初始化 data/props 的前面。

通过前面的介绍我们得知,通过 provide 注入的内容可以被所有子孙组件通过 inject 得到。

很明显，初始化 inject，就是使用 inject 配置的 key 从当前组件读取内容，读不到则读取它的父组件，以此类推。它是一个自底向上获取内容的过程，最终将找到的内容保存到实例（this）中，这样就可以直接在 this 上读取通过 inject 导入的注入内容。

从图 14-2 中可以看出初始化 inject 的方法叫作 initInjections，其代码如下：

```
01  export function initInjections (vm) {
02    const result = resolveInject(vm.$options.inject, vm)
03    if (result) {
04      observerState.shouldConvert = false
05      Object.keys(result).forEach(key => {
06        defineReactive(vm, key, result[key])
07      })
08      observerState.shouldConvert = true
09    }
10  }
```

其中，resolveInject 函数的作用是通过用户配置的 inject，自底向上搜索可用的注入内容，并将搜索结果返回。上面的代码将注入结果保存到 result 变量中。

接下来，循环 result 并依次调用 defineReactive 函数（该函数在第 2 章中介绍过）将它们设置到 Vue.js 实例上。

代码中有一个细节需要注意，在循环注入内容前，有一行代码是：

```
01  observerState.shouldConvert = false
```

在循环结束后，有一行代码是：

```
01  observerState.shouldConvert = true
```

其作用是通知 defineReactive 函数不要将内容转换成响应式。其原理也很简单，在将值转换成响应式之前，判断 observerState.shouldConvert 属性即可，这里不再详细介绍。

接下来，我们主要看 resolveInject 的实现原理，它是如何自底向上搜索可用的注入内容的呢？

事实上，实现这个功能的主要思想是：读出用户在当前组件中设置的 inject 的 key，然后循环 key，将每一个 key 从当前组件起，不断向父组件查找是否有值，找到了就停止循环，最终将所有 key 对应的值一起返回即可。

按照上面的思想，resolveInject 函数最初的代码是下面这样的：

```
01  export function resolveInject (inject, vm) {
02    if (inject) {
03      const result = Object.create(null)
04      // 做些什么
05      return result
06    }
07  }
```

第一步要做的事情是获取 inject 的 key。provide/inject 可以支持 Symbol，但它只在原生支持 Symbol 和 Reflect.ownKeys 的环境下才可以工作，所以获取 key 需要考虑到 Symbol 的情况，此时代码如下：

```
01  export function resolveInject (inject, vm) {
02    if (inject) {
03      const result = Object.create(null)
04      const keys = hasSymbol
05          ? Reflect.ownKeys(inject).filter(key => {
06            return Object.getOwnPropertyDescriptor(inject, key).enumerable
07          })
08          : Object.keys(inject)
09      return result
10    }
11  }
```

如果浏览器原生支持 Symbol，那么使用 Reflect.ownKeys 读取出 inject 的所有 key；如果浏览器原生不支持 Symbol，那么使用 Object.keys 获取 key。其区别是 Reflect.ownKeys 可以读取 Symbol 类型的属性，而 Object.keys 读不出来。由于通过 Reflect.ownKeys 读出的 key 包括不可枚举的属性，所以代码中需要使用 filter 将不可枚举的属性过滤掉。

Reflect.ownKeys 有一个特点，它可以返回所有自有属性的键名，其中字符串类型和 Symbol 类型都包含在内。而 Object.getOwnPropertyNames 和 Object.keys 返回的结果不会包含 Symbol 类型的属性名，Object.getOwnPropertySymbols 方法又只返回 Symbol 类型的属性。

所以，如果浏览器原生支持 Symbol，那么 Reflect.ownKeys 是比较符合我们目标的一个 API。它的返回值会包含所有类型的属性名，我们唯一需要做的事就是使用 filter 将不可枚举的属性过滤掉。

如果浏览器元素不支持 Symbol，那么 Object.keys 是比较符合目标的 API，因为它仅返回自身可枚举的全部属性名，而 Object.getOwnPropertyNames 会把不可枚举的属性名也返回。

得到了用户设置的 inject 的所有属性名之后，就可以循环这些属性名，自底向上搜索值。这可以使用 while 循环实现，其代码如下：

```
01  export function resolveInject (inject, vm) {
02    if (inject) {
03      const result = Object.create(null)
04      const keys = hasSymbol
05          ? Reflect.ownKeys(inject).filter(key => {
06            return Object.getOwnPropertyDescriptor(inject, key).enumerable
07          })
08          : Object.keys(inject)
09
10      for (let i = 0; i < keys.length; i++) {
11        const key = keys[i]
12        const provideKey = inject[key].from
13        let source = vm
14        while (source) {
```

```
15          if (source._provided && provideKey in source._provided) {
16            result[key] = source._provided[provideKey]
17            break
18          }
19          source = source.$parent
20        }
21      }
22      return result
23    }
24  }
```

在上述代码中，最外层使用 for 循环 key，在循环体内可以依次得到每一次 key 值，并通过 from 属性得到 provide 源属性。然后通过源属性使用 while 循环来搜索内容。最开始 source 等于当前组件实例，如果原始属性在 source 的 _provided 中能找到对应的值，那么将其设置到 result 中，并使用 break 跳出循环。否则，将 source 设置为父组件实例进行下一轮循环，以此类推。

注意 当使用 provide 注入内容时，其实是将内容注入到当前组件实例的 _provide 中，所以 inject 可以从父组件实例的 _provide 中获取注入的内容。
通过这样的方式，最终会在祖先组件中搜索到 inject 中设置的所有属性的内容。

细心的同学会发现，inject 其实还支持数组的形式，如果用户将 inject 的值设置为数组，那么 inject 中是没有 from 属性的，此时这个逻辑是不是有问题?

其实是没问题的，因为当 Vue.js 被实例化时，会在上下文（this）中添加 $options 属性，这会把用户提供的数据规格化，其中就包括 inject。

也就是说，Vue.js 在实例化的第一步是规格化用户传入的数据，如果 inject 传递的内容是数组，那么数组会被规格化成对象并存放在 from 属性中。

例如，用户设置的 inject 是这样的：

```
01  {
02    inject: [foo]
03  }
```

它被规格化之后是下面这样的：

```
01  {
02    inject: {
03      foo: {
04        from: 'foo'
05      }
06    }
07  }
```

不论是数组形式还是对象中使用 from 属性的形式，本质上其实是让用户设置原属性名与当前组件中的属性名。如果用户设置的是数组，那么就认为用户是让两个属性名保持一致。

现在，我们就可以搜索所有祖先组件注入的内容了。但是通过前面的介绍，我们知道 inject 是支持默认值的。也就是说，在所有祖先组件实例中都搜索不到注入内容时，如果用户设置了默认值，那么将使用默认值。

要实现这个功能，我们只需要在 while 循环结束时，判断 source 是否为 false，相关代码如下：

```
01  export function resolveInject (inject, vm) {
02    if (inject) {
03      const result = Object.create(null)
04      const keys = hasSymbol
05        ? Reflect.ownKeys(inject).filter(key => {
06          return Object.getOwnPropertyDescriptor(inject, key).enumerable
07        })
08        : Object.keys(inject)
09  
10      for (let i = 0; i < keys.length; i++) {
11        const key = keys[i]
12        const provideKey = inject[key].from
13        let source = vm
14        while (source) {
15          if (source._provided && provideKey in source._provided) {
16            result[key] = source._provided[provideKey]
17            break
18          }
19          source = source.$parent
20        }
21        if (!source) {
22          if ('default' in inject[key]) {
23            const provideDefault = inject[key].default
24            result[key] = typeof provideDefault === 'function'
25              ? provideDefault.call(vm)
26              : provideDefault
27          } else if (process.env.NODE_ENV !== 'production') {
28            warn(`Injection "${key}" not found`, vm)
29          }
30        }
31      }
32      return result
33    }
34  }
```

上面代码新增了默认值相关的逻辑，如果 !source 为 true，那么判断 inject[key] 中是否存在 default 属性。如果存在，则当前 key 的结果是默认值。这里有一个细节需要注意，那就是默认值支持函数，所以需要判断默认值的类型是不是函数，是则执行函数，将函数的返回值设置给 result[key]。

如果 inject[key] 中不存在 default 属性，那么会在非生产环境下的控制台中打印警告。

14.7 初始化状态

当我们使用 Vue.js 开发应用时，经常会使用一些状态，例如 props、methods、data、computed 和 watch。在 Vue.js 内部，这些状态在使用之前需要进行初始化。本节将详细介绍初始化这些状态的内部原理。

通过本节的学习，我们将理解什么是 props，为什么 methods 中的方法可以通过 this 访问，data 在 Vue.js 内部是什么样的，computed 是如何工作的，以及 watch 的原理等。

initState 函数的代码如下：

```
01  export function initState (vm) {
02    vm._watchers = []
03    const opts = vm.$options
04    if (opts.props) initProps(vm, opts.props)
05    if (opts.methods) initMethods(vm, opts.methods)
06    if (opts.data) {
07      initData(vm)
08    } else {
09      observe(vm._data = {}, true /* asRootData */)
10    }
11    if (opts.computed) initComputed(vm, opts.computed)
12    if (opts.watch && opts.watch !== nativeWatch) {
13      initWatch(vm, opts.watch)
14    }
15  }
```

在上面的代码中，首先在 vm 上新增一个属性 _watchers，用来保存当前组件中所有的 watcher 实例。无论是使用 vm.$watch 注册的 watcher 实例还是使用 watch 选项添加的 watcher 实例，都会添加到 vm._watchers 中。

在 13.3.2 节介绍过，可以通过 vm._watchers 得到当前 Vue.js 实例中所注册的所有 watcher 实例，并将它们依次卸载。

接下来要做的事情很简单，先判断 vm.$options 中是否存在 props 属性，如果存在，则调用 initProps 初始化 props。

然后判断 vm.$options 中是否存在 methods 属性，如果存在，则调用 initMethods 初始化 methods。接着判断 vm.$options 中是否存在 data 属性：如果存在，则调用 initData 初始化 data；如果不存在，则直接使用 observe 函数观察空对象。

14

说明 在 3.7 节中介绍过，observe 函数的作用是将数据转换为响应式的。

data 初始化之后，会判断 vm.$options 中是否存在 computed 属性，如果存在，则调用 initComputed 初始化 computed。最后判断 vm.$options 中是否存在 watch 属性，如果存在，则调用 initWatch 初始化 watch。

用户在实例化 Vue.js 时使用了哪些状态，哪些状态就需要被初始化，没有用到的状态则不用初始化。例如，用户只使用了 data，那么只需要初始化 data 即可。

如果你足够细心，就会发现初始化的顺序其实是精心安排的。先初始化 props，后初始化 data，这样就可以在 data 中使用 props 中的数据了。在 watch 中既可以观察 props，也可以观察 data，因为它是最后被初始化的。

图 14-3 给出了初始化状态的结构图。初始化状态可以分为 5 个子项，分别是初始化 props、初始化 methods、初始化 data、初始化 computed 和初始化 watch，下面我们将分别针对这 5 个子项进行详细介绍。

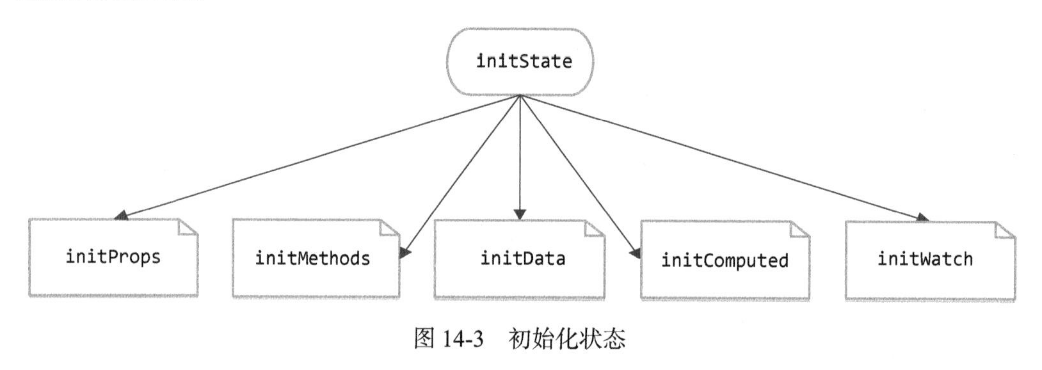

图 14-3　初始化状态

14.7.1　初始化 props

我相信大家对于 props 的使用方式已经非常熟悉，这里直接介绍其实现原理。

props 的实现原理大体上是这样的：父组件提供数据，子组件通过 props 字段选择自己需要哪些内容，Vue.js 内部通过子组件的 props 选项将需要的数据筛选出来之后添加到子组件的上下文中。

为了更清晰地理解 props 的原理，我们简单介绍 Vue.js 组件系统的运作原理。

事实上，Vue.js 中的所有组件都是 Vue.js 实例，组件在进行模板解析时，会将标签上的属性解析成数据，最终生成渲染函数。而渲染函数被执行时，会生成真实的 DOM 节点并渲染到视图中。但是这里面有一个细节，如果某个节点是组件节点，也就是说模板中的、某个标签的名字是组件名，那么在虚拟 DOM 渲染的过程中会将子组件实例化，这会将模板解析时从标签属性上解析出的数据当作参数传递给子组件，其中就包含 props 数据。

1. 规格化 props

子组件被实例化时，会先对 props 进行规格化处理，规格化之后的 props 为对象的格式。

说明　props 可以通过数组指定需要哪些属性。但在 Vue.js 内部，数组格式的 props 将被规格化成对象格式。

规格化 props 的实现代码如下：

```
01  function normalizeProps (options, vm) {
02    const props = options.props
03    if (!props) return
04    const res = {}
05    let i, val, name
06    if (Array.isArray(props)) {
07      i = props.length
08      while (i--) {
09        val = props[i]
10        if (typeof val === 'string') {
11          name = camelize(val)
12          res[name] = { type: null }
13        } else if (process.env.NODE_ENV !== 'production') {
14          warn('props must be strings when using array syntax.')
15        }
16      }
17    } else if (isPlainObject(props)) {
18      for (const key in props) {
19        val = props[key]
20        name = camelize(key)
21        res[name] = isPlainObject(val)
22          ? val
23          : { type: val }
24      }
25    } else if (process.env.NODE_ENV !== 'production') {
26      warn(
27        `Invalid value for option "props": expected an Array or an Object, ` +
28        `but got ${toRawType(props)}.`,
29        vm
30      )
31    }
32    options.props = res
33  }
```

在上述代码中，首先判断是否有 props 属性，如果没有，说明用户没有使用 props 接收任何数据，那么不需要规格化，直接使用 return 语句退出即可。然后声明了一个变量 res，用来保存规格化后的结果。

随后是规格化 props 的主要逻辑。先检查 props 是否为一个数组。如果不是，则调用 isPlainObject 函数检查它是否为对象类型，如果都不是，那么在非生产环境下在控制台中打印警告。如果 props 是数组，那么通过 while 语句循环数组中的每一项，判断 props 名称的类型是否是 String 类型：如果不是，则在非生产环境下在控制台中打印警告；如果是，则调用 camelize 函数将 props 名称驼峰化，即可以将 a-b 这样的名称转换成 aB。

也就是说，如果在父组件的模板中使用这样的语法：

```
01  <child user-name="berwin"></child>
```

那么在子组件中的 props 选项中需要使用 userName：

```
01  {
02    props: ['userName']
03  }
```

而使用 user-name 是不行的。例如，下面这样设置 props 选项是无法得到 props 数据的：

```
01  // 错误用法
02  {
03    props: ['user-name']
04  }
```

随后将 props 名当作属性，设置到 res 中，值为{ type: null }：

```
01  if (Array.isArray(props)) {
02    i = props.length
03    while (i--) {
04      val = props[i]
05      if (typeof val === 'string') {
06        name = camelize(val)
07        res[name] = { type: null }
08      } else if (process.env.NODE_ENV !== 'production') {
09        warn('props must be strings when using array syntax.')
10      }
11    }
12  }
```

总结一下，上面做的事情就是将 Array 类型的 props 规格化成 Object 类型。

如果 props 的类型不是 Array 而是 Object，那么根据 props 的语法可以得知，props 对象中的值可以是一个基础的类型函数，例如：

```
01  {
02    propA: Number
03  }
```

也有可能是一个数组，提供多个可能的类型，例如：

```
01  {
02    propB: [String, Number]
03  }
```

还可能是一个对象类型的高级选项，例如：

```
01  {
02    propC: {
03      type: String,
04      required: true
05    }
06  }
```

所以代码中的逻辑是使用 for...in 语句循环 props。

在循环中得到 key 与 val 之后，判断 val 的类型是否是 Object：如果是，则在 res 上设置 key 为名的属性，值为 val；如果不是，那么说明 val 的值可能是基础的类型函数或者是一个数组提供多个可能的类型。那么在 res 上设置 key 为名、值为 { type: val } 的属性，代码如下：

```
01  if (isPlainObject(props)) {
02    for (const key in props) {
03      val = props[key]
04      name = camelize(key)
05      res[name] = isPlainObject(val)
06        ? val
07        : { type: val }
08    }
09  }
```

也就是说，规格化之后的 props 的类型既有可能是基础的类型函数，也有可能是数组。这在后面断言 props 是否有效时会用到。

2 .初始化 props

正如前面我们介绍的，初始化 props 的内部原理是：通过规格化之后的 props 从其父组件传入的 props 数据中或从使用 new 创建实例时传入的 propsData 参数中，筛选出需要的数据保存在 vm._props 中，然后在 vm 上设置一个代理，实现通过 vm.x 访问 vm._props.x 的目的。

如图 14-3 所示，初始化 props 的方法叫作 initProps，其代码如下：

```
01  function initProps (vm, propsOptions) {
02    const propsData = vm.$options.propsData || {}
03    const props = vm._props = {}
04    // 缓存props的key
05    const keys = vm.$options._propKeys = []
06    const isRoot = !vm.$parent
07    // root 实例的props属性应该被转换成响应式数据
08    if (!isRoot) {
09      toggleObserving(false)
10    }
11    for (const key in propsOptions) {
12      keys.push(key)
13      const value = validateProp(key, propsOptions, propsData, vm)
14      defineReactive(props, key, value)
15      if (!(key in vm)) {
16        proxy(vm, `_props`, key)
17      }
18    }
19    toggleObserving(true)
20  }
```

initProps 函数接收两个参数：vm 和 propsOptions，前者是 Vue.js 实例，后者是规格化之后的 props 选项。

随后在函数中声明了 4 个变量 propsData、props、keys 和 isRoot。变量 propsData 中保存的是通过父组件传入或用户通过 propsData 传入的真实 props 数据。变量 props 是指向 vm._props 的指针，也就是所有设置到 props 变量中的属性最终都会保存到 vm._props 中。变量 keys 是指向 vm.$options._propKeys 的指针，其作用是缓存 props 对象中的 key，将来更新 props 时只需要遍历 vm.$options._propKeys 数组即可得到所有 props 的 key。变量 isRoot 的作用是判断当前组件是否是根组件。

接下来，会判断当前组件是否是根组件，如果不是，那么不需要将 props 数据转换成响应式数据。

这里 toggleObserving 函数的作用是确定并控制 defineReactive 函数调用时所传入的 value 参数是否需要转换成响应式的。toggleObserving 是一个闭包函数，所以能通过调用它并传入一个参数来控制 observer/index.js 文件的作用域中的变量 shouldObserve。这样当数据将要被转换成响应式时，可以通过变量 shouldObserve 来判断是否需要将数据转换成响应式的。

然后循环 propsOptions，在循环体中先将 key 添加到 keys 中，然后调用 validateProp 函数将得到的 props 数据通过 defineReactive 函数设置到 vm._props 中。

最后判断这个 key 在 vm 中是否存在，如果不存在，则调用 proxy，在 vm 上设置一个以 key 为属性的代理，当使用 vm[key] 访问数据时，其实访问的是 vm._props[key]。

关于 proxy 函数，我们会在 14.7.3 节中介绍它的内部原理。

这里的重点是 validateProp 函数是如何获取 props 内容的。validateProp 的代码如下：

```
01  export function validateProp (key, propOptions, propsData, vm) {
02    const prop = propOptions[key]
03    const absent = !hasOwn(propsData, key)
04    let value = propsData[key]
05    // 处理布尔类型的 props
06    if (isType(Boolean, prop.type)) {
07      if (absent && !hasOwn(prop, 'default')) {
08        value = false
09      } else if (!isType(String, prop.type) && (value === '' || value === hyphenate(key))) {
10        value = true
11      }
12    }
13    // 检查默认值
14    if (value === undefined) {
15      value = getPropDefaultValue(vm, prop, key)
16      // 因为默认值是新的数据，所以需要将它转换成响应式的
17      const prevShouldConvert = observerState.shouldConvert
18      observerState.shouldConvert = true
19      observe(value)
20      observerState.shouldConvert = prevShouldConvert
21    }
22    if (process.env.NODE_ENV !== 'production') {
23      assertProp(prop, key, value, vm, absent)
24    }
25    return value
26  }
```

validateProp 函数接收如下 4 个参数。

- **key**：propOptions 中的属性名。
- **propOptions**：子组件用户设置的 props 选项。
- **propsData**：父组件或用户提供的 props 数据。

❑ **vm**：Vue.js 实例上下文，this 的别名。

函数中先声明 3 个变量 prop、absent 和 value。变量 prop 保存的内容是当前这个 key 的 prop 选项。变量 absent 表示当前的 key 在用户提供的 props 选项中是否存在。变量 value 表示使用当前这个 key 在用户提供的 props 选项中获取的数据。也就是说，这 3 个变量分别保存当前这个 key 的 prop 选项、prop 数据以及一个布尔值（用来判断 prop 数据是否存在）。事实上，变量 value 中可能存在正确的值，也有可能不存在。函数的剩余代码主要解决特殊情况。

首先，解决布尔类型 prop 的特殊情况。

先使用 isType 方法判断 prop 的 type 属性是否是布尔值，如果是，那么开始处理布尔值类型的 prop 数据。布尔值的特殊情况比其他类型多，其他类型的 prop 在 value 有数据时，不需要进行特殊处理，只有在没有数据的时候检查默认值即可，而布尔值类型的 prop 有两种额外的场景需要处理。

一种情况是 key 不存在，也就是说父组件或用户并没有提供这个数据，并且 props 选项中也没有设置默认值，那么这时候需要将 value 设置成 false。另一种情况是 key 存在，但 value 是空字符串或者 value 和 key 相等。

> **注意** 这里的 value 和 key 相等除了常见的 a="a"这种方式的相等外，还包含 userName="user-name"这种方式。

也就是说，在下面这些使用方式下，子组件的 prop 都将设置为 true：

```
01  <child name></child>
02
03  <child name="name"></child>
04
05  <child userName="user-name"></child>
```

解决布尔类型 prop 的特殊情况的代码如下：

```
01  if (isType(Boolean, prop.type)) {
02    if (absent && !hasOwn(prop, 'default')) {
03      value = false
04    } else if (!isType(String, prop.type) && (value === '' || value === hyphenate(key))) {
05      value = true
06    }
07  }
```

这里的 hyphenate 函数会将 key 进行驼峰转换，也就是说 userName 转换完之后是 user-name，所以属性为 userName 的值如果是 user-name，那么也会将 value 设置为 true。

所以当子组件 props 选项中的 userName 属性为布尔类型时，其实下面这种情况也会将 value 设置为 true：

```
01  <child user-name="user-name"></child>
```

除了布尔值需要特殊处理之外，其他类型的 prop 只需要处理一种情况，并不需要进行额外的特殊处理。那就是如果子组件通过 props 选项设置的 key 在 props 数据中并不存在，这时 props 选项中如果提供了默认值，则需要使用它，并将默认值转换成响应式数据。代码如下：

```
01  if (value === undefined) {
02    value = getPropDefaultValue(vm, prop, key)
03    // 因为默认值是新的数据，所以需要将它转换成响应式的
04    const prevShouldObserve = shouldObserve
05    toggleObserving(true)
06    observe(value)
07    toggleObserving(prevShouldObserve)
08  }
```

这里使用 getPropDefaultValue 函数获取 prop 的默认值，随后使用 observe 函数将获取的默认值转换成响应式的。而 toggleObserving 函数可以决定 observer 被调用时，是否会将 value 转换成响应式的。因此，代码中先使用 toggleObserving(true)，然后调用 observe，再调用 toggleObserving(prevShouldObserve)将状态恢复成最初的状态。

随后，会在 validateProp 函数中判断当前运行环境是否是生产环境，如果不是，会调用 assertProp 来断言 prop 是否有效：

```
01  if (process.env.NODE_ENV !== 'production') {
02    assertProp(prop, key, value, vm, absent)
03  }
```

这里 assertProp 的作用是当 prop 验证失败的时候，在非生产环境下，Vue.js 将会产生一个控制台的警告。

assertProp 函数的代码如下：

```
01  function assertProp (prop, name, value, vm, absent) {
02    if (prop.required && absent) {
03      warn(
04        'Missing required prop: "' + name + '"',
05        vm
06      )
07      return
08    }
09    if (value == null && !prop.required) {
10      return
11    }
12    let type = prop.type
13    let valid = !type || type === true
14    const expectedTypes = []
15    if (type) {
16      if (!Array.isArray(type)) {
17        type = [type]
18      }
19      for (let i = 0; i < type.length && !valid; i++) {
20        const assertedType = assertType(value, type[i])
21        expectedTypes.push(assertedType.expectedType || '')
22        valid = assertedType.valid
```

```
23        }
24      }
25      if (!valid) {
26        warn(
27          `Invalid prop: type check failed for prop "${name}".` +
28          ` Expected ${expectedTypes.map(capitalize).join(', ')}` +
29          `, got ${toRawType(value)}.`,
30          vm
31        )
32        return
33      }
34      const validator = prop.validator
35      if (validator) {
36        if (!validator(value)) {
37          warn(
38            'Invalid prop: custom validator check failed for prop "' + name + '".',
39            vm
40          )
41        }
42      }
43    }
```

虽然 assertProp 函数的代码看起来有点长，但其实逻辑并不复杂。首先它接收 5 个参数，分别是 prop、name、value、vm 和 absent，它们的含义如表 14-1 所示。

表 14-1 assertProp 函数的参数及其含义

参数	含义
prop	prop 选项
name	props 中 prop 选项的 key
value	prop 数据（propData）
vm	上下文（this）
absent	prop 数据中不存在 key 属性

这个函数最先处理必填项，如果 prop 中设置了必填项（required 为 true）并且 prop 数据中没有这个 key 属性，那么在控制台输出警告，并使用 return 语句终止函数运行。这里 prop.required 表示 prop 选项中设置了必填项，absent 表示该数据不存在。

随后处理没有设置必填项并且 value 不存在的情况，这种情况是合法的，直接返回 undefined 即可。这里有一个技巧，即 value == null 用的是双等号。在双等号中，null 和 undefined 是相等的，也就是说 value 是 null 或 undefined 都会为 true。

接下来校验类型，其中声明了 3 个变量——type、expectedTypes 和 valid，type 就是 prop 中用来校验的类型，valid 表示是否校验成功。

通常情况下，type 是一个原生构造函数或一个数组，或者用户没提供 type。如果用户提供了原生构造函数或者数组，因为!type 的缘故，变量 valid 默认等于 false；如果用户没设置 type，那么 valid 默认等于 true，即当作校验成功处理。

但有一种特例，那就是当 `type` 等于 `true` 的时候。Vue.js 的 `props` 支持这样的语法 `props: { someProp: true }`，这说明 `prop` 一定会校验成功。所以当这种语法出现的时候，由于 `type === true`，所以 `valid` 变量的默认值就是 `true`。

说明　关于 `valid` 变量的默认值，可查看 Vue.js 的 GitHub requests 和 Commit。

requests：https://github.com/vuejs/vue/pull/3643。

commit：https://github.com/vuejs/vue/commit/b47d773c58de077e40edd54a3f5bde2bdfa5fd3d。

变量 `expectedTypes` 是用来保存 `type` 的列表，当校验失败，在控制台打印警告时，可以将变量 `expectedTypes` 中保存的类型打印出来。

接下来将校验类型。如果用户提供了 `type`，那么判断 `type` 是否是一个数组，如果不是，就将它转换成数组。

接下来循环 `type` 数组，并调用 `assertType` 函数校验 `value`。`assertType` 函数校验后会返回一个对象，该对象有两个属性 `valid` 和 `expectedType`，前者表示是否校验成功，后者表示类型，例如：`{valid: true, expectedType: "Boolean"}`。

然后将类型添加到 `expectedTypes` 中，并将 `valid` 变量设置为 `assertedType.valid`。

当循环结束后，如果变量 `valid` 为 `true`，就说明校验成功。循环中的条件语句有这样一句话：`!valid`，即 `type` 列表中只要有一个校验成功，循环就结束，认为是成功了。

现在已经校验完毕，接下来只需要判断 `valid` 为 `false` 时在控制台打印警告即可。

可以看到，此时会将 `expectedTypes` 打印出来，但是在打印之前先使用 `map` 将数组重新调整了一遍，而 `capitalize` 函数的作用是将字符串的一个字母改成大写。

我们知道，`prop` 支持自定义验证函数，所以最后要出来自定义验证函数。在代码中，首先判断用户是否设置了 `validator`，如果设置了，就执行它，否则调用 `warn` 函数在控制台打印警告。

当 `prop` 断言结束后，我们回到 `validateProp` 函数，执行了最后一行代码，将 `value` 返回。

14.7.2　初始化 methods

初始化 `methods` 时，只需要循环选项中的 `methods` 对象，并将每个属性依次挂载到 `vm` 上即可，相关代码如下：

```
01  function initMethods (vm, methods) {
02    const props = vm.$options.props
03    for (const key in methods) {
04      if (process.env.NODE_ENV !== 'production') {
05        if (methods[key] == null) {
06          warn(
07            `Method "${key}" has an undefined value in the component definition. ` +
```

```
08            `Did you reference the function correctly?`,
09            vm
10          )
11        }
12        if (props && hasOwn(props, key)) {
13          warn(
14            `Method "${key}" has already been defined as a prop.`,
15            vm
16          )
17        }
18        if ((key in vm) && isReserved(key)) {
19          warn(
20            `Method "${key}" conflicts with an existing Vue instance method. ` +
21            `Avoid defining component methods that start with _ or $.`
22          )
23        }
24      }
25      vm[key] = methods[key] == null ? noop : bind(methods[key], vm)
26    }
27  }
```

这里先声明一个变量 props，用来判断 methods 中的方法是否和 props 发生了重复，然后使用 for...in 语句循环 methods 对象。

在循环中，主要逻辑分为两部分：

- 校验方法是否合法；
- 将方法挂载到 vm 中。

1. 校验方法是否合法

在循环中会判断执行环境，在非生产环境下需要校验 methods 并在控制台发出警告。

当 methods 的某个方法只有 key 没有 value 时，会在控制台发出警告。如果 methods 中的某个方法已经在 props 中声明过了，会在控制台发出警告。如果 methods 中的某个方法已经存在于 vm 中，并且方法名是以 $ 或 _ 开头的，也会在控制台发出警告。这里 isReserved 函数的作用是判断字符串是否是以 $ 或 _ 开头。

2. 将方法挂载到 vm 中

将方法赋值到 vm 中很简单，详见 initMethods 方法的最后一行代码。其中会判断方法（methods[key]）是否存在：如果不存在，则将 noop 赋值到 vm[key] 中；如果存在，则将该方法通过 bind 改写它的 this 后，再赋值到 vm[key] 中。

这样，我们就可以通过 vm.x 访问到 methods 中的 x 方法了。

14.7.3 初始化 data

提到 data，相信大家都不陌生，我们在使用 Vue.js 开发项目的过程中经常会用它来保存一些数据。那么，data 内部究竟是怎样的呢？

简单来说，data 中的数据最终会保存到 vm._data 中。然后在 vm 上设置一个代理，使得通过 vm.x 可以访问到 vm._data 中的 x 属性。最后由于这些数据并不是响应式数据，所以需要调用 observe 函数将 data 转换成响应式数据。于是，data 就完成了初始化。

但在真正的代码中，需要增加判断一些条件，如果发现 data 的使用方式不正确，那么会在控制台打印出警告。初始化 data 的代码如下：

```
01  function initData (vm) {
02    let data = vm.$options.data
03    data = vm._data = typeof data === 'function'
04      ? getData(data, vm)
05      : data || {}
06    if (!isPlainObject(data)) {
07      data = {}
08      process.env.NODE_ENV !== 'production' && warn(
09        'data functions should return an object:\n' +
10        'https://vuejs.org/v2/guide/components.html#data-Must-Be-a-Function',
11        vm
12      )
13    }
14    // 将 data 代理到 Vue.js 实例上
15    const keys = Object.keys(data)
16    const props = vm.$options.props
17    const methods = vm.$options.methods
18    let i = keys.length
19    while (i--) {
20      const key = keys[i]
21      if (process.env.NODE_ENV !== 'production') {
22        if (methods && hasOwn(methods, key)) {
23          warn(
24            `Method "${key}" has already been defined as a data property.`,
25            vm
26          )
27        }
28      }
29      if (props && hasOwn(props, key)) {
30        process.env.NODE_ENV !== 'production' && warn(
31          `The data property "${key}" is already declared as a prop. ` +
32          `Use prop default value instead.`,
33          vm
34        )
35      } else if (!isReserved(key)) {
36        proxy(vm, `_data`, key)
37      }
38    }
39    // 观察数据
40    observe(data, true /* asRootData */)
41  }
```

在上述代码中，我们首先从选项中得到 data，并将其保存在 data 变量中。然后需要判断 data 的类型，如果是函数，则需要执行函数并将返回值赋值给变量 data 和 vm._data。这里我们并没有见到函数 data 被执行，而是看到了函数 getData 被执行。其实，函数 getData 中的逻辑也是调用 data 函数并将值返回，只不过 getData 中有一些细节处理，比如使用 try...catch 语句捕获 data 函数中有可能发生的错误等。

最终得到的 data 值应该是 Object 类型，否则就在非生产环境下在控制台打印出警告，并为 data 设置默认值，也就是空对象。

接下来要做的事情是将 data 代理到实例上。代码中首先声明了 3 个变量：keys、props 与 methods。接着循环 data，其中先判断当前执行环境，如果不是生产环境，那么判断当前循环的 key 是否存在于 methods 中，如果存在，说明数据重复了，在控制台打印警告。

然后以同样的方式判断 props 中是否存在某个属性与 key 相同，如果发现确实有相同的属性，那么在非生产环境下在控制台打印警告。

只有 props 中不存在当前与 key 相同的属性时，才会将属性代理到实例上，前提是属性名不能以 $ 或 _ 开头。

如果 data 中的某个 key 与 methods 发生了重复，依然会将 data 代理到实例中，但如果与 props 发生了重复，则不会将 data 代理到实例中。

代码中调用了 proxy 函数实现代理功能。该函数的作用是在第一个参数上设置一个属性名为第三个参数的属性。这个属性的修改和获取操作实际上针对的是与第二个参数相同属性名的属性。proxy 的代码如下：

```
01  const sharedPropertyDefinition = {
02    enumerable: true,
03    configurable: true,
04    get: noop,
05    set: noop
06  }
07
08  export function proxy (target, sourceKey, key) {
09    sharedPropertyDefinition.get = function proxyGetter () {
10      return this[sourceKey][key]
11    }
12    sharedPropertyDefinition.set = function proxySetter (val) {
13      this[sourceKey][key] = val
14    }
15    Object.defineProperty(target, key, sharedPropertyDefinition)
16  }
```

这里先声明了一个变量 sharedPropertyDefinition 作为默认属性描述符。

接下来声明了 proxy 函数，此函数接收 3 个参数：target、sourceKey 和 key。随后在代码中设置了 get 和 set 属性，相当于给属性提供了 getter 和 setter 方法。在 getter 方法中读取了 this[sourceKey][key]，在 setter 方法中设置了 this[sourceKey][key] 属性。最后，使用 Object.defineProperty 方法为 target 定义一个属性，属性名为 key，属性描述符为 sharedPropertyDefinition。

通过这样的方式将 vm._data 中的方法代理到 vm 上。所有属性都代理后，执行 observe 函数将数据转换成响应式的。关于如何将数据转换成响应式数据，我们在第 2 章中介绍过。

14.7.4　初始化 computed

大家肯定对计算属性 computed 不陌生，在实际项目中我们会经常用它。但对于刚入门的新手来说，它不是很好理解，它和 watch 到底有哪些不同呢？本节将详细介绍其内部原理。

简单来说，computed 是定义在 vm 上的一个特殊的 getter 方法。之所以说特殊，是因为在 vm 上定义 getter 方法时，get 并不是用户提供的函数，而是 Vue.js 内部的一个代理函数。在代理函数中可以结合 Watcher 实现缓存与收集依赖等功能。

我们知道计算属性的结果会被缓存，且只有在计算属性所依赖的响应式属性或者说计算属性的返回值发生变化时才会重新计算。那么，如何知道计算属性的返回值是否发生了变化？这其实是结合 Watcher 的 dirty 属性来分辨的：当 dirty 属性为 true 时，说明需要重新计算"计算属性"的返回值；当 dirty 属性为 false 时，说明计算属性的值并没有变，不需要重新计算。

当计算属性中的内容发生变化后，计算属性的 Watcher 与组件的 Watcher 都会得到通知。计算属性的 Watcher 会将自己的 dirty 属性设置为 true，当下一次读取计算属性时，就会重新计算一次值。然后组件的 Watcher 也会得到通知，从而执行 render 函数进行重新渲染的操作。由于要重新执行 render 函数，所以会重新读取计算属性的值，这时候计算属性的 Watcher 已经把自己的 dirty 属性设置为 true，所以会重新计算一次计算属性的值，用于本次渲染。

简单来说，计算属性会通过 Watcher 来观察它所用到的所有属性的变化，当这些属性发生变化时，计算属性会将自身的 Watcher 的 dirty 属性设置为 true，说明自身的返回值变了。

图 14-4 给出了计算属性的内部原理。在模板中使用了一个数据渲染视图时，如果这个数据恰好是计算属性，那么读取数据这个操作其实会触发计算属性的 getter 方法（初始化计算属性时在 vm 上设置的 getter 方法）。

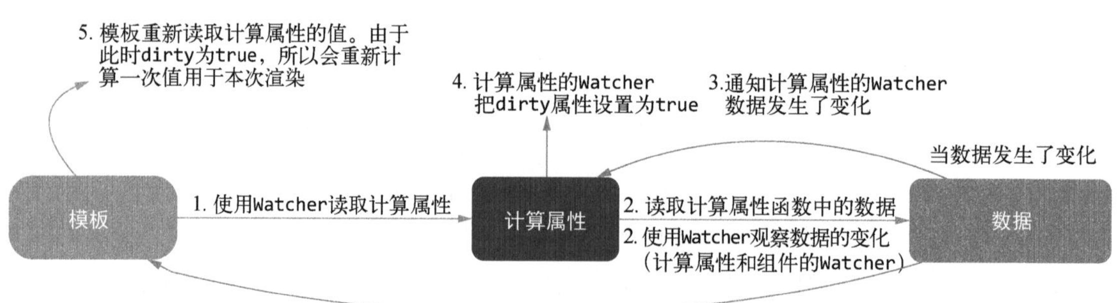

图 14-4　计算属性的内部原理

这个 getter 方法被触发时会做两件事。

- 计算当前计算属性的值，此时会使用 Watcher 去观察计算属性中用到的所有其他数据的变化。同时将计算属性的 Watcher 的 dirty 属性设置为 false，这样再次读取计算属性时将不再重新计算，除非计算属性所依赖的数据发生了变化。
- 当计算属性中用到的数据发生变化时，将得到通知从而进行重新渲染操作。

注意 如果是在模板中读取计算属性，那么使用组件的 Watcher 观察计算属性中用到的所有数据的变化。如果是用户自定义的 watch，那么其实是使用用户定义的 Watcher 观察计算属性中用到的所有数据的变化。其区别在于当计算属性函数中用到的数据发生变化时，向谁发送通知。

以上两件事做完之后，就可以实现当数据发生变化时计算属性清除缓存，组件收到通知去重新渲染视图。

说明 计算属性的一个特点是有缓存。计算属性函数所依赖的数据在没有发生变化的情况下，会反复读取计算属性，而计算属性函数并不会反复执行。

现在我们已经大致了解了计算属性的原理，接下来介绍初始化计算属性的具体实现：

```
01  const computedWatcherOptions = { lazy: true }
02
03  function initComputed (vm, computed) {
04    const watchers = vm._computedWatchers = Object.create(null)
05    // 计算属性在 SSR 环境中，只是一个普通的 getter 方法
06    const isSSR = isServerRendering()
07
08    for (const key in computed) {
09      const userDef = computed[key]
10      const getter = typeof userDef === 'function' ? userDef : userDef.get
11      if (process.env.NODE_ENV !== 'production' && getter == null) {
12        warn(
13          `Getter is missing for computed property "${key}".`,
14          vm
15        )
16      }
17
18      // 在非 SSR 环境中，为计算属性创建内部观察器
19      if (!isSSR) {
20        watchers[key] = new Watcher(
21          vm,
22          getter || noop,
23          noop,
24          computedWatcherOptions
25        )
```

14

```
26      }
27
28      if (!(key in vm)) {
29        defineComputed(vm, key, userDef)
30      } else if (process.env.NODE_ENV !== 'production') {
31        if (key in vm.$data) {
32          warn(`The computed property "${key}" is already defined in data.`, vm)
33        } else if (vm.$options.props && key in vm.$options.props) {
34          warn(`The computed property "${key}" is already defined as a prop.`, vm)
35        }
36      }
37    }
38  }
```

在上述代码中，我们先声明了变量 `computedWatcherOptions`，其作用和它的名字相同，是一个 `Watcher` 选项。在实例化 `Watcher` 时，通过参数告诉 `Watcher` 类应该生成一个供计算属性使用的 `watcher` 实例。

`initComputed` 函数的作用是初始化计算属性，它接收如下两个参数。

- **vm**：Vue.js 实例上下文（`this`）。
- **computed**：计算属性对象。

随后在 `vm` 上新增了 `_computedWatchers` 属性并且声明了变量 `watchers`，其值为一个空的对象，而 `_computedWatchers` 属性用来保存所有计算属性的 `watcher` 实例。

说明 `Object.create(null)`创建出来的对象没有原型，它不存在 `__proto__` 属性。

随后声明的变量 `isSSR` 用于判断当前运行环境是否是 SSR（服务端渲染）。`isServerRendering` 工具函数执行后，会返回一个布尔值用于判断是否是服务端渲染环境。

接下来，使用 `for...in` 循环 `computed` 对象，依次初始化每个计算属性。在循环中先声明变量 `userDef` 来保存用户设置的计算属性定义，然后通过 `userDef` 获取 `getter` 函数。这里只需要判断用户提供的计算属性是否是函数，如果是函数，则将这个函数当作 `getter`，否则默认将用户提供的计算属性当作对象处理，获取对象的 `get` 方法。这时如果用户传入的计算属性不合法，也就是说既不是函数，也不是对象，或者提供了对象但没有提供 `get` 方法，就在非生产环境下在控制台打印警告以提示用户。

随后判断当前环境是否是服务端渲染环境，如果不是，就需要创建 `watcher` 实例。`Watcher` 在整个计算属性内部原理中非常重要，后面我们会介绍它的作用。创建 `watcher` 实例时有一个细节需要注意，即第二个参数的 `getter` 其实是用户设置的计算属性的 `get` 函数。

最后，判断当前循环到的计算属性的名字是否已经存在于 `vm` 中：如果存在，则在非生产环境下的控制台打印警告，如果不存在，则使用 `defineComputed` 函数在 `vm` 上设置一个计算属性。这里有一个细节需要注意，那就是当计算属性的名字已经存在于 `vm` 中时，说明已经有了一个重名的 data 或者 props，也有可能是与 methods 重名，这时候不会在 vm 上定义计算属性。

但在 Vue.js 中，只有与 data 和 props 重名时，才会打印警告。如果与 methods 重名，并不会在控制台打印警告。所以如果与 methods 重名，计算属性会悄悄失效，我们在开发过程中应该尽量避免这种情况。

此外，还需要说明一下 defineComputed 函数，它有 3 个参数：vm、key 和 userDef。其完整代码如下：

```
01  const sharedPropertyDefinition = {
02    enumerable: true,
03    configurable: true,
04    get: noop,
05    set: noop
06  }
07
08  export function defineComputed (target, key, userDef) {
09    const shouldCache = !isServerRendering()
10    if (typeof userDef === 'function') {
11      sharedPropertyDefinition.get = shouldCache
12        ? createComputedGetter(key)
13        : userDef
14      sharedPropertyDefinition.set = noop
15    } else {
16      sharedPropertyDefinition.get = userDef.get
17        ? shouldCache && userDef.cache !== false
18          ? createComputedGetter(key)
19          : userDef.get
20        : noop
21      sharedPropertyDefinition.set = userDef.set
22        ? userDef.set
23        : noop
24    }
25    if (process.env.NODE_ENV !== 'production' &&
26        sharedPropertyDefinition.set === noop) {
27      sharedPropertyDefinition.set = function () {
28        warn(
29          `Computed property "${key}" was assigned to but it has no setter.`,
30          this
31        )
32      }
33    }
34    Object.defineProperty(target, key, sharedPropertyDefinition)
35  }
```

在上述代码中，先定义了变量 sharedPropertyDefinition，它的作用与 14.7.3 节中介绍的 proxy 函数所使用的 sharedPropertyDefinition 变量相同。事实上，在源码中，这两个函数使用的其实是同一个变量，这个变量是一个默认的属性描述符，它经常与 Object.defineProperty 配合使用。

接着，函数 defineComputed 接收 3 个参数 target、key 和 userDef，其意思是在 target

上定义一个 key 属性，属性的 getter 和 setter 根据 userDef 的值来设置。

然后函数中声明了变量 shouldCache，它的作用是判断 computed 是否应该有缓存。这里调用 isServerRendering 函数来判断当前环境是否是服务端渲染环境。因此，变量 shouldCache 只有在非服务端渲染环境下才为 true。也就是说，只有在非服务端渲染环境下，计算属性才有缓存。

接下来，判断 userDef 的类型。Vue.js 支持用户设置两种类型的计算属性：函数和对象。例如：

```
01  var vm = new Vue({
02    data: { a: 1 },
03    computed: {
04      // 仅读取
05      aDouble: function () {
06        return this.a * 2
07      },
08      // 读取和设置
09      aPlus: {
10        get: function () {
11          return this.a + 1
12        },
13        set: function (v) {
14          this.a = v - 1
15        }
16      }
17    }
18  })
```

所以在定义计算属性时，需要判断 userDef 的类型是函数还是对象。如果是函数，则将函数理解为 getter 函数。如果是对象，则将对象的 get 方法作为 getter 方法，set 方法作为 setter 方法。

这里有一个细节需要注意，我们要通过判断 shouldCache 来选择将 get 设置成 userDef 这种普通的 getter 函数，还是设置为计算属性的 getter 函数。其区别是如果将 sharedProperty-Definition.get 设置为 userDef 函数，那么这个计算属性只是一个普通的 getter 方法，没有缓存。当计算属性中所使用的数据发生变化时，计算属性的 Watcher 也不会得到任何通知，使用计算属性的 Watcher 也不会得到任何通知。它就是一个普通的 getter，每次读取操作都会执行一遍函数。这种情况通常在服务端渲染环境下生效，因为数据响应式的过程在服务器上是多余的。如果将 sharedPropertyDefinition.get 设置为计算属性的 getter，那么计算属性将具备缓存和观察计算属性依赖数据的变化等响应式功能。稍后，我们再介绍 createComputedGetter 的实现。

由于用户并没有设置 setter 函数，所以将 sharedPropertyDefinition.set 设置为 noop，而 noop 是一个空函数。

如果 userDef 的类型不是函数，那么假设它是对象类型。在 else 语句中先设置 sharedProperty-Definition.get，后设置 sharedPropertyDefinition.set。设置 sharedPropertyDefinition.get 时需要判断 userDef.get 是否存在。如果不存在，则将 sharedPropertyDefinition.get 设置

成 noop。如果存在，那么逻辑和前面介绍的相同，如果 shouldCache 为 true 并且用户没有明确地将 userDef.cache 设置为 false，则调用 createComputedGetter 函数将 sharedPropertyDefinition.get 设置成计算属性的 getter 函数，否则将 sharedPropertyDefinition.get 设置成普通的 getter 函数 userDef.get。

设置完 getter 后设置 setter。这简单很多，只需要判断 userDef.set 是否存在，如果存在，则将 sharedPropertyDefinition.set 设置为 userDef.set，否则设置为 noop。

如果用户在没有设置 setter 的情况下对计算属性进行了修改操作，Vue.js 会在非生产环境下在控制台打印警告。其实现原理很简单，如果用户没有设置 setter 函数，那么为计算属性设置一个默认的 setter 函数，并且当函数执行时，打印出警告即可。

在 defineComputed 函数的最后，我们调用 Object.defineProperty 方法在 target 对象上设置 key 属性，其中属性描述符为前面我们设置的 sharedPropertyDefinition。计算属性就是这样被设置到 vm 上的。

通过前面的介绍，我们发现计算属性的缓存与响应式功能主要在于是否将 getter 方法设置为 createComputedGetter 函数执行后的返回结果。下面我们介绍 createComputedGetter 函数是如何实现缓存以及响应式功能的，其代码如下：

```
01  function createComputedGetter (key) {
02    return function computedGetter () {
03      const watcher = this._computedWatchers && this._computedWatchers[key]
04      if (watcher) {
05        if (watcher.dirty) {
06          watcher.evaluate()
07        }
08        if (Dep.target) {
09          watcher.depend()
10        }
11        return watcher.value
12      }
13    }
14  }
```

这个函数是一个高阶函数，它接收一个参数 key 并返回另一个函数 computedGetter。

通过前面的介绍知道，最终被设置到 getter 方法中的函数其实是被返回的 computedGetter 函数。在非服务端渲染环境下，每当计算属性被读取时，computedGetter 函数都会被执行。

在 computedGetter 函数中，先使用 key 从 this._computedWatchers 中读出 watcher 并赋值给变量 watcher。而 this._computedWatchers 属性保存了所有计算属性的 watcher 实例。

如果 watcher 存在，那么判断 watcher.dirty 是否为 true。前面我们介绍 watcher.dirty 属性用于标识计算属性的返回值是否有变化，如果它为 true，说明计算属性所依赖的状态发生了变化，它的返回值有可能也会有变化，所以需要重新计算得出最新的结果。

计算属性的缓存就是通过这个判断来实现的。每当计算属性所依赖的状态发生变化时，会将

watcher.dirty 设置为 true，这样当下一次读取计算属性时，会发现 watcher.dirty 为 true，此时会重新计算返回值，否则就直接使用之前的计算结果。

随后判断 Dep.target 是否存在，如果存在，则调用 watcher.depend 方法。这段代码的目的在于将读取计算属性的那个 Watcher 添加到计算属性所依赖的所有状态的依赖列表中。换句话说，就是让读取计算属性的那个 Watcher 持续观察计算属性所依赖的状态的变化。

使用计算属性的同学大多会有一个疑问：为什么我在模板里只使用了一个计算属性，但是把计算属性中用到的另一个状态给改了，模板会重新渲染，它是怎么知道自己需要重新渲染的呢？

这是因为组件的 Watcher 观察了计算属性中所依赖的所有状态的变化。当计算属性中所依赖的状态发生变化时，组件的 Watcher 会得到通知，然后就会执行重新渲染操作。

第 2 章介绍 Watcher 时，并没有介绍其 depend 与 evaluate 方法。事实上，其中定义了 depend 与 evaluate 方法专门用于实现计算属性相关的功能，代码如下：

```
01  export default class Watcher {
02    constructor (vm, expOrFn, cb, options) {
03      // 隐藏无关代码
04
05      if (options) {
06        this.lazy = !!options.lazy
07      } else {
08        this.lazy = false
09      }
10
11      this.dirty = this.lazy
12
13      this.value = this.lazy
14        ? undefined
15        : this.get()
16    }
17
18    evaluate () {
19      this.value = this.get()
20      this.dirty = false
21    }
22
23    depend () {
24      let i = this.deps.length
25      while (i--) {
26        this.deps[i].depend()
27      }
28    }
29  }
```

可以看到，evaluate 方法的逻辑很简单，就是执行 this.get 方法重新计算一下值，然后将 this.dirty 设置为 false。

虽然 depend 方法的代码不多，但它的作用并不简单。从代码中可以看到，Watcher.depend 方法会遍历 this.deps 属性（该属性中保存了计算属性用到的所有状态的 dep 实例，而每个属性的 dep 实例中保存了它的所有依赖），并依次执行 dep 实例的 depend 方法。

执行 dep 实例的 depend 方法可以将组件的 watcher 实例添加到 dep 实例的依赖列表中。换句话说，this.deps 是计算属性中用到的所有状态的 dep 实例，而依次执行了 dep 实例的 depend 方法就是将组件的 Watcher 依次加入到这些 dep 实例的依赖列表中，这就实现了让组件的 Watcher 观察计算属性中用到的所有状态的变化。当这些状态发生变化时，组件的 Watcher 会收到通知，从而进行重新渲染操作。

前面我们介绍的计算属性原理是 Vue.js 在 2.5.2 版本中的实现。Vue.js 在 2.5.17 版本中，对计算属性的实现方式做了一个改动，这个改动使得计算属性的原理有一些不太一样的地方，这是因为现有的计算属性存在着一个问题。

前面我们介绍组件的 Watcher 会观察计算属性中用到的所有数据的变化。这就导致一个问题：如果计算属性中用到的状态发生了变化，但最终计算属性的返回值并没有变，这时计算属性依然会认为自己的返回值变了，组件也会重新走一遍渲染流程。只不过最终由于虚拟 DOM 的 Diff 中发现没有变化，所以在视觉上并不会发现 UI 有变化，其实渲染函数会被执行。

也就是说，计算属性只是观察它所用到的所有数据是否发生了变化，但并没有真正去校验它自身的返回值是否有变化，所以当它所使用的数据发生变化后，它就认为自己的返回值也会有变化，但事实并不总是这样。

有人在 Vue.js 的 GitHub Issues 里提出了这个问题，地址为 https://github.com/vuejs/vue/issues/7767。同时，他还给出了一个案例来演示这个问题，地址：https://jsfiddle.net/72gzmayL/。

为了解决这个问题，作者把计算属性的实现做了一些改动，改动后的逻辑是：组件的 Watcher 不再观察计算属性用到的数据的变化，而是让计算属性的 Watcher 得到通知后，计算一次计算属性的值，如果发现这一次计算出来的值与上一次计算出来的值不一样，再去主动通知组件的 Watcher 进行重新渲染操作。这样就可以解决前面提到的问题，只有计算属性的返回值真的变了，才会重新执行渲染函数。

图 14-5 给出了新版计算属性的内部原理。与之前最大的区别就是组件的 Watcher 不再观察数据的变化了，而是只观察计算属性的 Watcher（把组件的 watcher 实例添加到计算属性的 watcher 实例的依赖列表中），然后计算属性主动通知组件是否需要进行渲染操作。

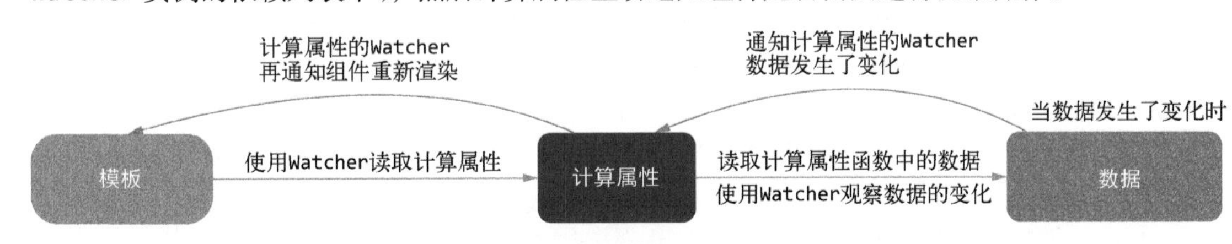

图 14-5 新版计算属性的内部原理

此时计算属性的 getter 被触发时做的事情发生了变化，它会做下面两件事。

- 使用组件的 Watcher 观察计算属性的 Watcher，也就是把组件的 Watcher 添加到计算属性的 Watcher 的依赖列表中，让计算属性的 Watcher 向组件的 Watcher 发送通知。
- 使用计算属性的 Watcher 观察计算属性函数中用到的所有数据，当这些数据发生变化时，向计算属性的 Watcher 发送通知。

注意　如果是在模板中读取计算属性，那么使用组件的 Watcher 观察计算属性的 Watcher；如果是用户使用 vm.$watch 定义的 Watcher，那么其实是使用用户定义的 Watcher 观察计算属性的 Watcher。其区别是当计算属性通过计算发现自己的返回值发生变化后，计算属性的 Watcher 向谁发送通知。

修复这个问题的 Pull Requests 地址为：https://github.com/vuejs/vue/pull/7824。下面来看一下这个 Pull Requests 都有哪些修改。

首先 createComputedGetter 函数中的内容发生了变化，改动后的代码如下：

```
01  function createComputedGetter (key) {
02    return function computedGetter () {
03      const watcher = this._computedWatchers && this._computedWatchers[key]
04      if (watcher) {
05        watcher.depend()
06        return watcher.evaluate()
07      }
08    }
09  }
```

改动后的函数依然是一个高阶函数，依然返回 computedGetter 函数，但是 computedGetter 函数中的内容发生了变化。从代码上看，改动后的代码比改动前的代码少了很多。

computedGetter 函数依然是先使用 key 从 this._computedWatchers 中读出 watcher 并赋值给变量 watcher。随后判断 watcher 是否存在，如果存在，则执行 watcher.depend()和 watcher.evaluate()，并将 watcher.evaluate()的返回值当作计算属性函数的计算结果返回出去。

depend 方法被执行后，会将读取计算属性的那个 Watcher 添加到计算属性的 Watcher 的依赖列表中，这可以让计算属性的 Watcher 向使用计算属性的 Watcher 发送通知。

Watcher 的代码变成了下面的样子：

```
01  export default class Watcher {
02    constructor (vm, expOrFn, cb, options) {
03      // 隐藏无关代码
04
05      if (options) {
06        this.computed = !!options.computed
07      } else {
08        this.computed = false
```

```
09      }
10
11      this.dirty = this.computed
12
13      if (this.computed) {
14        this.value = undefined
15        this.dep = new Dep()
16      } else {
17        this.value = this.get()
18      }
19    }
20
21    update () {
22      if (this.computed) {
23        if (this.dep.subs.length === 0) {
24          this.dirty = true
25        } else {
26          this.getAndInvoke(() => {
27            this.dep.notify()
28          })
29        }
30      }
31      // 隐藏无关代码
32    }
33
34    getAndInvoke (cb) {
35      const value = this.get()
36      if (
37        value !== this.value ||
38        isObject(value) ||
39        this.deep
40      ) {
41        const oldValue = this.value
42        this.value = value
43        this.dirty = false
44        if (this.user) {
45          try {
46            cb.call(this.vm, value, oldValue)
47          } catch (e) {
48            handleError(e, this.vm, `callback for watcher "${this.expression}"`)
49          }
50        } else {
51          cb.call(this.vm, value, oldValue)
52        }
53      }
54    }
55
56    evaluate () {
57      if (this.dirty) {
58        this.value = this.get()
59        this.dirty = false
60      }
61      return this.value
62    }
```

```
63
64    depend () {
65      if (this.dep && Dep.target) {
66        this.dep.depend()
67      }
68    }
69  }
```

可以看到，evaluate 方法稍微有点改动，但并不是很大。先通过 dirty 属性判断返回值是否发生了变化，如果发生了变化，就执行 get 方法重新计算一次，然后将 dirty 属性设置为 false，表示数据已经是最新的，不需要重新计算，最后返回本次计算出来的结果。

depend 方法的改动有点大，这一次不再是将 Dep.target 添加到计算属性所用到的所有数据的依赖列表中，而是改成了将 Dep.target 添加到计算属性的依赖列表中。this.dep 用于在实例化 Watcher 时进行判断，如果为计算属性用的 Watcher，则实例化一个 dep 实例并将其放在 this.dep 属性上。

当计算属性中用到的数据发生变化时，计算属性的 Watcher 的 update 方法会被执行，此时会判断当前 Watcher 是不是计算属性的 Watcher，如果是，那么有两种模式，一种是主动发送通知，另一种是将 dirty 设置为 true。行业术语中，这两种方式分别叫作 activated 和 lazy。

从代码中可以看出，分辨这两种模式可以使用依赖的数量，activated 模式要求至少有一个依赖。其实也可以理解，如果没有任何依赖，那么主动去向谁发送通知呢？

大部分情况下都是有依赖的，这个依赖有可能是组件的 Watcher，这取决于谁读取了计算属性。

我们假设这个依赖是组件的 Watcher，那么当计算属性所使用的数据发生变化后，会执行计算属性的 Watcher 的 update 方法。随后可以看到，发送通知的代码是在 this.getAndInvoke 函数的回调中执行的。可以很明确地告诉你，这个函数的作用是对比计算属性的返回值。只有计算属性的返回值真的发生了变化，才会执行回调，从而主动发送通知让组件的 Watcher 去执行重新渲染逻辑。

14.7.5 初始化 watch

初始化状态的最后一步是初始化 watch。在 initState 函数的最后，有这样一行代码：

```
01  if (opts.watch && opts.watch !== nativeWatch) {
02    initWatch(vm, opts.watch)
03  }
```

只有当用户设置了 watch 选项并且 watch 选项不等于浏览器原生的 watch 时，才进行初始化 watch 的操作。

之所以使用这样的语句（opts.watch !== nativeWatch）判断，是因为 Firefox 浏览器中的 Object.prototype 上有一个 watch 方法。当用户没有设置 watch 时，在 Firefox 浏览器下的 opts.watch 将是 Object.prototype.watch 函数，所以通过这样的语句可以避免这种问题。

代码中通过调用 initWatch 函数并传递两个参数 vm 和 opts.watch 来初始化 watch 选项。这里我们先简单回顾 watch 的使用方式。

- ❑ **类型**：{ [key: string]: string | Function | Object | Array }
- ❑ **介绍**：一个对象，其中键是需要观察的表达式，值是对应的回调函数，也可以是方法名或者包含选项的对象。Vue.js 实例将会在实例化时调用 vm.$watch() 遍历 watch 对象的每一个属性。
- ❑ **示例**：

```
01  var vm = new Vue({
02    data: {
03      a: 1,
04      b: 2,
05      c: 3,
06      d: 4,
07      e: {
08        f: {
09          g: 5
10        }
11      }
12    },
13    watch: {
14      a: function (val, oldVal) {
15        console.log('new: %s, old: %s', val, oldVal)
16      },
17      // 方法名
18      b: 'someMethod',
19      // 深度 watcher
20      c: {
21        handler: function (val, oldVal) { /* ... */ },
22        deep: true
23      },
24      // 该回调将会在侦听开始之后被立即调用
25      d: {
26        handler: function (val, oldVal) { /* ... */ },
27        immediate: true
28      },
29      e: [
30        function handle1 (val, oldVal) { /* ... */ },
31        function handle2 (val, oldVal) { /* ... */ }
32      ],
33      // watch vm.e.f's value: {g: 5}
34      'e.f': function (val, oldVal) { /* ... */ }
35    }
36  })
37  vm.a = 2 // => new: 2, old: 1
```

初始化 watch 选项的实现思路并不复杂，前面也略微提到了。watch 选项的功能和 vm.$watch（其内部原理可以参见 4.1 节）是相同的，所以只需要循环 watch 选项，将对象中的每一项依次调用 vm.$watch 方法来观察表达式或 computed 在 Vue.js 实例上的变化即可。

由于 watch 选项的值同时支持字符串、函数、对象和数组类型，不同的类型有不同的用法，所以在调用 vm.$watch 之前需要对这些类型做一些适配。initWatch 函数的代码如下：

```
01  function initWatch (vm, watch) {
02    for (const key in watch) {
03      const handler = watch[key]
04      if (Array.isArray(handler)) {
05        for (let i = 0; i < handler.length; i++) {
06          createWatcher(vm, key, handler[i])
07        }
08      } else {
09        createWatcher(vm, key, handler)
10      }
11    }
12  }
```

它接收两个参数 vm 和 watch，后者是用户设置的 watch 对象。随后使用 for...in 循环遍历 watch 对象，通过 key 得到 watch 对象的值并赋值给变量 handler。

此时变量 handler 的类型是不确定的，watch 选项的值其实可以大致分为两类：数组和其他。数组中的每一项可以是其他任意类型，所以代码中先处理数组的情况。如果 handler 的类型是数组，那么遍历数组并将数组中的每一项依次调用 createWatcher 函数来创建 Watcher。如果不是数组，那么直接调用 createWatcher 函数创建一个 Watcher。

createWatcher 函数主要负责处理其他类型的 handler 并调用 vm.$watch 创建 Watcher 观察表达式，其代码如下：

```
01  function createWatcher (vm, expOrFn, handler, options) {
02    if (isPlainObject(handler)) {
03      options = handler
04      handler = handler.handler
05    }
06    if (typeof handler === 'string') {
07      handler = vm[handler]
08    }
09    return vm.$watch(expOrFn, handler, options)
10  }
```

它接收如下 4 个参数。

- **vm**：Vue.js 实例上下文（this）。
- **expOrFn**：表达式或计算属性函数。
- **handler**：watch 对象的值。
- **options**：用于传递给 vm.$watch 的选项对象。

执行 createWatcher 函数时，handler 的类型有三种可能：字符串、函数和对象。如果 handler 的类型是函数，那么不用特殊处理，直接把它传递给 vm.$watch 即可。如果是对象，那么说明用户设置了一个包含选项的对象，因此将 options 的值设置为 handler，并且将变量 handler 设置为 handler 对象的 handler 方法。如果 handler 的类型是字符串，那么从 vm 中取出方法，将它赋值给 handler 变量即可。

针对不同类型的值处理完毕后，handler 变量是回调函数，options 为 vm.$watch 的选项，所以接下来只需要调用 vm.$watch 即可完成初始化 watch 的任务。

14.8 初始化 provide

如图 14-2 所示，状态初始化的下一步是初始化 provide，本节中我们将介绍 provide 的内部原理。

provide 选项应该是一个对象或者是返回一个对象的函数。该对象包含可注入其子孙的属性。在该对象中，你可以使用 ES2015 Symbol 作为 key，但是它只在原生支持 Symbol 和 Reflect.ownKeys 的环境下工作。

14.6.1 节详细介绍了 provide/inject 的使用方式，本节将不再重复介绍。

初始化 provide 时，只需要将 provide 选项添加到 vm._provided 即可，相关代码如下：

```
01  export function initProvide (vm) {
02    const provide = vm.$options.provide
03    if (provide) {
04      vm._provided = typeof provide === 'function'
05        ? provide.call(vm)
06        : provide
07    }
08  }
```

这里首先判断 provide 的类型是否是函数，如果是，则执行函数，将返回值赋值给 vm._provided，否则直接将变量 provide 赋值给 vm._provided。

14.9 总结

本章详细介绍了 new Vue()被执行时 Vue.js 的背后发生了什么。

Vue.js 的整体生命周期可以分为 4 个阶段：初始化阶段、模板编译阶段、挂载阶段和卸载阶段。初始化阶段结束后，会触发 created 钩子函数。在 created 钩子函数与 beforeMount 钩子函数之间的这个阶段是模板编译阶段，这个阶段在不同的构建版本中不一定存在。挂载阶段在 beforeMount 钩子函数与 mounted 期间。挂载完毕后，Vue.js 处于已挂载阶段。已挂载阶段会持续追踪状态的变化，当数据（状态）发生变化时，Watcher 会通知虚拟 DOM 重新渲染视图。在渲染视图前触发 beforeUpdate 钩子函数，渲染完毕后触发 updated 钩子函数。当 vm.$destroy 被调用时，组件进入卸载阶段。卸载前会触发 beforeDestroy 钩子函数，卸载后会触发 destroyed 钩子函数。

new Vue()被执行后，Vue.js 进入初始化阶段，然后选择性进入模板编译与挂载阶段。

在初始化阶段，会分别初始化实例属性、事件、provide/inject 以及状态等，其中状态又包含 props、methods、data、computed 与 watch。

第 15 章 指令的奥秘

指令（directive）是 Vue.js 提供的带有 `v-` 前缀的特殊特性。指令属性的值预期是单个 JavaScript 表达式。指令的职责是，当表达式的值改变时，将其产生的连带影响响应式地作用于 DOM。

第 13 章中介绍过，`Vue.directive` 全局 API 可以创建自定义指令并获取全局指令，但它并不能让指令生效，本章将详细介绍自定义指令是如何生效的。

除了自定义指令外，Vue.js 还内置了一些常用指令，例如 `v-if` 和 `v-for` 等。有些内置指令的实现原理与自定义指令不同，它们提供的功能很难用自定义指令实现。

15.1 指令原理概述

之所以选择在本章介绍指令的原理，是因为指令相关的知识贯穿 Vue.js 内部各个核心技术点。在模板解析阶段，我们在将指令解析到 AST，然后使用 AST 生成代码字符串的过程中实现某些内置指令的功能，最后在虚拟 DOM 渲染的过程中触发自定义指令的钩子函数使指令生效。

图 15-1 给出了让指令生效的全过程。在模板解析阶段，会将节点上的指令解析出来并添加到 AST 的 `directives` 属性中。

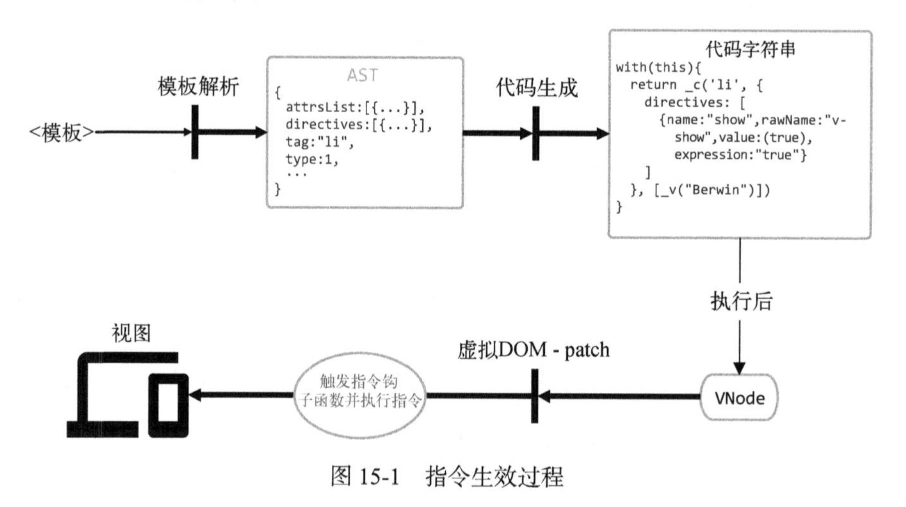

图 15-1　指令生效过程

随后 directives 数据会传递到 VNode 中，接着就可以通过 vnode.data.directives 获取一个节点所绑定的指令。

最后，当虚拟 DOM 进行修补时，会根据节点的对比结果触发一些钩子函数。更新指令的程序会监听 create、update 和 destroy 钩子函数，并在这三个钩子函数触发时对 VNode 和 oldVNode 进行对比，最终根据对比结果触发指令的钩子函数。（使用自定义指令时，可以监听 5 种钩子函数：bind、inserted、update、componentUpdated 与 unbind。）指令的钩子函数被触发后，就说明指令生效了。

15.1.1 v-if 指令的原理概述

有一些内置指令是在模板编译阶段实现的。在代码生成时，通过生成一个特殊的代码字符串来实现指令的功能。例如，在模板中使用 v-if 指令：

```
01  <li v-if="has">if</li>
02  <li v-else>else</li>
```

在模板编译的代码生成阶段会生成这样的代码字符串：

```
01  (has)?_c('li',[_v("if")]):_c('li',[_v("else")])
```

为了方便观察，我们将代码字符串格式化：

```
01  (has)
02    ? _c('li',[_v("if")])
03    : _c('li',[_v("else")])
```

这样一段代码字符串在最终被执行时，会根据 has 变量的值来选择创建哪个节点。

我们发现 v-if 的内部原理其实和自定义指令不一样。

15.1.2 v-for 指令的原理概述

v-for 指令也是在模板编译的代码生成阶段实现的，例如下面的模板代码：

```
01  <li v-for="(item, index) in list">v-for {{index}}</li>
```

在模板编译阶段会生成这样的代码字符串：

```
01  _l((list),function(item,index){return _c('li',[_v("v-for "+_s(index))])})
```

为了方便观察，我们将代码字符串格式化：

```
01  _l((list), function (item, index) {
02    return _c('li', [
03      _v("v-for " + _s(index))
04    ])
05  })
```

其中，_l 是函数 renderList 的别名。当执行这段代码字符串时，_l 函数会循环变量 list 并依次调用第二个参数所传递的函数。同时，会传递两个参数：item 和 index。此外，当 _c 函数被调用时，会执行 _v 函数创建一个文本节点。

可以发现，v-for 指令的实现原理和自定义指令也不一样。那么，自定义指令具体是如何实现的呢？

15.1.3　v-on 指令

v-on 指令的作用是绑定事件监听器，事件类型由参数指定。它用在普通元素上时，可以监听原生 DOM 事件；用在自定义元素组件上时，可以监听子组件触发的自定义事件。

我们在 14.5 节中详细介绍了 v-on 指令用在自定义元素组件上时，内部如何监听子组件触发的自定义事件。本节中，我们主要介绍 v-on 用在普通元素上时内部如何监听原生 DOM 事件。

从模板解析到生成 VNode，最终事件会被保存在 VNode 中，然后可以通过 vnode.data.on 得到一个节点注册的所有事件。

例如，在模板中注册一个点击事件：

```
01  <button v-on:click="doThat">我是按钮</button>
```

在最终生成的 VNode 中，我们可以通过 vnode.data.on 读出下面的事件对象：

```
01  {
02    click: function () {}
03  }
```

虚拟 DOM 在修补（patch）的过程中会根据不同的时机触发不同的钩子函数，15.3 节给出了修补过程中会触发的全部钩子函数以及每个钩子函数的触发时机。

事件绑定相关的处理逻辑分别设置了 create 与 update 钩子函数，也就是说在修补的过程中，每当一个 DOM 元素被创建或更新时，都会触发事件绑定相关的处理逻辑。

事件绑定相关的处理逻辑是一个叫 updateDOMListeners 的函数，而 create 与 update 钩子函数执行的都是这个函数。其代码如下：

```
01  let target
02  function updateDOMListeners (oldVnode, vnode) {
03    if (isUndef(oldVnode.data.on) && isUndef(vnode.data.on)) {
04      return
05    }
06    const on = vnode.data.on || {}
07    const oldOn = oldVnode.data.on || {}
08    target = vnode.elm
09    normalizeEvents(on)
10    updateListeners(on, oldOn, add, remove, vnode.context)
11    target = undefined
12  }
```

这个函数接收两个参数：oldVnode 与 vnode。我们可以通过对比两个 VNode 中的事件对象，来决定绑定原生 DOM 事件还是解绑原生 DOM 事件。

接下来进行判断：如果两个 VNode 中的事件对象都不存在，说明上一次没有绑定任何事件，这一次元素更新也没有新增事件绑定，因此并不需要进行事件的绑定与解绑，直接使用 return 语句终止函数继续执行即可。

随后声明了两个变量 on 与 oldOn，前者是新虚拟节点上的事件对象，后者是旧虚拟节点上的事件对象。接着将 target 变量设置为 vnode.elm，vnode.elm 保存 vnode 所对应的 DOM 元素。

接着调用 normalizeEvents 函数，它可以对特殊情况下的事件对象做一些特殊处理。

然后调用 updateListeners 方法更新事件监听器。该方法的作用是对比 on 与 oldOn，然后根据对比结果调用 add 方法或 remove 方法执行对应的绑定事件或解绑事件等，详情可参见 14.5 节。

那么，add 和 remove 方法是如何绑定与解绑 DOM 原生事件的呢？

浏览器提供了一个绑定事件的 API，叫作 node.addEventListener，我相信大家都不陌生。add 方法的代码如下：

```
01  function add (event, handler, once, capture, passive) {
02    handler = withMacroTask(handler)
03    if (once) handler = createOnceHandler(handler, event, capture)
04    target.addEventListener(
05      event,
06      handler,
07      supportsPassive
08        ? { capture, passive }
09        : capture
10    )
11  }
```

可以看到，这里只是调用了浏览器提供的 API，node.addEventListener 将指定的监听器注册到 target 上，而 target 就是使用了 v-on 的 DOM 元素。

值得注意的是，事件监听器使用 withMacroTask 包了一层，并且如果 v-on 使用了 once 修饰符，那么会使用高阶函数 createOnceHandler 实现 once 的功能。

withMacroTask 函数的作用是给回调函数做一层包装，当事件触发时，如果因为回调中修改了数据而触发更新 DOM 的操作，那么该更新操作会被推送到宏任务（macrotask）的任务队列中。关于 withMacroTask 更详细的内容，可以回看 13.3.3 节。

前面说过，createOnceHandler 函数可以实现 once 的功能，那么它是如何做到的呢？其代码如下：

```
01  function createOnceHandler (handler, event, capture) {
02    const _target = target // 在闭包中保存当前目标元素
03    return function onceHandler () {
04      const res = handler.apply(null, arguments)
05      if (res !== null) {
06        remove(event, onceHandler, capture, _target)
07      }
08    }
09  }
```

可以看到，这个函数就是一个普通的 once 实现。执行该函数后，会返回函数 onceHandler。当执行 onceHandler 时，会执行 handler 函数，并执行 remove 函数来解绑事件，使事件只能被执行一次。

但是我们看到，解绑事件的操作被放在了 if 判断里面，只有函数的返回值不是 null 的时候解绑。也就是说，如果 handler 的返回值是 null，则不会解绑。Vue.js 内部为了解决一个 bug，所以新增了上面这样一个判断。

说明　可以查看 Vue.js 在 GitHub 上的 issue，了解这个 bug 的详情：https://github.com/vuejs/vue/issues/4846。

---

remove 方法比 add 方法简单，它只需要调用浏览器提供的 removeEventListener 方法将事件解绑即可，其代码如下：

```
01  function remove (event, handler, capture, _target) {
02    (_target || target).removeEventListener(
03      event,
04      handler._withTask || handler,
05      capture
06    )
07  }
```

可以看到，这里只调用了 removeEventListener 解除事件监听器的绑定。但是有一个细节需要注意，事件监听器首先进行判断，如果 handler._withTask 存在，则解绑 handler._withTask。这是因为在绑定事件时经过了 withMacroTask 的处理，最终被绑定的事件监听器其实是 handler._withTask，所以解绑时也需要解绑 handler._withTask，只有 handler._withTask 不存在时才解绑 handler。

15.2　自定义指令的内部原理

在第二篇中，我们详细介绍了虚拟 DOM 的实现原理。我们知道，虚拟 DOM 通过算法对比两个 VNode 之间的差异并更新真实的 DOM 节点。在更新真实的 DOM 节点时，有可能是创建新的节点，或者更新一个已有的节点，还有可能是删除一个节点等。虚拟 DOM 在渲染时，除了更新 DOM 内容外，还会触发钩子函数。例如，在更新节点时，除了更新节点的内容外，还会触发 update 钩子函数。这是因为标签上通常会绑定一些指令、事件或属性，这些内容也需要在更新节点时同步被更新。因此，事件、指令、属性等相关处理逻辑只需要监听钩子函数，在钩子函数触发时执行相关处理逻辑即可实现功能。

指令的处理逻辑分别监听了 create、update 与 destroy，其代码如下：

```
01  export default {
02    create: updateDirectives,
03    update: updateDirectives,
```

```
04    destroy: function unbindDirectives (vnode) {
05      updateDirectives(vnode, emptyNode)
06    }
07  }
```

虚拟 DOM 在触发钩子函数时，上面代码中对应的函数会被执行。但无论哪个钩子函数被触发，最终都会执行一个叫作 updateDirectives 的函数。从代码中可以得知，指令相关的处理逻辑都在 updateDirectives 函数中实现，该函数的代码如下：

```
01  function updateDirectives (oldVnode, vnode) {
02    if (oldVnode.data.directives || vnode.data.directives) {
03      _update(oldVnode, vnode)
04    }
05  }
```

可以看到，不论 oldVnode 还是 vnode，只要其中有一个虚拟节点存在 directives，那么就执行_update 函数处理指令。

说明 在模板解析时，directives 会从模板的属性中解析出来并最终设置到 VNode 中。

_update 函数的代码如下：

```
01  function _update (oldVnode, vnode) {
02    const isCreate = oldVnode === emptyNode
03    const isDestroy = vnode === emptyNode
04    const oldDirs = normalizeDirectives(oldVnode.data.directives, oldVnode.context)
05    const newDirs = normalizeDirectives(vnode.data.directives, vnode.context)
06
07    const dirsWithInsert = []
08    const dirsWithPostpatch = []
09
10    let key, oldDir, dir
11    for (key in newDirs) {
12      oldDir = oldDirs[key]
13      dir = newDirs[key]
14      if (!oldDir) {
15        // 新指令，触发 bind
16        callHook(dir, 'bind', vnode, oldVnode)
17        if (dir.def && dir.def.inserted) {
18          dirsWithInsert.push(dir)
19        }
20      } else {
21        // 指令已存在，触发 update
22        dir.oldValue = oldDir.value
23        callHook(dir, 'update', vnode, oldVnode)
24        if (dir.def && dir.def.componentUpdated) {
25          dirsWithPostpatch.push(dir)
26        }
27      }
28    }
29
30    if (dirsWithInsert.length) {
```

```
31        const callInsert = () => {
32          for (let i = 0; i < dirsWithInsert.length; i++) {
33            callHook(dirsWithInsert[i], 'inserted', vnode, oldVnode)
34          }
35        }
36        if (isCreate) {
37          mergeVNodeHook(vnode, 'insert', callInsert)
38        } else {
39          callInsert()
40        }
41      }
42
43      if (dirsWithPostpatch.length) {
44        mergeVNodeHook(vnode, 'postpatch', () => {
45          for (let i = 0; i < dirsWithPostpatch.length; i++) {
46            callHook(dirsWithPostpatch[i], 'componentUpdated', vnode, oldVnode)
47          }
48        })
49      }
50
51      if (!isCreate) {
52        for (key in oldDirs) {
53          if (!newDirs[key]) {
54            // 指令不再存在，触发 unbind
55            callHook(oldDirs[key], 'unbind', oldVnode, oldVnode, isDestroy)
56          }
57        }
58      }
59    }
```

这里先声明了 6 个变量 isCreate、isDestroy、oldDirs、newDirs、dirsWithInsert 与 dirsWithPostpatch，其作用如下所示。

- **isCreate**：判断虚拟节点是否是一个新创建的节点。
- **isDestroy**：当新虚拟节点不存在而旧虚拟节点存在时为真。
- **oldDirs**：旧的指令集合，指 oldVnode 中保存的指令。
- **newDirs**：新的指令集合，指 vnode 中保存的指令。
- **dirsWithInsert**：其中保存需要触发 inserted 指令钩子函数的指令列表。
- **dirsWithPostpatch**：其中保存需要触发 componentUpdated 钩子函数的指令列表。

这里通过 normalizeDirectives 函数将模板中使用的指令从用户注册的自定义指令集合中取出来，最终取到的值为：

```
01    {
02      v-focus: {
03        def: {inserted: ƒ},
04        modifiers: {},
05        name: "focus",
06        rawName: "v-focus"
07      }
08    }
```

自定义指令的代码为：

```
01  Vue.directive('focus', {
02    inserted: function (el) {
03      el.focus()
04    }
05  })
```

取到 oldDirs 与 newDirs 之后，下一步要做的事情是对比这两个指令集合并触发对应的指令钩子函数。代码中使用 for-in 语句循环 newDirs，并在循环体中分别从 oldDirs 和 newDirs 获取指令保存到变量 oldDir 和 dir 中。

然后判断 oldDir 是否存在。如果不存在，说明当前循环到的指令是首次绑定到元素，此时调用 callHook 触发指令中的 bind 函数（其实就是触发了指令的 bind 钩子函数）即可。callHook 的作用是找出指令中对应钩子函数名称的方法，如果该方法存在，则执行它。接下来进行判断，如果该指令在注册时设置了 inserted 方法，那么将指令添加到 dirsWithInsert 中，这样做可以保证执行完所有指令的 bind 方法后再执行指令的 inserted 方法。

当 oldDir 存在时，说明指令之前已经绑定过了，那么这一次的操作应该是更新指令。首先，在 dir 上添加 oldValue 属性并在其中保存上一次指令的 value 属性值。随后调用 callHook 函数触发指令的 update 钩子函数（callHook 内部其实是执行了指令的 update 方法）。然后判断注册自定义指令时，该指令是否设置了 componentUpdated 方法。如果设置了，则将该指令添加到 dirsWithPostpatch 列表中。这样做的目的是让指令所在组件的 VNode 及其子 VNode 全部更新后，再调用指令的 componentUpdated 方法。

最后，判断 dirsWithInsert 列表中是否有元素。如果有，则循环 dirsWithInsert 依次调用 callHook 执行每一个指令的 inserted 钩子函数。从代码中可以看到，我们创建了一个函数 callInsert，当这个函数执行时，才会循环 dirsWithInsert 依次调用每一个指令的 inserted 钩子函数，这样做其实是为了让指令的 inserted 方法在被绑定元素插入到父节点后再调用。

虚拟 DOM 在对比与渲染时，会触发不同的钩子函数。当使用虚拟节点创建一个真实的 DOM 节点时，会触发 create 钩子函数；当这个 DOM 节点被插入到父节点时，会触发 insert 钩子函数。

mergeVNodeHook 可以将一个钩子函数与虚拟节点现有的钩子函数合并在一起，这样当虚拟 DOM 触发钩子函数时，新增的钩子函数也会被执行。所以代码中使用 isCreate 判断虚拟节点是否为一个新创建的节点，如果是，那么应该等到元素被插入到父节点之后再执行指令的 inserted 方法。这里使用 mergeVNodeHook 将 callInsert 添加到虚拟节点的 insert 钩子函数列表中，这样可以将钩子函数的执行推迟到被绑定的元素插入到父节点之后进行。如果 isCreate 不为真，那么不需要将执行指令的操作推迟到元素被插入到父节点之后，直接执行 callInsert 执行指令的 inserted 方法即可。

随后与 inserted 钩子函数相同，componentUpdated 也需要将指令推迟到指令所在组件的 VNode 及其子 VNode 全部更新后调用。虚拟 DOM 会在元素更新前触发 prepatch 钩子函数，正在更新元素时中会触发 update 钩子函数，更新后会触发 postpatch 钩子函数。因此，指令的 componentUpdated 需要使用 mergeVNodeHook 在 postpatch 钩子函数列表中新增一个钩子函数，当钩子函数被执行时再去执行指令的 componentUpdated 方法。

现在只有指令的 unbind 钩子函数的执行时机没有介绍。unbind 在指令与元素解绑时执行。那么，指令什么时候与元素解绑呢？其实道理和虚拟 DOM 的比对原理类似，我们只需要循环旧的指令列表，找出哪个指令在新的指令列表中不存在，就说明这个指令是被废弃的，此时执行该指令的 unbind 方法即可。代码中先使用 isCreate 判断当前虚拟节点是否为新创建的，如果是，则不需要解绑。接着使用 for-in 语句循环旧的指令列表 oldDirs，然后使用 oldDirs 中的 key 查看它在 newDirs 中是否存在，不存在则说明这个指令在旧虚拟节点的指令列表中存在，但在新虚拟节点的指令列表中不存在，此时调用 callHook 执行指令的 unbind 方法即可。

最后，介绍一下 callHook 函数是如何执行指令的钩子函数的，其代码如下：

```
01  function callHook (dir, hook, vnode, oldVnode, isDestroy) {
02    const fn = dir.def && dir.def[hook]
03    if (fn) {
04      try {
05        fn(vnode.elm, dir, vnode, oldVnode, isDestroy)
06      } catch (e) {
07        handleError(e, vnode.context, `directive ${dir.name} ${hook} hook`)
08      }
09    }
10  }
```

该函数接收 5 个参数：dir、hook、vnode、oldVnode 和 isDestroy，它们的含义如下。

- **dir**：指令对象。
- **hook**：将要触发的钩子函数名。
- **vnode**：新虚拟节点。
- **oldVnode**：旧虚拟节点。
- **isDestroy**：当新虚拟节点不存在而旧虚拟节点存在时为真。

该函数先从指令对象中取出对应的钩子函数，随后判断钩子函数是否存在。如果存在，则执行它并传递一些参数，同时使用 try...catch 语句捕获钩子函数在执行时可能会抛出的错误。如果抛出了错误，则调用 handleError 进入错误处理相关的逻辑。

关于错误处理的内容，请查看 14.3 节。

15.3　虚拟 DOM 钩子函数

表 15-1 给出了虚拟 DOM 在渲染时会触发的所有钩子函数以及每个钩子函数的触发时机。

表 15-1 虚拟 DOM 在渲染时会触发的所有钩子函数及其触发时机

名 称	触发时机	回调参数
`init`	已添加 vnode，在修补期间发现新的虚拟节点时被触发	`vnode`
`create`	已经基于 VNode 创建了 DOM 元素	`emptyNode` 和 `vnode`
`activate`	keepAlive 组件被创建	`emptyNode` 和 `innerNode`
`insert`	一旦 vnode 对应的 DOM 元素被插入到视图中并且修补周期的其余部分已经完成，就会触发	`vnode`
`prepatch`	一个元素即将被修补	`oldVnode` 和 `vnode`
`update`	一个元素正在被更新	`oldVnode` 和 `vnode`
`postpatch`	一个元素已经被修补	`oldVnode` 和 `vnode`
`destroy`	它的 DOM 元素从 DOM 中移除时或者它的父元素从 DOM 中移除时触发	`vnode`
`remove`	vnode 对应的 DOM 元素从 DOM 中被移除时触发此钩子函数。需要说明的是，只有一个元素从父元素中被移除时会触发，但是如果它是被移除的元素的子项，则不会触发	`vnode` 和 `removeCallback`

15.4 总结

本章详细介绍了自定义指令是如何生效的，首先，简单介绍了内置指令 `v-if` 与 `v-for` 的原理，接着详细解释了 `v-on` 指令用在普通元素上时内部如何监听原生 DOM 事件，最后讨论了虚拟 DOM 在修补过程中会触发的全部钩子函数以及每个钩子函数的触发时机。

第 16 章 过滤器的奥秘

16

我们相信大家对 Vue.js 中的过滤器并不陌生，但过滤器内部是如何运行的呢，本章将揭秘过滤器内部的奥秘。

在介绍过滤器内部的运行原理之前，我们先简单回顾下如何使用过滤器。以下内容是官方文档上的介绍。

Vue.js 允许我们自定义过滤器来格式化文本。它可以用在两个地方：双花括号插值和 `v-bind` 表达式（后者从 2.1.0+ 开始支持）。它应该被添加在 JavaScript 表达式的尾部，由“管道”符号指示：

```
01  <!-- 在双花括号中 -->
02  {{ message | capitalize }}
03
04  <!-- 在 v-bind 中 -->
05  <div v-bind:id="rawId | formatId"></div>
```

我们可以在一个组件的选项中定义本地的过滤器：

```
01  filters: {
02    capitalize: function (value) {
03      if (!value) return ''
04      value = value.toString()
05      return value.charAt(0).toUpperCase() + value.slice(1)
06    }
07  }
```

或者在创建 Vue.js 实例之前全局定义过滤器：

```
01  Vue.filter('capitalize', function (value) {
02    if (!value) return ''
03    value = value.toString()
04    return value.charAt(0).toUpperCase() + value.slice(1)
05  })
06
07  new Vue({
08    // ……
09  })
```

过滤器函数总是将表达式的值（之前的操作链的结果）作为第一个参数。在上述例子中，`capitalize` 过滤器函数会将收到的 `message` 的值作为第一个参数。

此外，过滤器可以串联：

```
01  {{ message | filterA | filterB }}
```

在这个例子中，filterA 被定义为接收单个参数的过滤器函数，表达式 message 的值将作为参数传入到 filterA 过滤器函数中。然后继续调用同样被定义为接收单个参数的过滤器函数 filterB，将过滤器函数 filterA 的执行结果当作参数传递给 filterB 函数。

过滤器是 JavaScript 函数，因此可以接收参数：

```
01  {{ message | filterA('arg1', arg2) }}
```

这里，filterA 被定义为接收三个参数的过滤器函数。其中 message 的值作为第一个参数，普通字符串 'arg1' 作为第二个参数，表达式 arg2 的值作为第三个参数。

现在我们已经简单回顾了过滤器的使用方式，接下来将揭秘过滤器内部的奥秘。

16.1 过滤器原理概述

过滤器的原理并不复杂，我们还是用前面的例子举例：

```
01  {{ message | capitalize }}
```

这个过滤器在模板编译阶段会编译成下面的样子：

```
01  _s(_f("capitalize")(message))
```

其中 _f 函数是 resolveFilter 的别名，其作用是从 this.$options.filters 中找出注册的过滤器并返回。因此，上面例子中的 _f("capitalize") 与 this.$options.filters['capitalize'] 相同。而 this.$options.filters['capitalize'] 就是我们注册的 capitalize 过滤器函数：

```
01  filters: {
02    capitalize: function (value) {
03      if (!value) return ''
04      value = value.toString()
05      return value.charAt(0).toUpperCase() + value.slice(1)
06    }
07  }
```

因此，_f("capitalize")(message)其实就是执行了过滤器 capitalize 并传递了参数 message。

我们相信大家对 _s 函数不陌生，第 9 章中介绍过，它是 toString 函数的别名。toString 函数的代码如下：

```
01  function toString (val) {
02    return val == null
03      ? ''
04      : typeof val === 'object'
05        ? JSON.stringify(val, null, 2)
06        : String(val)
07  }
```

简单来说，其实就是执行了 capitalize 过滤器函数并把 message 当作参数传递进去，接着将 capitalize 过滤器处理后的结果当作参数传递给 toString 函数。最终 toString 函数执行后的结果会保存到 VNode 中的 text 属性中。换句话说，这个返回结果直接被拿去渲染视图了。

16.1.1　串联过滤器

前面介绍了过滤器可以串联，例如：

```
01   {{ message | capitalize | suffix }}
```

我们定义的本地过滤器如下：

```
01   filters: {
02     capitalize: function (value) {
03       if (!value) return ''
04       value = value.toString()
05       return value.charAt(0).toUpperCase() + value.slice(1)
06     },
07     suffix: function (value, symbol = '~') {
08       if (!value) return ''
09       return value + symbol
10     }
11   }
```

最终在模板编译阶段会编译成下面的样子：

```
01   _s(_f("suffix")(_f("capitalize")(message)))
```

从代码中可以看出，表达式 message 的值将作为参数传入到 capitalize 过滤器函数中，而 capitalize 过滤器的返回结果通过参数传递给了 suffix 过滤器，也就是说 capitalize 过滤器的输出是 suffix 过滤器的输入。

图 16-1 给出了编译后的串联过滤器图，它非常清晰地展示了过滤器的串联过程。

图 16-1　编译后的串联过滤器

最终渲染出来的文本的首字母大写并且最后携带~后缀。

16.1.2　滤器接收参数

前面介绍过滤器还可以接收参数，例如：

```
01   {{message|capitalize|suffix('!')}}
```

设置了参数的过滤器最终被编译后变成这样：

```
01   _s(_f("suffix")(_f("capitalize")(message),'!'))
```

可以看到,加了参数的过滤器与不加参数的过滤器之间的唯一区别就是,当模板被编译之后,会将在模板中给过滤器设置的参数添加在过滤器函数的参数中。注意:这里是从第二个参数开始,这是因为第一个参数永远都是之前操作链的结果。

图 16-2 给出了接收参数的过滤器与不接收参数的过滤器之间的区别。

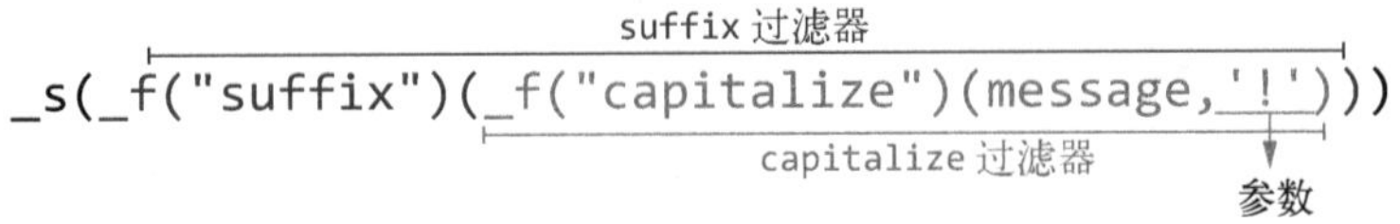

图 16-2 接收参数的 `suffix` 过滤器与不接收参数的 `capitalize` 过滤器

16.1.3 resolveFilter 的内部原理

现在我们已经大致了解了过滤器是如何运行的,但是还不清楚 `_f` 函数是如何找到过滤器的。

`_f` 函数是 `resolveFilter` 函数的别名。`resolveFilter` 函数的代码如下:

```
01  import { identity, resolveAsset } from 'core/util/index'
02
03  export function resolveFilter (id) {
04    return resolveAsset(this.$options, 'filters', id, true) || identity
05  }
```

可以看到,它只有一行代码。调用该函数查找过滤器,如果找到了,则将过滤器返回;如果找不到,则返回 `identity`。`identity` 函数的代码如下:

```
01  /**
02   * 返回相同的值
03   */
04  export const identity = _ => _
```

该函数会返回同参数相同的值。

现在我们比较关心 `resolveAsset` 函数如何查找过滤器,其代码如下:

```
01  export function resolveAsset (options, type, id, warnMissing) {
02    if (typeof id !== 'string') {
03      return
04    }
05    const assets = options[type]
06    // 先检查本地注册的变动
07    if (hasOwn(assets, id)) return assets[id]
08    const camelizedId = camelize(id)
09    if (hasOwn(assets, camelizedId)) return assets[camelizedId]
10    const PascalCaseId = capitalize(camelizedId)
11    if (hasOwn(assets, PascalCaseId)) return assets[PascalCaseId]
12    // 检查原型链
13    const res = assets[id] || assets[camelizedId] || assets[PascalCaseId]
14    if (process.env.NODE_ENV !== 'production' && warnMissing && !res) {
15      warn(
```

```
16        'Failed to resolve ' + type.slice(0, -1) + ': ' + id,
17        options
18      )
19    }
20    return res
21  }
```

这里首先判断参数 id 的类型（它是过滤器 id），它必须是字符串类型，如果不是，则使用 return 语句终止函数继续执行。

随后声明变量 assets 并将 options[type] 保存到该变量中。事实上，resolveAsset 函数除了可以查找过滤器外，还可以查找组件和指令。本例中变量 assets 中保存的是过滤器集合。然后通过 hasOwn 函数检查 assets 自身是否存在 id 属性，如果存在，则直接返回结果。hasOwn 函数基于 Object.prototype.hasOwnProperty 实现。如果不存在，则使用函数 camelize 将 id 驼峰化之后再检查 assets 身上是否存在将 id 驼峰化之后的属性。如果驼峰化后的属性也不存在，那么使用 capitalize 函数将 id 的首字母大写后再次检查 assets 中是否存在，如果还是找不到，那么按照前面的顺序重新查找一遍属性，不同的是这次将检查原型链。

查找原型链很简单：只需要访问属性即可。如果找到，则返回过滤器。如果找不到，那么在非生产环境下在控制台打印警告。最后，无论是否找到，都返回查找结果。

注册过滤器有两种途径：注册全局过滤器和在组件的选项中定义本地的过滤器。在 13.4.6 节中我们介绍过，全局注册的过滤器会保存在 Vue 构造函数中。

而 resolveAsset 函数在查找过滤器的过程中并没有去 Vue 构造函数中搜索过滤器。这是因为在初始化 Vue.js 实例时，把全局过滤器与组件内注册的过滤器合并到 this.$options.filters 中了，而 this.$options.filters 其实同时保存了全局过滤器和组件内注册的过滤器。resolveAsset 只需要从 this.$options.filters 中查找过滤器即可。

16.2　解析过滤器

现在我们已经了解了过滤器内部是如何执行的，但是并不了解模板中的过滤器语法是如何编译成过滤器函数来调用表达式的。例如下面的过滤器：

```
01  {{ message | capitalize }}
```

我们并不清楚它是如何被编译成下面这个样子的：

```
01  _s(_f("capitalize")(message))
```

在 Vue.js 内部，src/compiler/parser/filter-parser.js 文件中提供了一个 parseFilters 函数，专门用来解析过滤器，它可以将模板过滤器解析成过滤器函数调用表达式。这个逻辑并不复杂，我们只需要在解析出过滤器列表后，循环过滤器列表并拼接一个字符串即可。其代码如下：

```
01  export function parseFilters (exp) {
02    let filters = exp.split('|')
03    let expression = filters.shift().trim()
```

```
04    let i
05    if (filters) {
06      for (i = 0; i < filters.length; i++) {
07        expression = wrapFilter(expression, filters[i].trim())
08      }
09    }
10
11    return expression
12  }
13
14  function wrapFilter (exp, filter) {
15    const i = filter.indexOf('(')
16    if (i < 0) {
17      // _f: resolveFilter
18      return `_f("${filter}")(${exp})`
19    } else {
20      const name = filter.slice(0, i)
21      const args = filter.slice(i + 1)
22      return `_f("${name}")(${exp},${args}`
23    }
24  }
25
26  // 测试
27
28  parseFilters(`message | capitalize`)
29  // _f("capitalize")(message)
30
31  parseFilters(`message | filterA | filterB`)
32  // _f("filterB")(_f("filterA")(message))
33
34  parseFilters(`message | filterA('arg1', arg2)`)
35  // _f("filterA")(message,'arg1', arg2)
```

注意 在真实的 Vue.js 源码中多了很多边界条件判断，所以代码会比上面的例子稍微复杂一点。

这里使用 `split` 方法将模板字符串切割成过滤器列表，并将列表中的第一个元素赋值给变量 `expression`，然后循环过滤器列表并调用 `wrapFilter` 函数拼接字符串。`wrapFilter` 函数接收两个参数——`exp` 和 `filter`，其含义和参数类型如表 16-1 所示。

表 16-1 wrapFilter 函数的两个参数的含义

参　数	含　义	参数类型
exp	表达式	String
filter	过滤器	String

代码中先通过 `indexOf` 判断过滤器字符串中是否包含字符(。如果包含，说明过滤器携带了其他参数；如果不包含，说明过滤器并没有传递其他参数。

针对不包含字符(的情况，参数 `filter` 就是过滤器 ID，所以只需要将它拼接到 `_f` 函数的参数并将 exp 当作过滤器的参数拼接到一起即可。

针对包含(的情况，需要先从参数 filter 中将过滤器名和过滤器参数解析出来，而字符(的左边是过滤器名，右边是参数。举个例子：

```
01    filterA('arg1', arg2)
```

如果参数 filter 是上面这样的字符串，那么字符(的左边为过滤器名 filterA，右边是参数 'arg1', arg2)。

可以看到，解析出来的参数右边多了一个小括号)，所以在接下来拼接字符串时需要去掉右边的小括号：

```
01    return `_f("${name}")(${exp},${args}`
```

16.3 总结

使用 Vue.js 开发应用时，过滤器是一个很常用的功能，用于格式化文本。

首先，我们带大家回顾了过滤器的用法。除了基本的使用方式外，它还可以串联并且接收参数。

过滤器的原理是：在编译阶段将过滤器编译成函数调用，串联的过滤器编译后是一个嵌套的函数调用，前一个过滤器函数的执行结果是后一个过滤器函数的参数。

编译后的 _f 函数是 resolveFilter 函数的别名，resolveFilter 函数的作用是找到对应的过滤器并返回。

最后，介绍了在模板编译过程中过滤器是如何被编译成过滤器函数调用的。简单来说，编译过滤器的过程也分两步：解析和拼接字符串。

第 17 章

最佳实践

17

在本书最后一章，我想聊聊日常工作中使用 Vue.js 开发项目时的最佳实践以及风格规范，其中总结了平时工作中的一些经验、Vue.js 官方推荐的最佳实践以及风格规范。

当然，风格规范中的内容不能保证对所有团队或工程都是理想的。但可取的方法是：根据过去的经验、周围的技术栈、个人价值观，对风格做出有意识的修改。

好消息是，当我们了解了 Vue.js 的内部原理之后，对于一些推荐的最佳实践，我们也能更好地理解它们为什么好，好在哪里。

在项目中使用统一的风格规范，可以在绝大多数工程中改善代码的可读性和工作者的开发体验，同时可以回避一些常见的错误和小纠结，避免一些反模式。

17.1 为列表渲染设置属性 key

key 这个特殊属性主要用在 Vue.js 的虚拟 DOM 算法中，在对比新旧虚拟节点时辨识虚拟节点。

我们在介绍虚拟 DOM 时提到，在更新子节点时，需要从旧虚拟节点列表中查找与新虚拟节点相同的节点进行更新。如果这个查找过程设置了属性 key，那么查找速度会快很多。所以无论何时，建议大家尽可能地在使用 v-for 时提供 key，除非遍历输出的 DOM 内容非常简单，或者是刻意依赖默认行为以获取性能上的提升。示例如下：

```
01  <div v-for="item in items" :key="item.id">
02    <!-- 内容 -->
03  </div>
```

17.2 在 v-if/v-if-else/v-else 中使用 key

如果一组 v-if+v-else 的元素类型相同，最好使用属性 key（比如两个 <div> 元素）。

在第 15 章中，我们简单介绍了 v-if 指令在编译后是下面的样子：

```
01  (has)
02    ? _c('li',[_v("if")])
03    : _c('li',[_v("else")])
```

所以当状态发生变化时,生成的虚拟节点既有可能是`v-if`上的虚拟节点,也有可能是`v-else`上的虚拟节点。

默认情况下，Vue.js 会尽可能高效地更新 DOM。这意味着，当它在相同类型的元素之间切换时，会修补已存在的元素，而不是将旧的元素移除，然后在同一位置添加一个新元素。如果本不相同的元素被识别为相同，则会出现意料之外的副作用。

如果添加了属性 key，那么在比对虚拟 DOM 时，则会认为它们是两个不同的节点，于是会将旧元素移除并在相同的位置添加一个新元素，从而避免意料之外的副作用。

不好的做法是：

```
01  <div v-if="error">
02    错误：{{ error }}
03  </div>
04  <div v-else>
05    {{ results }}
06  </div>
```

好的做法是：

```
01  <div
02    v-if="error"
03    key="search-status"
04  >
05    错误：{{ error }}
06  </div>
07  <div
08    v-else
09    key="search-results"
10  >
11    {{ results }}
12  </div>
```

17.3 路由切换组件不变

在使用 Vue.js 开发项目时，最常遇到的一个典型问题就是，当页面切换到同一个路由但不同参数的地址时，组件的生命周期钩子并不会重新触发。

例如，路由是下面这样的：

```
01  const routes = [
02    {
03      path: '/detail/:id',
04      name: 'detail',
05      component: Detail
06    }
07  ]
```

当我们从路由`/detail/1`切换到`/detail/2`时，组件是不会发生任何变化的。

这是因为 vue-router 会识别出两个路由使用的是同一个组件从而进行复用，并不会重新创建组件，因此组件的生命周期钩子自然也不会被触发。

组件本质上是一个映射关系，所以先销毁再重建一个相同的组件会存在很大程度上的性能浪费，复用组件才是正确的选择。**但是这也意味着组件的生命周期钩子不会再被调用。**

我相信大家都遇到过这个场景，下面总结了 3 个方法来解决这个问题。

17.3.1 路由导航守卫 beforeRouteUpdate

vue-router 提供了导航守卫 beforeRouteUpdate，该守卫在当前路由改变且组件被复用时调用，所以可以在组件内定义路由导航守卫来解决这个问题。

组件的生命周期钩子虽然不会重新触发，但是路由提供的 beforeRouteUpdate 守卫可以被触发。因此，只需要把每次切换路由时需要执行的逻辑放到 beforeRouteUpdate 守卫中即可。例如，在 beforeRouteUpdate 守卫中发送请求拉取数据，更新状态并重新渲染视图。这种方式是我最推荐的一种方式，在 vue-router2.2 之后的版本可以使用。

17.3.2 观察 $route 对象的变化

通过 watch 可以监听到路由对象发生的变化，从而对路由变化作出响应。例如：

```
01  const User = {
02    template: '...',
03    watch: {
04      '$route' (to, from) {
05        // 对路由变化作出响应
06      }
07    }
08  }
```

这种方式也可以解决上述问题，但代价是组件内多了一个 watch，这会带来依赖追踪的内存开销。

如果最终选择使用 watch 解决这个问题，那么在某些场景下我推荐在组件里只观察自己需要的 query，这样有利于减少不必要的请求。

假设有这样一个场景，页面中有两部分内容，上面是个人的描述信息，下面一个带翻页的列表，这时假设路由中的参数是 /user?id=4&page=1 时，说明用户 ID 是 4，列表是第一页。

我们可以断定每次翻页时只需要发送列表的请求，而个人的描述信息只需要第一次进入组件时请求一次即可。当翻到第二页时，路由应该是这样的：/user?id=4&page=2。

可以看到，参数中的 id 没有变，只有 page 变了。所以为了避免发送多余的请求，应该这样去观察路由：

```
01  const User = {
02    template: '...',
03    watch: {
04      '$route.query.id' () {
05        // 请求个人描述信息
06      },
07      '$route.query.page' () {
08        // 请求列表
09      }
10    }
11  }
```

不好的做法是统一观察 `$route`：

```
01  const User = {
02    template: '...',
03    watch: {
04      '$route' (to, from) {
05        // 请求个人描述信息
06        // 请求列表
07      }
08    }
09  }
```

这种做法之所以不好，是因为如果路由参数中只是页码变了，那么只需要请求列表信息即可，但是上面的做法还会请求个人描述信息。

17.3.3 为 router-view 组件添加属性 key

这种做法非常取巧，非常“暴力”，但非常有效。它本质上是利用虚拟 DOM 在渲染时通过 `key` 来对比两个节点是否相同的原理。通过给 `router-view` 组件设置 `key`，可以使每次切换路由时的 `key` 都不一样，让虚拟 DOM 认为 `router-view` 组件是一个新节点，从而先销毁组件，然后再重新创建新组件。即使是相同的组件，但是如果 `url` 变了，`key` 就变了，Vue.js 就会重新创建这个组件。

因为组件是新创建的，所以组件内的生命周期会重复触发。示例如下：

```
01  <router-view :key="$route.fullPath"></router-view>
```

这种方式的坏处很明显，每次切换路由组件时都会被销毁并且重新创建，非常浪费性能。其优点更明显，简单粗暴，改动小。为 `router-view` 组件设置了 `key` 之后，立刻就可以看到问题被解决了。

17.4 为所有路由统一添加 query

如果路由上的 `query` 中有一些是从上游链路上传下来的，那么需要在应用的任何路由中携带，但是在所有跳转路由的地方都设置一遍会非常麻烦。例如，在应用中的所有路由上都加上参数：https://berwin.me/a?referer=hao360cn 和 https://berwin.me/b?referer=hao360cn。

理想状态是，在全局统一配置一个基础的 query，它会在应用的所有路由中携带，并且不影响应用中各个路由的切换，也无须在切换路由时进行任何特殊处理。

遗憾的是，vue-router 并没有提供相应的 API 来处理这种情况。下面提供了两种方式来解决这个问题。

17.4.1 使用全局守卫 beforeEach

事实上，全局守卫 beforeEach 并不具备修改 query 的能力，但可以在其中使用 next 方法来中断当前导航，并切换到新导航，添加一些新 query 进去。

当然，单单这样做会出问题，因为在进入新导航后，依然会被全局守卫 beforeEach 拦截，然后再次开启新导航，从而导致无限循环。解决办法是在 beforeEach 中判断这个全局添加的参数在路由对象中是否存在，如果存在，则不开启新导航：

```
01  const query = {referer: 'hao360cn'}
02  router.beforeEach((to, from, next) => {
03    to.query.referer
04      ? next()
05      : next({...to, query: {...to.query, ...query}})
06  })
```

这种方式的优点是，可以全局统一配置公共的 query 参数，并且在组件内切换路由时无须进行特殊处理。缺点是每次切换路由时，全局守卫 beforeEach 会执行两次，即每次切换路由其实是切换两次。

下面的这种方法完美解决了这个问题。

17.4.2 使用函数劫持

这种方式非常取巧。前几天一个朋友遇到这个问题后，向我询问解决办法，我通过查看 vue-router 的源码，找到了目前唯一可以全局设置 query 参数并且路由不会切换两次的解决方案。

这种方式的原理是：通过拦截 router.history.transitionTo 方法，在 vue-router 内部在切换路由之前将参数添加到 query 中。其使用方式如下：

```
01  const query = {referer: 'hao360cn'}
02  const transitionTo = router.history.transitionTo
03
04  router.history.transitionTo = function (location, onComplete, onAbort) {
05    location = typeof location === 'object'
06      ? {...location, query: {...location.query, ...query}}
07      : {path: location, query}
08
09    transitionTo.call(router.history, location, onComplete, onAbort)
10  }
```

代码中，先将 vue-router 内部的 router.history.transitionTo 方法缓存到变量 transitionTo

中。随后使用一个新的函数重写 router.history.transitionTo 方法，通过在函数中修改参数来达到全局添加 query 参数的目的。当执行缓存的原始方法时，将修改后的参数传递进去即可。

这种方式的优点是可以全局添加 query 参数并且不会导致路由切换两次。缺点是通过修改 vue-router 内部方法实现目的，这是一种很危险的操作。

17.5　区分 Vuex 与 props 的使用边界

我身边的很多朋友和同事对于组件何时从 Vuex 的 Store 获取状态，何时使用 props 接收父组件传递进来的状态，并没有很清晰的了解。因此，我想这个问题可能是一个普遍现象，故决定在本书中用一节来聊一聊我是如何看待这个问题的。

通常，在项目开发中，业务组件会使用 Vuex 维护状态，使用不同组件统一操作 Vuex 中的状态。这样不论是父子组件间的通信还是兄弟组件间的通信，都很容易。

对于通用组件，我会使用 props 以及事件进行父子组件间的通信（通用组件不需要兄弟组件间的通信）。这样做是因为通用组件会拿到各个业务组件中使用，它要与业务解耦，所以需要使用 props 获取状态。

通用组件要定义细致的 prop，并且尽可能详细，至少需要指定其类型。这样做的好处是：

- 写明了组件的 API，所以很容易看懂组件的用法；
- 在开发环境下，如果向一个组件提供格式不正确的 prop，Vue.js 将会在控制台发出警告，帮助我们捕获潜在的错误来源。

17.6　避免 v-if 和 v-for 一起使用

Vue.js 官方强烈建议不要把 v-if 和 v-for 同时用在同一个元素上。

通常，我们在下面两种常见的情况下，会倾向于不同的做法。

- 为了过滤一个列表中的项目（比如 v-for="user in users" v-if="user.isActive"），请将 users 替换为一个计算属性（比如 activeUsers），让它返回过滤后的列表。
- 为了避免渲染本应该被隐藏的列表（比如 v-for="user in users" v-if="shouldShowUsers"），请将 v-if 移动至容器元素上（比如 ul 和 ol）。

对于第一种情况，Vue.js 官方给出的解释是：当 Vue.js 处理指令时，v-for 比 v-if 具有更高的优先级，所以即使我们只渲染出列表中的一小部分元素，也得在每次重渲染的时候遍历整个列表，而不考虑活跃用户是否发生了变化。通过将列表更换为在一个计算属性上遍历并过滤掉不需要渲染的数据，我们将会获得如下好处。

- 过滤后的列表只会在数组发生相关变化时才被重新运算，过滤更高效。
- 使用 v-for="user in activeUsers"之后，我们在渲染时只遍历活跃用户，渲染更高效。

- 解藕渲染层的逻辑，可维护性（对逻辑的更改和扩展）更强。

例如，下面这个模板：

```
01  <ul>
02    <li
03      v-for="user in users"
04      v-if="user.isActive"
05      :key="user.id"
06    >
07      {{ user.name }}
08    </li>
09  </ul>
```

可以更换为在如下的一个计算属性上遍历并过滤列表：

```
01  computed: {
02    activeUsers: function () {
03      return this.users.filter(function (user) {
04        return user.isActive
05      })
06    }
07  }
```

模板更改为：

```
01  <ul>
02    <li
03      v-for="user in activeUsers"
04      :key="user.id"
05    >
06      {{ user.name }}
07    </li>
08  </ul>
```

对于第二种情况，官方解释是为了获得同样的好处，可以把：

```
01  <ul>
02    <li
03      v-for="user in users"
04      v-if="shouldShowUsers"
05      :key="user.id"
06    >
07      {{ user.name }}
08    </li>
09  </ul>
```

更新为：

```
01  <ul v-if="shouldShowUsers">
02    <li
03      v-for="user in users"
04      :key="user.id"
05    >
06      {{ user.name }}
07    </li>
08  </ul>
```

通过将 v-if 移动到容器元素，我们不会再检查每个用户的 shouldShowUsers，取而代之的是，我们只检查它一次，且不会在 shouldShowUsers 为 false 的时候运算 v-for。

17.7　为组件样式设置作用域

CSS 的规则都是全局的，任何一个组件的样式规则都对整个页面有效。因此，我们很容易在一个组件中写了某个样式，而不小心影响了另一个组件的样式，或者自己的组件被第三方库的 CSS 影响了。

对于应用来说，最佳实践是只有顶级 App 组件和布局组件中的样式可以是全局的，其他所有组件都应该是有作用域的。

注意　这条规则只在单文件组件下生效。

在 Vue.js 中，可以通过 scoped 特性或 CSS Modules（一个基于 class 的类似 BEM 的策略）来设置组件样式作用域。

对于组件库，我们应该更倾向于选用基于 class 的策略而不是 scoped 特性。因为基于 class 的策略使覆写内部样式更容易，它使用容易理解的 class 名称且没有太高的选择器优先级，不容易导致冲突。

不好的例子：

```
01  <template>
02    <button class="btn btn-close">X</button>
03  </template>
04
05  <style>
06  .btn-close {
07    background-color: red;
08  }
09  </style>
```

好的例子：

```
01  <template>
02    <button class="button button-close">X</button>
03  </template>
04
05  <!-- 使用 scoped 特性 -->
06  <style scoped>
07  .button {
08    border: none;
09    border-radius: 2px;
10  }
11
```

```
12  .button-close {
13    background-color: red;
14  }
15  </style>
```

好的例子：

```
01  <template>
02    <button :class="[$style.button, $style.buttonClose]">X</button>
03  </template>
04
05  <!-- 使用 CSS Modules-->
06  <style module>
07  .button {
08    border: none;
09    border-radius: 2px;
10  }
11
12  .buttonClose {
13    background-color: red;
14  }
15  </style>
```

17.8 避免在 scoped 中使用元素选择器

在 scoped 样式中，类选择器比元素选择器更好，因为大量使用元素选择器是很慢的。

为了给样式设置作用域，Vue.js 会为元素添加一个独一无二的特性，例如 data-v-f3f3eg9。然后修改选择器，使得在匹配选择器的元素中，只有带这个特性的才会真正生效（比如 button[data-v-f3f3eg9]）。

问题在于，大量的元素和特性组合的选择器（比如 button[data-v-f3f3eg9]）会比类和特性组合的选择器慢，所以应该尽可能选用类选择器。

不好的例子：

```
01  <template>
02    <button>X</button>
03  </template>
04
05  <style scoped>
06  button {
07    background-color: red;
08  }
09  </style>
```

好的例子：

```
01  <template>
02    <button class="btn btn-close">X</button>
03  </template>
04
```

```
05    <style scoped>
06    .btn-close {
07      background-color: red;
08    }
09    </style>
```

17.9　避免隐性的父子组件通信

我们应该优先通过 prop 和事件进行父子组件之间的通信，而不是使用 this.$parent 或改变 prop。

一个理想的 Vue.js 应用是“prop 向下传递，事件向上传递”。遵循这一约定会让你的组件更容易理解。然而，在一些边界情况下，prop 的变更或 this.$parent 能够简化两个深度耦合的组件。

问题在于，这种做法在很多简单的场景下可能会更方便。但要注意，不要为了一时方便（少写代码）而牺牲数据流向的简洁性（易于理解）。

17.10　单文件组件如何命名

单文件组件的命名虽然不会影响代码的正常运转，但是一个良好的命名规范能够在绝大多数工程中改善可读性和开发体验。

17.10.1　单文件组件的文件名的大小写

单文件组件的文件名应该始终是单词首字母大写（PascalCase），或者始终是横线连接的（kebab-case）。

单词首字母大写对于代码编辑器的自动补全最为友好，因为这会使 JS(X)和模板中引用组件的方式尽可能一致。然而，混用文件的命名方式有时候会导致文件系统对大小写不敏感的问题，这也是横线连接命名可取的原因。

不好的例子：

```
01    components/
02    |- mycomponent.vue
03    components/
04    |- myComponent.vue
```

好的例子：

```
01    components/
02    |- MyComponent.vue
03    components/
04    |- my-component.vue
```

17.10.2 基础组件名

应用特定样式和约定的基础组件（也就是展示类的、无逻辑的或无状态的组件）应该全部以一个特定的前缀开头，比如 `Base`、`App` 或 `V`。这些组件可以为你的应用奠定一致的基础样式和行为。它们可能**只**包括：

- HTML 元素
- 其他基础组件
- 第三方 UI 组件库

它们绝不会包括全局状态（比如来自 Vuex store）。

它们的名字通常包含所包裹元素的名字（比如 BaseButton、BaseTable），除非没有现成的对应功能的元素（比如 BaseIcon）。如果你为特定的上下文构建类似的组件，那么它们几乎总会消费这些组件（比如 BaseButton 可能会用在 ButtonSubmit 上）。

这样做的几个好处如下。

- 当你在编辑器中以字母顺序排序时，应用的基础组件会全部列在一起，这样更容易识别。
- 因为组件名应该始终是多个单词，所以这样做可以避免你在包裹简单组件时随意选择前缀（比如 MyButton 和 VueButton）。
- 因为这些组件会被频繁使用，所以你可能想把它们放到全局而不是在各处分别导入它们。使用相同的前缀可以让 webpack 这样工作：

```
01  var requireComponent = require.context("./src", true, /^Base[A-Z]/)
02  requireComponent.keys().forEach(function (fileName) {
03    var baseComponentConfig = requireComponent(fileName)
04    baseComponentConfig = baseComponentConfig.default || baseComponentConfig
05    var baseComponentName = baseComponentConfig.name || (
06      fileName
07        .replace(/^.+\//, '')
08        .replace(/\.\w+$/, '')
09    )
10    Vue.component(baseComponentName, baseComponentConfig)
11  })
```

不好的例子：

```
01  components/
02  |- MyButton.vue
03  |- VueTable.vue
04  |- Icon.vue
```

好的例子：

```
01  components/
02  |- BaseButton.vue
03  |- BaseTable.vue
04  |- BaseIcon.vue
05  components/
```

```
06  |- AppButton.vue
07  |- AppTable.vue
08  |- AppIcon.vue
09  components/
10  |- VButton.vue
11  |- VTable.vue
12  |- VIcon.vue
```

17.10.3　单例组件名

只拥有单个活跃实例的组件以 The 前缀命名，以示其唯一性。但这并不意味着组件只可用于一个单页面，而是每个页面只使用一次。这些组件永远不接受任何 prop，因为它们是为你的应用定制的，而不是应用中的上下文。如果你发现有必要添加 prop，就表明这实际上是一个可复用的组件，只是目前在每个页面里只使用了一次。

不好的例子：

```
01  components/
02  |- Heading.vue
03  |- MySidebar.vue
```

好的例子：

```
01  components/
02  |- TheHeading.vue
03  |- TheSidebar.vue
```

17.10.4　紧密耦合的组件名

和父组件紧密耦合的子组件应该以父组件名作为前缀命名。

如果一个组件只在某个父组件的场景下有意义，那么这层关系应该体现在其名字上。编辑器通常会按字母顺序组织文件，这样做可以把相关联的文件排在一起。

通常，我们可以通过在父组件命名的目录中嵌套子组件以解决这个问题。比如：

```
01  components/
02  |- TodoList/
03     |- Item/
04        |- index.vue
05        |- Button.vue
06     |- index.vue
```

或者：

```
01  components/
02  |- TodoList/
03     |- Item/
04        |- Button.vue
05     |- Item.vue
06  |- TodoList.vue
```

但是我们并不推荐这种方式，因为这会导致：

- 许多文件的名字相同，这使得在编辑器中快速切换文件变得困难；
- 过多嵌套的子目录增加了在编辑器侧边栏中浏览组件所花的时间。

更推荐的例子：

```
01  components/
02  |- TodoList.vue
03  |- TodoListItem.vue
04  |- TodoListItemButton.vue
05  components/
06  |- SearchSidebar.vue
07  |- SearchSidebarNavigation.vue
```

非常不好的例子：

```
01  components/
02  |- TodoList.vue
03  |- TodoItem.vue
04  |- TodoButton.vue
05  components/
06  |- SearchSidebar.vue
07  |- NavigationForSearchSidebar.vue
```

17.10.5 组件名中的单词顺序

组件名应该以高级别的（通常是一般化描述的）单词开头，以描述性的修饰词结尾。

注意 规范组件名中的单词顺序似乎有点强人所难，但如果可以做到这一点，能极大提升项目工程的可读性和开发效率。

你可能会疑惑，为什么我们给组件命名时不多遵从自然语言呢？在自然的英文里，形容词和其他描述语通常都出现在名词之前，否则需要使用连接词。比如：

- Coffee *with* milk
- Soup *of the* day
- Visitor *to the* museum

如果你愿意，完全可以在组件名里包含这些连接词，但是单词的顺序很重要。

同样要注意的是，在应用中所谓的“高级别”，是跟语境有关的。比如对于一个带搜索表单的应用来说，它可能包含这样的组件：

```
01  components/
02  |- ClearSearchButton.vue
03  |- ExcludeFromSearchInput.vue
04  |- LaunchOnStartupCheckbox.vue
05  |- RunSearchButton.vue
```

```
06    |- SearchInput.vue
07    |- TermsCheckbox.vue
```

你可能注意到了，我们很难看出来哪些组件是针对搜索的。现在根据规则给组件重新命名：

```
01    components/
02    |- SearchButtonClear.vue
03    |- SearchButtonRun.vue
04    |- SearchInputExcludeGlob.vue
05    |- SearchInputQuery.vue
06    |- SettingsCheckboxLaunchOnStartup.vue
07    |- SettingsCheckboxTerms.vue
```

因为编辑器通常会按字母顺序组织文件，所以现在组件之间的重要关系一目了然了。

你可能想换成多级目录的方式，把所有的搜索组件放到 search 目录，把所有的设置组件放到 settings 目录。Vue.js 官方推荐只有在非常大型（如有 100+ 个组件）的应用下才考虑这么做，原因有以下几点。

- 在多级目录间找来找去比在单个 components 目录下滚动查找花费更多的精力。
- 存在组件重名的时候（比如存在多个 ButtonDelete 组件），在编辑器里更难快速定位。
- 让重构变得更难，因为为一个移动了的组件更新相关引用时，查找或替换通常并不高效。

不好的例子：

```
01    components/
02    |- ClearSearchButton.vue
03    |- ExcludeFromSearchInput.vue
04    |- LaunchOnStartupCheckbox.vue
05    |- RunSearchButton.vue
06    |- SearchInput.vue
07    |- TermsCheckbox.vue
```

好的例子：

```
01    components/
02    |- SearchButtonClear.vue
03    |- SearchButtonRun.vue
04    |- SearchInputQuery.vue
05    |- SearchInputExcludeGlob.vue
06    |- SettingsCheckboxTerms.vue
07    |- SettingsCheckboxLaunchOnStartup.vue
```

17.10.6　完整单词的组件名

组件名应该倾向于完整单词而不是缩写。编辑器中的自动补全已经让书写长命名的代价非常低了，而它带来的明确性却是非常宝贵的。尤其应该避免不常用的缩写。

不好的例子：

```
01    components/
02    |- SdSettings.vue
03    |- UProfOpts.vue
```

推荐的例子：

```
01  components/
02  |- StudentDashboardSettings.vue
03  |- UserProfileOptions.vue
```

17.10.7 组件名为多个单词

组件名应该始终由多个单词组成，但是根组件 App 除外。这样做可以避免与现有的以及未来的 HTML 元素相冲突，因为所有的 HTML 元素名称都是单个单词的。

不好的例子：

```
01  Vue.component('todo', {
02    // ……
03  })
04  export default {
05    name: 'Todo',
06    // ……
07  }
```

推荐的例子：

```
01  Vue.component('todo-item', {
02    // ……
03  })
04  export default {
05    name: 'TodoItem',
06    // ……
07  }
```

17.10.8 模板中的组件名大小写

对于绝大多数项目来说，在单文件组件和字符串模板中的组件名应该总是单词首字母大写，但是在 DOM 模板中总是横线连接的。

说明 DOM 模板指的是那些从 DOM 中取出来的模板。例如，在 template 选项中设置选择符。template 的值如果以#开头，则它将用作选择符，并使用匹配元素的 innerHTML 作为模板。当 render 函数和 template 属性都不存在时，el 属性对应的挂载 DOM 元素的 HTML 会被提出来用作模板。

单词首字母大写比横线连接有如下优势。

- 编辑器可以在模板里自动补全组件名，因为单词首字母大写同样适用于 JavaScript。
- 在视觉上，<MyComponent> 比 <my-component> 更能够和单个单词的 HTML 元素区别开来，因为前者有两个大写字母，后者只有一个横线。

- 如果你在模板中使用任何非 Vue.js 的自定义元素，比如一个 Web Component，单词首字母大写确保了你的 Vue.js 组件在视觉上仍然是易识别的。

不幸的是，由于 HTML 对大小写不敏感，所以在 DOM 模板中必须使用横线连接的方式。

另外需要注意的是，如果你已经是横线连接的重度用户，那么与 HTML 保持一致且在多个项目中保持相同的大小写规则的命名约定就可能比上述优势更为重要。在这些情况下，在所有的地方都使用横线连接同样是可以接受的。

不好的例子：

```
01  <!-- 在单文件组件和字符串模板中 -->
02  <mycomponent/>
03  <!-- 在单文件组件和字符串模板中 -->
04  <myComponent/>
05  <!-- 在 DOM 模板中 -->
06  <MyComponent></MyComponent>
```

推荐的例子：

```
01  <!-- 在单文件组件和字符串模板中 -->
02  <MyComponent/>
03  <!-- 在 DOM 模板中 -->
04  <my-component></my-component>
```

或者：

```
01  <!-- 在所有地方 -->
02  <my-component></my-component>
```

17.10.9　JS/JSX 中的组件名大小写

JS/JSX 中的组件名应该始终是单词首字母大写的。尽管在较为简单的应用中只使用 `Vue.component` 进行全局组件注册时，可以使用横线连接字符串。

在 JavaScript 中，单词首字母大写是类和构造函数（本质上是任何可以产生多份不同实例的东西）的命名约定。Vue.js 组件也有多份实例，所以同样使用单词首字母大写是有意义的。额外的好处是，在 JSX（和模板）里使用单词首字母大写能够让读者更容易分辨 Vue.js 组件和 HTML 元素。

然而，对于只通过 `Vue.component` 定义全局组件的应用来说，我们推荐使用横线连接的方式，原因有两点。

- 全局组件很少被 JavaScript 引用，所以遵守 JavaScript 的命名约定意义不大。
- 这些应用往往包含许多 DOM 内的模板，这种情况下必须使用横线连接的方式。

不好的例子：

```
01  Vue.component('myComponent', {
02    // ……
```

```
03 })
04 import myComponent from './MyComponent.vue'
05 export default {
06   name: 'myComponent',
07   // ……
08 }
09 export default {
10   name: 'my-component',
11   // ……
12 }
```

推荐的例子：

```
01 Vue.component('MyComponent', {
02   // ……
03 })
04 Vue.component('my-component', {
05   // ……
06 })
07 import MyComponent from './MyComponent.vue'
08 export default {
09   name: 'MyComponent',
10   // ……
11 }
```

17.11 自闭合组件

在单文件组件、字符串模板和 JSX 中，没有内容的组件应该是自闭合的，但在 DOM 模板中永远不要这样做。

自闭合组件表示它们不仅没有内容，而且刻意没有内容，这就好像书上的一页白纸对比贴有“本页有意留白”标签的白纸。而且没有额外的闭合标签，你的代码也更简洁。

不幸的是，HTML 并不支持自闭合的自定义元素，只有官方的“空”元素。所以上述策略仅适用于，进入 DOM 之前 Vue.js 的模板编译器能够触达的地方，然后再生成符合 DOM 规范的 HTML。这也是不要在 DOM 模板中这样做的原因。

不好的例子：

```
01 <!-- 在单文件组件、字符串模板和 JSX 中 -->
02 <MyComponent></MyComponent>
03 <!-- 在 DOM 模板中 -->
04 <my-component/>
```

推荐的例子：

```
01 <!-- 在单文件组件、字符串模板和 JSX 中 -->
02 <MyComponent/>
03 <!-- 在 DOM 模板中 -->
04 <my-component></my-component>
```

17.12 prop 名的大小写

在声明 prop 的时候，其命名应该始终使用驼峰式命名规则，而在模板和 JSX 中应该始终使用横线连接的方式。

这里我们遵循每个语言的约定，在 JavaScript 中更多使用驼峰式命名规则，而在 HTML 中则是横线连接的方式。

不好的例子：

```
01  props: {
02    'greeting-text': String
03  }
04  <WelcomeMessage greetingText="hi"/>
```

推荐的例子：

```
01  props: {
02    greetingText: String
03  }
04  <WelcomeMessage greeting-text="hi"/>
```

17.13 多个特性的元素

多个特性的元素应该分多行撰写，每个特性一行。在 JavaScript 中，用多行分隔对象的多个属性是很常见的最佳实践，因为这更易读。模板和 JSX 值得我们做相同的考虑。

不好的例子：

```
01  <img src="https://vuejs.org/images/logo.png" alt="Vue Logo">
02  <MyComponent foo="a" bar="b" baz="c"/>
```

推荐的例子：

```
01  <img
02    src="https://vuejs.org/images/logo.png"
03    alt="Vue Logo"
04  >
05  <MyComponent
06    foo="a"
07    bar="b"
08    baz="c"
09  />
```

17.14 模板中简单的表达式

组件模板应该只包含简单的表达式，复杂的表达式则应该重构为计算属性或方法。

复杂的表达式会让模板变得不是那么声明式。我们应该尽量描述理应出现的是什么，而非如何计算那个值。而且计算属性和方法使得代码可以重用。

不好的例子：

```
01  {{
02    fullName.split(' ').map(function (word) {
03      return word[0].toUpperCase() + word.slice(1)
04    }).join(' ')
05  }}
```

推荐的例子：

```
01  <!-- 在模板中 -->
02  {{ normalizedFullName }}
03  // 复杂表达式已经移入一个计算属性
04  computed: {
05    normalizedFullName: function () {
06      return this.fullName.split(' ').map(function (word) {
07        return word[0].toUpperCase() + word.slice(1)
08      }).join(' ')
09    }
10  }
```

17.15 简单的计算属性

应该把复杂的计算属性分隔为尽可能多更简单的属性。简单、命名得当的计算属性具有以下特点。

- **易于测试**：当每个计算属性都包含一个非常简单且很少依赖的表达式时，撰写测试以确保其正确工作会更加容易。
- **易于阅读**：简化计算属性要求你为每一个值都起一个描述性的名称，即便它不可复用。这使得开发者更容易专注在代码上并搞清楚发生了什么。
- **更好地“拥抱变化”**：任何能够命名的值都可能用在视图上。举个例子，我们可能打算展示一个信息，告诉用户他们存了多少钱；也可能打算计算税费，但是可能会分开展现，而不是作为总价的一部分。

较小的、专注的计算属性减少了信息使用时的假设性限制，所以需求变更时也不需要那么多重构了。

不好的例子：

```
01  computed: {
02    price: function () {
03      var basePrice = this.manufactureCost / (1 - this.profitMargin)
04      return (
05        basePrice -
06        basePrice * (this.discountPercent || 0)
07      )
08    }
09  }
```

推荐的例子：

```
01   computed: {
02     basePrice: function () {
03       return this.manufactureCost / (1 - this.profitMargin)
04     },
05     discount: function () {
06       return this.basePrice * (this.discountPercent || 0)
07     },
08     finalPrice: function () {
09       return this.basePrice - this.discount
10     }
11   }
```

17.16　指令缩写

指令缩写（用:表示 v-bind:、@表示 v-on:）要保持统一。

不好的例子：

```
01   <input
02     v-bind:value="newTodoText"
03     :placeholder="newTodoInstructions"
04   >
05   <input
06     v-on:input="onInput"
07     @focus="onFocus"
08   >
```

推荐的例子：

```
01   <input
02     :value="newTodoText"
03     :placeholder="newTodoInstructions"
04   >
05   <input
06     v-bind:value="newTodoText"
07     v-bind:placeholder="newTodoInstructions"
08   >
09   <input
10     @input="onInput"
11     @focus="onFocus"
12   >
13   <input
14     v-on:input="onInput"
15     v-on:focus="onFocus"
16   >
```

17.17　良好的代码顺序

代码顺序指的是组件/实例的选项的顺序、元素特性的顺序以及单文件组件的顶级元素的顺序。

17.17.1　组件/实例的选项的顺序

组件/实例的选项应该有统一的顺序。下面是 Vue.js 官方推荐的组件选项默认顺序，它们被划分为几大类，从中能知道从插件里添加的新属性应该放到哪里。

- 副作用（触发组件外的影响）
  - `el`
- 全局感知（要求组件以外的知识）
  - `name`
  - `parent`
- 组件类型（更改组件的类型）
  - `functional`
- 模板修改器（改变模板的编译方式）
  - `delimiters`
  - `comments`
- 模板依赖（模板内使用的资源）
  - `components`
  - `directives`
  - `filters`
- 组合（向选项里合并属性）
  - `extends`
  - `mixins`
- 接口（组件的接口）
  - `inheritAttrs`
  - `model`
  - `props/propsData`
- 本地状态（本地的响应式属性）
  - `data`
  - `computed`
- 事件（通过响应式事件触发的回调）
  - `watch`
  - 生命周期钩子（按照它们被调用的顺序）
    - `beforeCreate`
    - `created`
    - `beforeMount`

    - mounted
    - beforeUpdate
    - updated
    - activated
    - deactivated
    - beforeDestroy
    - destroyed

- 非响应式的属性（不依赖响应系统的实例属性）
  - methods
- 渲染（组件输出的声明式描述）
  - template/render
  - renderError

17.17.2　元素特性的顺序

元素（包括组件）的特性应该有统一的顺序。下面是 Vue.js 官方为元素特性推荐的默认顺序，它们被划分为几大类，从中也能知道新添加的自定义特性和指令应该放到哪里。

- 定义（提供组件的选项）
  - is
- 列表渲染（创建多个变化的相同元素）
  - v-for
- 条件渲染（元素是否渲染/显示）
  - v-if
  - v-else-if
  - v-else
  - v-show
  - v-cloak
- 渲染方式（改变元素的渲染方式）
  - v-pre
  - v-once
- 全局感知（需要超越组件的知识）
  - id

- 唯一的特性（需要唯一值的特性）
  - ref
  - key
  - slot
- 双向绑定（把绑定和事件结合起来）
  - v-model
- 其他特性（所有普通的绑定或未绑定的特性）
- 事件（组件事件监听器）
  - v-on
- 内容（覆写元素的内容）
  - v-html
  - v-text

17.17.3 单文件组件顶级元素的顺序

单文件组件应该总是让 <script>、<template> 和 <style> 标签的顺序保持一致，且 <style> 要放在最后，因为另外两个标签至少要有一个。

不好的例子：

```
01  <style>/* ... */</style>
02  <script>/* ... */</script>
03  <template>...</template>
04  <!-- ComponentA.vue -->
05  <script>/* ... */</script>
06  <template>...</template>
07  <style>/* ... */</style>
08
09  <!-- ComponentB.vue -->
10  <template>...</template>
11  <script>/* ... */</script>
12  <style>/* ... */</style>
```

各个组件之间的顶级元素顺序应该保持一致。

推荐的例子：

```
01  <!-- ComponentA.vue -->
02  <script>/* ... */</script>
03  <template>...</template>
04  <style>/* ... */</style>
05
06  <!-- ComponentB.vue -->
07  <script>/* ... */</script>
08  <template>...</template>
09  <style>/* ... */</style>
```

```
10  <!-- ComponentA.vue -->
11  <template>...</template>
12  <script>/* ... */</script>
13  <style>/* ... */</style>
14
15  <!-- ComponentB.vue -->
16  <template>...</template>
17  <script>/* ... */</script>
18  <style>/* ... */</style>
```

17.18　总结

最佳实践可以规避错误，同时大幅提升应用的性能。17.1~17.9 节重点介绍了使用 Vue.js 开发项目的最佳实践，包括：

- 为列表渲染设置属性 key；
- 在 v-if/v-if-else/v-else 中使用 key；
- 如何解决路由切换组件不变的问题；
- 如何为所有路由统一添加 query；
- 区分 Vuex 与 props 的使用边界
- 避免 v-if 和 v-for 一起使用
- 为组件样式设置作用域
- 避免在 scoped 中使用元素选择器
- 避免隐性的父子组件通信

风格规范可以规避小纠结与反模式，同时能在绝大多数工程中改善可读性和开发体验。17.10~17.17 节重点介绍了一些风格规范，包括：

- 单文件组件如何命名；
- 自闭合组件；
- prop 名的大小写；
- 多个特性的元素；
- 模板中简单的表达式；
- 简单的计算属性；
- 指令缩写；
- 良好的代码顺序。

遵循这些规范能够在绝大多数工程中改善可读性和开发体验。当风格规范同时存在多个同样好的选项时，选择任意一个都可以确保一致性。在项目中选择统一的规则并尽可能与社区保持统一是一个好选择。接受社区的规范标准将得到以下好处。

- 训练大脑，容易处理在社区遇到的代码。
- 不做修改就可以直接复制粘贴社区的代码示例。
- 能够经常招聘到和你编码习惯相同的新人，至少跟 Vue.js 相关的东西是这样的。